数学课程与教学论丛书 2

丛书主编　赵焕光

初等数学模型

黄忠裕　著

科学出版社

北　京

内 容 简 介

本书用大量典型问题，全面介绍以中学数学知识为主要载体的初等数学模型及常用方法。内容包括数学应用与模型概述，方程、函数、不等式、线性规划和数列等初等代数模型，由测量、等周、最优柱体、费马点和镶嵌等问题组成的初等几何模型，由计数、称重、几何概率、数据建模和常用统计思想构成的初等组合与概率统计模型，由不定方程和简单的密码问题等构成的初等数论模型，最后介绍比例分析、图上优化、层次分析、优选法等常用模型方法。

本书可作为高等师范院校“初等数学应用与建模”课程、高校“数学建模”公选课、中学教师培训和高中数学选修课程教材，适合数学专业研究生和本科生、中小学数学教师以及数学爱好者阅读及参考。

图书在版编目(CIP)数据

初等数学模型/黄忠裕著. —北京: 科学出版社, 2013

(数学课程与教学论丛书)

ISBN 978-7-03-038258-0

Ⅰ. ①初… Ⅱ. ①黄… Ⅲ. ①初等数学-数学模型 Ⅳ. ①O12

中国版本图书馆 CIP 数据核字 (2013) 第 175867 号

责任编辑: 王丽平 / 责任校对: 宣 慧

责任印制: 徐晓晨 / 封面设计: 陈 敬

科 学 出 版 社 出版

北京东黄城根北街 16 号

邮政编码: 100717

http://www.sciencep.com

北京虎彩文化传播有限公司 印刷

科学出版社发行 各地新华书店经销

*

2013 年 6 月第 一 版 开本: B5(720×1000)

2021 年 7 月第五次印刷 印张: 15

字数: 310 000

定价: 58.00 元

(如有印装质量问题, 我社负责调换)

温州大学重点教材建设资助项目

温州市哲学社会科学规划课题成果

前　言

一切科学研究都要和模型打交道，而研究模型，少不了研究其空间形式与数量关系，这实际上就是要研究并恰当地建立各种各样的数学模型。运用数学模型，不仅可以定性地研究事物的性质，而且可以定量地描述事物的本质，使其数量化、精确化，这也正是现代科学技术发展的一个重要特征，也因此使得学校教育形成了重视数学应用与建模的鲜明的时代特色。2003 年教育部颁发的《普通高中数学课程标准 (实验)》中，明确提出数学建模是贯穿于整个高中数学课程的重要内容。2011 年，教育部颁布的《义务教育数学课程标准 (2011 年版)》的"课程设计思路"中指出："…… *在呈现作为知识与技能的数学结果的同时，重视学生已有的经验，使学生体验从实际背景中抽象出数学问题、构建数学模型、寻求结果、解决问题的过程。*"在此，"模型思想"首次成为该课程标准的十大核心概念之一。

通过实例来介绍怎样进行数学建模，这样的学习既是推动数学有意义学习的一种强有力的内驱力，又是数学应用研究的重要方面，也是"做数学"的实际行动，更是积极回应"以问题为纽带的教学"的教育新理念的具体举措。

本书的研究正是沿用了"以问题为纽带"这样的逻辑思路。无论是数学模型概述和代数、几何、组合与概率统计、数论等初等数学模型的探讨，还是初等数学模型常用方法的学习，无一不体现"问题"这一中心。在问题解决中，需要的必备的初等数学知识，则融合在问题解决的过程中，以尽可能通俗、简单的方式告知读者。对于初等数学模型问题的选择，笔者坚持"有名""常见""易学"这几个基本原则。"有名"就是很多问题是具有应用背景的数学名题，涉及的知识是数学中比较核心的概念和定理；"常见"指的是许多问题是日常生活、生产实际中人们经常碰到的问题，使得读者在模型学习时能基于已有的经验；"易学"是指问题的选择应切合基础教育新课程的理念，满足中小学数学教学中开展研究性学习和综合实践活动的需要，因此所选问题所涉及的数学知识尽量"初等"，同时配以相关的数学文化素材，以使漫长的问题解决过程变成有趣而又充满挑战的探究之旅。

下面，我们把本书的写作框架预告给读者。全书共 6 章，第 1 章概述，分 4 节，其他 5 章每章 6 节，每章的最后 1 节为思考与练习。

第 1 章数学应用与模型概述，解读数学应用的价值和对数学应用的正确认知，简介数学模型和数学建模的内涵，以及数学模型构建的一般过程和数学模型方法，给出数学模型学习的一些建议。

恩格斯说过："*数学是研究现实中数量关系和空间形式的科学。*"构建数学模型为解决实际问题提供分析、预报、决策或控制、优化等定量结果。因此，本书接下来安排了初等代数模型、初等几何模型、初等组合与概率统计模型和初等数论模型四章，分别对体现数量关系、空间形式、计数与随机数学和与整数相关的模型加以阐述。

第 2 章初等代数模型，通过电阻测量、行程和投入产出等问题，简介方程模型及其思想方法；通过价格竞争、红绿灯、双煎饼和椅子着地等问题，厘清二次函数和连续函数等初等函数模型的广泛应用；通过糖水浓度、水桶排序、投掷训练、衣服漂洗和席位分配等问题，简介比较方法和重要不等式的应用；通过合理安排生产和下料问题、指派和分配等问题，解析简单的线性规划模型的建立与求解方法，并体会整数规划模型的建立过程；通过银行贷款、掌握程度、兔子繁殖、需求变化和人口增长等问题，简介斐波那契等常见数列、一阶线性差分方程 (组) 和简单的一阶非线性差分方程以及递推思想的应用。

如果说第 2 章是按照代数知识的主要内容板块对初等代数模型分别加以阐述，那么第 3 章初等几何模型则是以一些综合的问题为线索，通过测量问题、等周问题、最优柱体问题、费马点问题和镶嵌问题等问题的讨论，展示经典的几何应用问题，介绍几何方法解决实际问题的一些技巧。

组合数学主要研究一组离散对象满足一定条件的安排的存在性、计数、构造和优化等问题，概率与统计则主要处理现实生活中的数据和客观世界中的随机现象。第 4 章初等组合与概率统计模型，通过排列、组合以及递归、容斥等方法，结合错装信封、打包和称重等问题，深入讨论组合计数的基本问题与基本方法；概率方面主要涉及古典概型及几何概率在生活实际中的灵活应用；统计则突出了数据观念的建立，简介最小二乘法等数据建模的基本方法以及估计、检验、随机试验、聚类分析等常见统计思想方法。

数论是数学的一个源远流长的分支，整数知识的应用是非常广泛的，特别是它在现代科学尤其是信息技术中正扮演着重要的角色。第 5 章初等数论模型，通过整除、同余不定方程、连分数、同余方程和同余方程组等知识的简单应用，使读者了解诸如 “百钱百鸡”“物不知数” 等古代数学的经典问题，理解连分数在天文学中的应用，认识数论知识在现代信息安全，特别是在保密通信中的精彩演绎。

“授人以鱼不如授人以渔”，合适而又初等的方法在模型构建过程中发挥着重要的作用。第 6 章初等数学模型常用方法，通过面积估算、人工降雨、七桥问题、旅行售货员、选择住宅、钼丝复活等典型问题，介绍比例分析法、图上优化法、层次分析法、单因素优选法和正交试验设计等方法，并通过应用实例使读者领会这些方法的实质。

本书在撰写过程中得到了温州大学和温州市社会科学界联合会的大力支持，温州大学数学与信息科学学院院长高利新教授、应裕林副院长、洪振杰教授、王玮明教授、方均斌副教授、郭正光博士、研究生郭志辉、王昌海、杨安给予了笔者许多帮助，写作过程中引用了许多作者的文献，并得到了科学出版社，特别是责任编辑王丽平女士的支持，在此一并致谢。特别要感谢的是本套丛书的主编赵焕光教授，他不但提供了本书第 1 章的部分内容，还认真审读了本书全部章节，并对全书的框架、选材及文字表达提出了许多有益的修改建议。

本书的写作经历了一个比较漫长的过程，最先的动因起源于 2001 年笔者为师范本科生和中学教师继续教育开设的“初等数学应用与建模”课程，经过近十年对课程讲义的不断修改，终于形成了现在的书稿。尽管笔者参考了大量文献，并在教学与研究实践中不断修改与完善，但毕竟个人水平有限，书中不足之处难免，敬请方家教正，不胜感激。

黄忠裕

2012 年 12 月于浙江温州

目　　录

第1章 数学应用与模型概述

众所周知，数学应用广泛，数学模型是数学应用的基本载体，数学建模是数学走向应用的必由之路。深入了解数学模型和数学建模的内涵，厘清数学应用与数学建模的关系，认识数学模型方法，为数学应用认知奠定基础。本章解读数学应用的价值和对数学应用的正确认知，简介数学模型和数学建模的内涵，了解数学模型构建的一般过程以及数学模型方法，提出初等数学模型学习的点滴建议。

1.1 数学应用认知

“横看成岭侧成峰，远近高低各不同。不识庐山真面目，只缘身在此山中。”数学应用的含义非常广泛，站在数学圈内谈数学应用，也许是挂一漏万。数学应用可表示为美学的、哲学的、历史的、心理的、教育的、商业的、科学的、技术的和数学本身等诸多方面。美国数学哲学家 J. 戴维斯与 R. 赫什在其名著《数学经验》中关于“数学之用”有一段很精彩的描述，现将其摘录如下。

老学究说：数学的有用在于教给我们如何精确地思考和推理。

建筑师或雕塑家说：数学的有用在于对视觉美的理解和创造。

哲学家说：数学的有用在于使人们能够回避日常的现实生活。

数学教师说：数学的有用在于提供面包和黄油。

出版商说：数学的有用在于能卖出很多教科书。

天文学家和物理学家说：数学的有用在于它是科学的语言。

土木工程师说：数学的有用在于能高效率地建造桥梁。

数学家说：数学的有用在数学内部，一部分数学的有用在于它能应用于另一部分数学。

我国当代著名数学家姜伯驹院士谈数学的作用时说：“今日数学已从社会的幕后走向前台，它正突破传统的应用范围向几乎所有的人类的知识领域渗透，并且越来越直接地为人类物质生产和日常生活作出贡献。数学用好了，你就赢了。”从姜先生的话中，我们可以看到，人类的一切活动都离不开数学应用，数学的作用将显得越来越重要。从广义的角度看，数学学习、数学研究与数学教学都是数学应用。以下我们将从几个不同的侧面谈论关于数学应用的感性认识。

1.1.1　数学应用促进数学发展

辩证唯物主义认为，人类实践的需要是一切科学包括数学发展的根本动力，由实践发展所推动的其他科学发展的需要则是数学发展的重要动力。这两种动力对数学的促进作用就表现为数学应用对数学发展的作用。

从数学发展史中，我们可以看到，古埃及人是在测量土地的应用中产生了几何学；古代中国人是在天文历法及社会生活各个领域中应用数学促使中国古代数学取得一系列重要成就；英国物理学家牛顿 (Isaac Newton，1642~1727) 是把数学应用于力学时创立了微积分学；18~19 世纪分析数学的大发展也是得益于数学在近代科学中的应用；统计学起源于数学在人口调查、随机游戏和科学方法论中的应用；运筹学则产生于第二次世界大战 (简称二战) 时数学在战争中的应用，现代数学中的许多分支诸如模糊数学、突变理论、分形数学、小波分析、编码理论等都是在实际应用中发展起来的。以下举两个例子给予说明。

例 1　微积分的产生。

人们普遍认为，微积分的创立，首先是为了处理 17 世纪主要的科学问题，即在数学应用于科学中实现的。当时科学中碰到的首要问题是力学中的运动问题：已知物体的运动距离表示为时间的函数的公式，求物体在任意时刻的瞬时速度和加速度；反过来，已知物体的加速度表示为时间的函数公式，求距离和速度。这类问题是力学中研究运动时直接出现的 (它们与人的实践有着重要的联系)。此时遇到的是一种缺少有效的数学工具 —— 概念、理论和方法的困难。由于处理这一类关于运动的问题是力学研究以及解决与之有关的实践问题 (机械、武器设计等) 的急切需求，这种急切的需求促使人们把克服上述困难 —— 寻找、创立新的数学工具作为自己的任务。在对这类问题进行深入研究的过程中，人们提出了计算一个变量对另一个变量的变化率的问题及其逆问题，这就产生了新的数学问题。人们在研究这类数学问题的过程及由其他类科学问题 (光线通过透镜的折射和反射问题；求炮弹的最大射程而得到最大射程的最优发射角问题，行星的近日点、远日点问题；求重心、体积、面积等问题) 促使人们所提出的数学问题 (求切线的问题；求函数的极值问题；求曲线长的问题) 的研究过程中，创立了微积分学。

例 2　统计学的建立。

人们认为，统计思想产生于以下三方面的实践中，即在下述的三个方面活动的数学应用中产生了统计学：①人口调查；②随机游戏 (如赌博)；③科学方法论。

在这三方面活动中，人们必须应用数学工具，也都遇到了原来的数学工具 —— 数学理论和数学方法不够用的困难。例如，调查的可靠性问题、抽样方法问题、误差问题、人口分布问题、赌博分点问题等各种具有不确定性的随机问题；科学方法论中科学实验数据的处理问题；观察误差的分析问题等。由于这三方面都涉及人们的直接利益，所以具有克服困难解决这些问题的急切需求，于是人们进入问题情境，提出相应的数学问题并进行研究，统计数学就产生了。

1.1.2 数学是科学的得力助手

美国数学家裴尔斯曾经说:“数学不是规律的发现者, 因为它不是归纳。数学也不是理论的缔造者, 因为它不是假说。但数学却是规律和理论的裁判和主宰者, 因为规律和理论都要向数学表明自己的主张, 然后等待数学的裁判。如果没有数学上的认可, 则规律不能起作用, 理论也不能进行解释。”从他的话中可以看到, 一切科学的命运实际上都是由数学决定的。

我国著名数学家华罗庚先生 (1910~1985) 说:“数学是一切科学的得力助手, 人们掌握了数学才能进入科学的大门。”科学发展到今日，已以无可辩驳的事实表明，科学数学化是大势所趋，数学作为各门科学 (包括自然科学、社会科学、思维科学、经济科学、管理科学、军事科学等) 的工具，越来越受到各门学科的仰慕，任何一门科学都盼望自己的最终表达方式是数学的，即科学的终极目标几乎都是希望能用数学的语言来表述自己。

一代伟人邓小平 (1904~1997) 说过“科学技术是第一生产力”。科学技术的基础是应用科学，应用科学的基础是数学，现代科学技术的发展和应用，无一不用到计算机，计算机之所以能够工作，靠的是计算机软件。从本质上看，任何计算机软件都是某种数学方法的具体应用，软件水平的高低完全取决于数学方法水平的高低，数学与计算机加在一起正是如虎添翼。

“没有强大的数学, 就没有强大的科学技术; 没有强大的科学技术, 就没有国家的繁荣与昌盛”“数学是科学与技术的基础, 没有强有力的数学就不可能有强有力的科学。”这是当今科技界的共识。这让我们想起法国政治家拿破仑·波拿巴 (Napoléon Bonaparte，1769~1821) 早年的论述:“数学的发展与至善和国家的繁荣昌盛密切相关”“一个国家只有数学发展，才能表现出它的国力强大”。这是何等的英明!

数学与相关技术结合而形成的相关领域的所谓高新技术，如微处理机芯片的设计、通信中的高效自动系统的设计、小波分析对图像压缩技术的应用、CAT 扫描机的设计等，无不证实美国 20 世纪 70 年代总统顾问 David 的名言“高科技本质是数学技术”是何等的有见地。以下我们举几个具体的例子予以说明。

例 3 非欧几何帮助爱因斯坦建立相对论。

非欧几何在 19 世纪出现以后，虽然一些有远见的数学家预言它们会有用，但长期以来人们应用欧氏几何的传统习惯，使大多数人对非欧几何敬而远之、束之高阁。直到爱因斯坦 (Albert Einstein，1879~1955) 创立广义相对论，这种局面才有了根本的改观。据说爱因斯坦用了几年时间构思出一个理论框架，最基本的思想是把引力看作空间的曲率，但是令他十分苦恼的是他无法表达清楚他的思想，他求助他最好的朋友数学家格罗斯曼，“亲爱的朋友，你必须帮助我，否则我会发疯的。”格罗斯曼建议他去学一下非欧几何学，爱因斯坦最终从中找到了表达他的理论的语言，建立起了现代物理学基本理论：相对论和广义相对论。

广义相对论不像当时的非欧几何那样难以触摸，它是对大范围客观世界的描述，可以用试验和观察去检验。水星的“运动”和光线在大质量物体附近的“弯曲”两个事实，证明了广义相对论是正确的。

例 4　*群论帮助温伯格建立统一守恒定律。*

19 世纪早期法国天才数学家伽罗瓦 (Évariste Galois，1811~1832) 为了研究高次方程是否存在用系数表示根的公式时，创造了他的群论，并用之解决了长期困惑人们的代数学的基本问题 (高于四次的代数方程没有根式解)。事隔一百多年，当诺贝尔物理学奖获得者温伯格 (Steven Weinberg，1933~) 等物理学家读到群论时，他们吃惊地发现这正是他们所需要用于统一能量守恒定律、动量守恒定律、自旋守恒定律、电荷守恒定律 …… 的工具 (语言)，这些定律反映了我们周围世界的优美的对称性，这个“*不可思议的巧合*”获得了诺贝尔奖。这样，群论也就成为了认识晶体结构的基本方法，以至成为研究量子论的基本工具。

例 5　*积分方程帮助柯马克发明扫描仪。*

在现代医学史上，有两项重大技术突破：一是 CAT 扫描，一是核磁共振 MRI (分辨率更高)。这两项技术使医疗诊断水平有了本质变化，而这两项最尖端的医学技术的原理是数学中经常使用的 Radon 变换。这种扫描技术，不仅在医学，而且在海洋学、地质学、天文学、石油勘探等中都发挥了巨大作用和经济效益。1958 年，天文学家用此描述一张月球亮度分布图。这项发明是几十年前，由一名为柯马克 (A. M. Cormack，1924~) 的工程师完成的。这项工作使得他在 1979 年获得了诺贝尔医学奖。

1.1.3　数学应用是社会发展的加速器

在生活、生产中，在社会活动的各个领域里，都在运用着数学的概念、法则和结论。

首先，在日常生活中，我们无论怎样强调逻辑性和合理性思考的重要性都不过分。如果说“所有的面包都可口”后又马上说“奶油面包不可口”的话，那将是多么荒唐的事！对于主张“所有的高中生都考入大学”的人来说，不上大学的高中生的存在就是对他们最好的反驳，而这正体现了数学逻辑的基本作用。

法国数学家拉普拉斯 (Laplace，1749~1827) 有一句名言：“*生活中最重要的问题，绝大部分其实只是概率问题。*”著名统计学家詹纳士认为概率论是“*科学的逻辑*”。*著名经济学家萨缪尔森 (Paul A Samuelson，1915~2009) 认为：要想成为现代*

社会中有文化的人，必须对博弈论有大致的了解。

例 6 “三个快枪手决斗”模型。

博弈论中有一个著名的“三个快枪手决斗”模型。甲、乙、丙三人同时开枪进行决斗，幸存者进入下一轮决斗。如果他们的命中率分别是 0.9，0.8 和 0.5，则他们的最优策略是甲、乙互射，丙对准甲射击。结果是相对较弱的乙和丙结成了“暂时联盟”。三国时期的孙权和刘备就是结成了暂时联盟对付曹操的。通过概率计算，甲、乙、丙经过两轮决斗后幸存下来的概率分别是 4.5%，5%，90.5%。当然，这一模型是理想化的数学模型，但它给了我们很好的启示：弱者往往能在强者竞争的夹缝中生存下来，只要他讲究一些策略。

其次，我们在日常生活中习惯于寻找规律，按规律办事。例如，卫生卷纸用完 3/4 时，卷纸的厚度看起来好像只少了一半，这里我们所看到的只是假象，只有数学才能帮助我们认识到真实的一面，才不会被表面现象所迷惑。

实际上，衣食住行，三百六十行，几乎没有一行不和数学有关。量体裁衣需要数学帮助计算用料，度量尺寸；建筑楼宇房舍时，都要丈量土地，设计图纸，需要数学；交通发展中，从野外勘测、航线或路线选定，到道路建设、交通网络，没有一项可以少得了数学。

数学还直接地联系着许多特殊的实践领域。诸如社会经济领域中的预测、决策和控制；对自然界中现象和事件的描述和预报；自然资源的利用与分配；工业与社会技术系统的统计、运作与调节等，复杂程度各异的数学工具参与着社会实践的每一个部分。我国数学家胡作玄在其著作《数学与社会》中说：“数学是一种潜在的资源，当你挖掘这个资源时，你会发现数学的真正价值。你会发现埋在故纸堆中的许多思想，可以成为你解决大小问题的工具，只要你去理解它，掌握它。”从这个意义上说，数学的确是推动社会发展的加速器，而且它对整个社会运转与发展都有“不可思议的效力”。以下举几个具体的实例予以说明。

例 7 小波分析帮助美国在商战中打败日本。

高清晰度彩电的最主要的困难在于图像压缩技术，而数学中小波分析是解决压缩技术的关键，从而使数字化彩电成为可能。在这场彩电大战中，美国数字化方案在对日本模拟式方案的对垒中取得了巨大的胜利。有人说这是日本商战最惨的失败。这种压缩技术在许多方面的使用都取得了巨大的经济效益，如美国联邦调查局要存 3 亿个指印，通过压缩技术可使存储量压缩 1/20，也可使指印传输的时间从 20min 减至 1min，仅此传输一项成果，就节约了 2500 万美元。

例 8 精计算使深水炸弹弱变强。

第二次世界大战期间，英美运输船队在大西洋航行时经常受到德国潜艇的袭击。当时，英美两国的海军实力有限，一时间，德军的潜艇战搞得盟军焦头烂额。英国空军经常派出轰炸机利用深水炸弹对德军潜艇实施打击，但轰炸效果总不理想。

为此，英军请来一些数学家专门研究这一问题。结果发现，潜艇从发现英军飞机开始下潜到深水炸弹爆炸为止，只下潜了 7.6m，而英军飞机的深水炸弹却已下沉到 21m 处爆炸，从而对潜艇的毁伤效果低下。经过科学论证，英军果断调整了深水炸弹的引信，爆炸深度由 21m 调整到 9.1m，结果轰炸效果提高了 4 倍，德军还以为英军有了什么新式武器。

1.1.4　应公正地看待数学应用

数学像空气一样，渗透在日常生活、生产、科学研究等社会实践活动点点滴滴中。然而，令人尴尬的状况是, 数学常常被人们误认为是一门既让人痛苦又枯燥无味的学问。对一般公众、决策者和政治家来说，数学在日常生活中的地位、作用及数学的强大功能在很大程度上是不可见的和未予承认的。不仅如此，对于那些在数学领域中工作、广泛运用数学模型和建模的人们来说，数学的作用也是看不见的, 甚至相当一部分数学家和数学教育工作者对数学在社会中的作用的认识也是非常模糊的。另一方面，对于大多数在社会活动中运用数学的人来说，不管是他们自己还是其他人都不认为他们是数学家，通常他们是其他领域中的科学家，或是工程师、建筑师、交通规划人员、气象学家、保险或银行从业人员、林业专家、化工厂设计师等。这些人受益于自己所利用的知识，却仅把数学当成服务于目标的必要的或方便的工具，而没有看到数学为他们创造的直接的利益。从这个意义上说, 数学的不可见性类似于面对森林而看不到树木一样。

数学在客观上具有社会的重要性，在主观上又有不可见性。这种两难境地使人们对数学产生误解，我们经常可以听到诸如“数学是重要的，但数学不能当饭吃”之类的抱怨声。颇具讽刺意味的是人们一直在不知不觉地使用数学，但是数学又常常被人们所忽略。

数学的应用通常是难以预料的。数学来源于人类实践，但从实践中抽象出来发展到一定程度以后，数学内部提出了大量重要的问题，吸引了数学家的兴趣，并通过对数学内部问题的研究，发展和完善数学理论。这样产生的数学理论，往往离现实需要和实际应用太遥远。有的几十年，有的几百年，甚至有的几千年才发现它们的应用。例如，英国著名数学家哈代 (G. H. Hardy，1877~1947) 在 20 世纪前期甚至说过,“*数论不会在实践中有用。*”但就在此后不久，人们开发了素数理论在密码学中的应用。

例 9　*阿波罗尼奥斯的圆锥曲线论在开普勒三定律中的应用。*

在公元前二百多年，古希腊数学家阿波罗尼奥斯 (Apollonius，约公元前 262~约前 190) 就已经有关于圆锥曲线的大量研究。但是，圆锥曲线真正有价值的应用，却是 17 世纪发现的开普勒 (Johannes Kepler，1571~1630) 三定律，特别地，利用椭圆来描述行星运动的规律开创了人类研究太阳系行星运动规律的新纪元。

上述所举的不同实例，归结起一句话：数学之所以不可见，是由于它被隐藏着，而不是由于它不存在。因此，从事数学研究的专家有义务向公众解释清楚，数学常常很难在人们所关注的事物表面被发现，它始终是根植于事物的“本身”之中，或是被其所掩盖。

1.2 数学模型和数学建模

数学的应用过程，可分为模型化阶段、数学的内部过程阶段和应用阶段三个大的阶段。如何准确地认识数学模型、数学建模和数学模型方法，是本节要重点阐述的。

1.2.1 数学模型认知

1. 数学模型界定

所谓模型，简单地说，就是为了某个特定目的将原型的某一部分信息简缩、提炼而构造的一种原型替代物，它是原型的一种模拟或近似。在日常生活中，常见的模型有交通图、地质图、汽车模型、航空模型和建筑模型等。利用数学的语言、图、表或符号等来模拟某种事物系统的模型称为数学模型。更详细地说，数学模型是用数学符号、公式、图表等对客观事物的本质属性与内在规律进行描述，通过一些必要的简化假设，运用适当的数学工具，得到的一种抽象、简化的数学结构。例如，考虑两个物体之间的相互作用，可以用万有引力公式 $F = k \cdot m_1 m_2 r^{-2}$ 来表示吸引力与其他因素之间的关系，这就是物质相互吸引的数学模型。又如，一个线性弹簧，它的形变 x 与弹力 F 之间的规律可以用胡克定律 $F = -kx$ 来表示，负号表示形变的方向与弹力方向相反，这个数学公式就是弹性形变的数学模型。

从广义上说，数学中的各种概念、各种公式、各种方程式、各种理论体系，以及由公式系列构成的算法系统等，因为它们都是由现实世界的原型抽象出来的，因而它们都是现实世界的数学模型。按照这种观点，整个数学也可以说是一门关于数学模型的科学，这种说法也许太宽泛了。在应用数学中，数学模型用的是作为狭义理解的数学模型，这是因为构造数学模型的目的在于解决具体的实际问题。从狭义上说，数学模型是将具体问题的基本属性抽象出来成为数学结构的一种近似反映，即只有那些反映特定问题或特定的具体事物系统的数学结构才被称为数学模型。

2. 数学模型特征

数学模型一般具有两个特征：第一，数学模型是一种纯关系结构，是经过数学抽象扬弃了一切无关本质联系的属性后的系统，它具有严格推导 (逻辑推理) 的可能性以及导出结论的确定性。第二，数学模型一般是用数学概念和数学符号描述的，数学模型相对于较复杂的现实原型具有化繁为简、化难为易的特征和功能；数学模型是现实世界客观现象的理想化，永远不会是完全精确的表示。因此，任何数学模型都有其局限性，但好的数学模型能提供有价值的结果和结论。

数学模型是用数学语言模拟现实的一种模型，即把一个实际问题中某些事物的主要特征、主要关系抽象成数学语言，以反映客观事物的内在联系与变化过程。我们说一个好的数学模型，既要简单又要准确地描述客观事物。由于客观世界具有模糊性，实际事物涉及的因素往往是多元的，数学模型表现越“真”，数学处理往往越难，因而数学模型不可能完全与实际对象“同构”，不可避免地要做一些近似处理，这就是数学模型的近似性。

此外，数学模型还具有表现方式多样性的特征，同一个问题有时会有多个数学模型，模型的表现形式往往会有多种，如用公式、图形或算法等形式来表达数学模型。

例 10　鸡兔同笼问题。

今有鸡兔同笼，共有头 6 个，足 18 只，问鸡兔各几何？

(1) 算法模型 1：鸡数 =(头数 ×4− 足数)÷$(4-2)$。理由是如果全算成兔，则多出的足就是由于把鸡算成兔而造成的，到底把多少鸡算成了兔呢？

(2) 算法模型 2：假如让鸡抬起一只脚 (金鸡独立状)，兔子抬起两只脚 (玉兔拜月状)，还有 $18\div 2=9$ 只足。这时每只足一只鸡，每只兔子两只足。笼子里只要有一只兔子，则足的总数就比头的总数多 1。这时足的总数与头的总数之差 $9-6=3$，就是兔子的只数。

(3) 方程模型：设鸡兔各 x，y 只，则 $x+y=6$，$2x+4y=18$，解得 $x=3$，$y=3$；

(4) 图形模型：如图 1.1 所示，已知直角型 $ABCDEF$ 面积为 18，$AB=6$，$BC=4$，$AF=2$，求 EF(鸡数) 和 CD(兔数)。

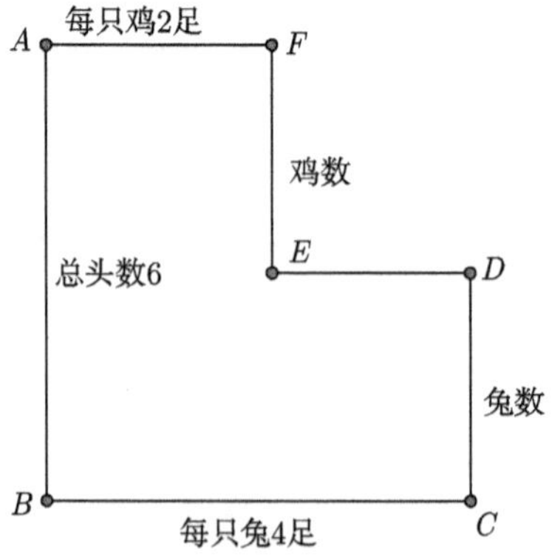

图 1.1

3. 数学模型分类

数学模型有多种分类方法，以下介绍几种常见的数学模型分类法。

(1) 按模型的实际应用领域分可分为：人口模型、交通模型、环境模型、生态模型、水资源模型、城市规划模型、生产过程模型等。

(2) 按建立模型所采用的数学工具分可分为：初等数学模型、微积分模型、几何模型、微分方程模型、图论模型、概率模型、规划论模型等。

(3) 根据系统的性质分可分为：微观模型、宏观模型、集中参数模型、分布参数模型、定常模型、时变模型等。

(4) 按对研究对象的内部结构和性能的了解程度可分为：白箱模型、灰箱模型和黑箱模型。这里把研究对象当成一只箱子来看待。如果所研究对象的机理比较清楚，称为白箱，如力学和电路中的一些问题，不必再研究模型构造，只是设计问题；如果对所研究对象的内部结构和性能的信息完全不知或知之甚少，称为黑箱，如生命科学和社会科学中许多机理不清的现象；如果所研究对象内部结构和性能中既有已知的又有许多未知的非确定的信息，称为灰箱，如经济、生态、气象、管理、社会、生命、能量等系统中的许多现象。灰箱问题、黑箱问题往往机理复杂，所知信息较少，因而建立模型困难较大。

(5) 根据模型的性质分可分为：确定性模型、随机性模型、模糊性模型、连续性模型、离散性模型等。

下面我们来看一个随机性模型的实例。

例 11 新年联欢会中的一个数学问题[5]。

新年联欢会上，某班要求全班 50 位同学每一位同学都要为大家唱一首歌，表演按生日顺序进行，假设全班同学都是同一年 (按平年算) 出生的，由此产生一个问题：请你估计一下出现“不是独唱”的节目的可能性有多大？

分析 有些同学认为：这个问题相当于考察有没有多个同学在同一天过生日的情况？把一年的 365 天看成 365 个“抽屉”，把全班 50 个同学放入这 365 个“抽屉”，很容易得到“一人一抽屉”。由此认为多人“挤”一个抽屉的可能性不会很大，如不超过 20%(因估算 $50/365 \approx 1/7$)。然而，事实上这是一个错觉，我们来讨论这个问题的数学模型。

解 首先，求 2 人同月同日生的可能性，设 2 人不同生日的可能性为 r，则

$$r = \frac{365}{365} \cdot \frac{364}{365} \approx 0.997$$

所以，2 人同生日的可能性为 $1 - r = 0.003$。

其次，10 人中至少有 2 人同生日的可能性是多少？20 人、30 人、40 人中至少有 2 人同生日的可能性是多少？一般地，在 k 人的情况下，设有 2 人不同生日的

可能性为 r，则

$$r = \frac{364}{365} \times \frac{363}{365} \times \cdots \times \frac{366-k}{365} \tag{1.1}$$

所以，k 人中至少有 2 人同生日的可能性为 $1-r$。

借助计算器或者计算机计算式 (1.1)，得到 k 人中至少有 2 人同生日的可能性见表 1.1。

表 1.1

人数/k	20	23	25	30	35	40	45	50	55
至少有两人同生日的可能性	0.41	0.51	0.569	0.706	0.814	0.891	0.914	0.970	0.986

于是全班 50 人中至少有两个同一天生日的可能性是 $P = 1 - r = 0.97 = 97\%$。这个结论说明“非独唱”节目的出现几乎是必然的了，与有的同学的估测相距甚远。这告诉我们，没有数学依据的判断，有时会产生多么大的错觉。

另外，要确保至少有两位同学在同一天过生日，据抽屉原则，需要有 366 人，这是一个确定性的数学模型。而从上述表中可以看到只要班上有 23 个同学，我们就有一半的把握判断他们中至少有两人在同一天过生日。而对一个 55 人的集体我们有 99% 的把握判断他们中至少有两人在同一天过生日。为了提高 1% 的可靠性，就要增加 311 人。这个例子从一个侧面反映了随机性数学模型与确定性数学模型的差别。

1.2.2 数学建模的一般过程

一个实际问题往往会受到很多因素的影响。针对一个实际问题建立的理想的数学模型既应反映这个问题的全部重要特性，同时在数学上又应易于求解。如何建立一个系统的数学模型，通常与问题性质、建模的目的等有关。虽然要经过哪些步骤并没有一定的模式，但建模方法大致有两种：一种是试验归纳的方法，即根据测试或计算数据，按照一定的数学方法，归纳出系统的数学模型；另一种是理论分析的方法，即根据客观事物本身的性质，分析因果关系，在适当的假设下用数学工具去描述其数量特征。

1. 用理论分析方法建立数学模型的一般步骤

(1) 识别问题。什么是要探究的问题？通常这是困难的一步，因为在现实生活中，没有人会只是简单地给你一个有待解决的数学问题。通常你必须从大量的数据中搜索以及识别所研究问题的某些特定的方面，此外还要用足够精确的数学符号来阐明问题。

(2) 分析量的关系。首先将研究的对象所涉及的量尽量都找出来，然后根据建模目的和方法的需要，分清自变量、因变量、参变量、已知量、未知量、确定量、随机量。在分清主次后，舍次留主。由于取舍必然会产生误差，只要在允许范围内即可。利用数据处理方法，从数据中发现各个变量之间的关系。

(3) 模型假设与模型建立。模型假设是建立数学模型的前提。应根据建模目的，由问题的提出和量的分析而得出，是为满足模型建立的要求、配合建模所用数学工具和相关知识的应用而确定的。建立模型假设必须满足数学建模的需求，遵从目的性原则、合理性原则和全面性原则。

(4) 模型求解与模型分析。对所建数学模型进行数学上的求解，包括解方程、图解、定理证明、逻辑推理等方法，特别是要充分利用数学软件和计算机技术求解。

模型分析是根据建模的目的、要求，对模型求得的结果进行数学上的分析。利用相关知识，结合研究对象的特点进行模型合理性分析、误差分析、模型对数据或参数的稳定性或灵敏性分析；还可以对模型进行评价、优化等方面的分析和探讨，同时把数学的表述，解释或翻译成与实际问题相适应的通俗易懂的语言。

(5) 检验模型。在利用该模型之前，必须检验该模型。在设计这些检验和收集数据之前先要问几个问题。首先，该模型是否回答了第 (1) 步中识别的问题，或者是否偏离了我们构建该模型的关键问题？其次，该模型在实用意义下有用吗，即我们确实能收集必要的数据来运作该模型吗？最后，该模型有普遍意义吗？一旦通过了这种常识性检验，就要利用由经验观察得到的实际数据来检验许多模型。

关于从任何检验中得出的结论都要小心。就像不能简单地用展示支持该定理的许多特殊情形来证明定理一样，类似地，不能从模型收集到的特殊的证据来推出广泛的一般结论。更确切地说，是通过收集到的数据来证实模型的合理性。

(6) 模型应用。经过检验的模型就可应用于实际。

例 12 伽利略研究自由落体的过程。

近代意大利物理学家伽利略 (Galileo Galilei，1564~1642) 是在实际的科学研究中开创实验方法与数学方法相结合的第一个人。他将比率和三角形相似理论作为数学模型，并以此推导出著名的自由落体运动规律，从而开创了数学建模在近代科学中应用的先河。

首先，对问题进行假设：自由落体运动过程中不考虑空气阻力。其次，考虑自由落体运动与什么参数无关，与什么参数有关。这里自然会想到自由落体运动与物体轻重有关吗？据传伽利略曾从比萨斜塔上让两个重量不同的球同时下落，人们惊奇地发现它们同时落地。但实际上，利用反证法便能证明物体自由下落时速度与物体轻重无关的结论。

证明 假设物体自由下落时重的比轻的下落得快些是真的，现有物体 A 和 B，不妨设 A 比 B 重，则 A 比 B 下落快些。现把 A 与 B 拴在一起，记为物体 C，则物体 B 把 C 下落速度拖慢，物体 A 把 C 的下落速度加快，故 C 比 A 下落慢却

比 B 下落快；但另一方面物体 C 比 A 重，由假设知 C 比 A 下落快，导致矛盾。

由此从理论上证明了自由落体运动与物体的轻重无关。排除了自由落体运动中的如物体重量、体积等无关因素后，接下来研究物体下落的距离 h 随下落时间 t 的函数关系。伽利略从理论和实验两个方面入手，通过多组有关 t 和 h 的实验数据，经过数据模拟得到了函数关系式 $h(t) = gt^2/2$ (其中 g 是重力加速度)。

最后，对数学模型 $h(t) = gt^2/2$ 进行验证。

利用这一模型可以算出：自由落体从开始下落起，连续相等时间间隔内下落的距离之比为 $1:3:5:7\cdots$。为此，设计一个小球在斜面下降的实验：在钉有钉子的光滑斜面上，钉子之间的距离成奇数比为 $1:3:5:7\cdots$。一个小球在上面滚动，看通过连续的钉子所需时间是否相同。实验结果表明：在每个相同时间连续竖直降落的距离呈线性递增，由此可知竖直下落的距离和时间是平方关系。通过数据分析计算，证实了模型 $h(t) = gt^2/2$ 的正确性。该模型反映了自由落体运动的本质规律，进而可以在实践中加以应用。

2. 构建数学模型的具体要求

构建数学模型的具体要求有以下几点：①具有进行逻辑推导的可行性，即所构造的数学模型具有进行严格的逻辑推导的可能性和导出结论的确定性；②具有回到原型的真实性，即模型符合实际，通过模型的处理确能解决原来的实际问题；③具有数学抽象的纯粹性，即舍去现实原型中一切非数学性质的东西及一些次要因素，不带有直观的或主观的成分，否则可能导致在实际问题的求解中产生错误；④具有一定的简洁性，在解决问题时，具有化繁为简、化难为易的功能。因为建立数学模型是一个不断抽象、修正和检验的过程，因而也就是逐步达到简化的过程。

数学模型构建是一种迭代过程。从考察某些系统以及识别我们希望预测或解释的特定的行为开始，其次识别变量和简化假设，然后生成一个模型。一般是从一个相对简单的模型开始，然后根据结果来修改模型。如果我们不能提出一个新模型或者不能求解已有的模型，就必须简化模型。这是通过把某些变量当做常数处理、忽略或者集成某些变量、在模型中假设 (如线性那样的) 简单关系或者进一步限制所研究的问题来完成。

如果结果不够精确，就必须改进该模型。改进与简化相反，需引进额外的变量、假设变量之间的更为复杂的关系或者扩展问题的范围。通过简化和改进，我们确定了模型的一般性、现实性和精确性。

构建数学模型不仅是一种高级的思维活动，而且是一种极为复杂且应变能力很强的心理过程。因此，没有统一的模式，没有固定的方法。其中既有逻辑思维，又有非逻辑思维，既有机理分析，又有测试分析 (系统辨识) 等重要方法。

1.2.3 数学模型方法

利用数学模型解决实际问题的方法称为数学模型方法。通常把数学模型狭义地理解为联系一个系统中各变量间内在关系的数学表述体系。

利用数学模型解决实际问题的思想可追溯到中国古代，《九章算术》(公元 1 世纪成书) 就为当时社会生活各个领域里利用数学提供了系统的数学模型，其中“盈不足”、“勾股”、“方程”等章，本身就提供了用盈不足术、直角三角形、线性方程组为数学模型解决各种实际问题的方法和实例。古希腊学者托勒密 (Ptolemy，90~168) 提出“地心说”，采用了几何模型研究天文学，这也是数学模型方法的早期应用之一。1300 年后，波兰天文学家哥白尼 (Mikolaj Kopernik，1473~1543) 认为托勒密的模型不能很好地解释行星运动的物理实质，他给出新的几何模型并且定量地考察了它，从而得出著名的“日心说”。数学模型方法在此学说的建立过程中有着重要的意义。

应用数学模型方法要解决的问题往往是“原坯”型的问题，怎样将它抽象，转化成一个相应的数学问题，这本身就是一个很大的问题。运用数学模型方法求解现实问题，首先要靠自己在解题实践中选取并掌握一些基本模型 (除掌握常用的公式、定理等外，还要选取一些基本结论、基本图形等)；其次要善于识模 (析模、补模)，还要善于制取新模 (模型转换，组合新模)；最后要在处理现实具体问题中，善于进行系统辨识、机理分析，灵活运用模型解决问题。著名数学家和数学教育家波利亚也是这样认为的：在解决一个自己感兴趣的问题之后，要善于去总结一个模型 (式)，并井然有序地储备起来，以后才可以随时支取它去解决类似的问题，进而提高自己解决问题的能力。

例 13 数学帮助海湾战争作决策。

海湾战争爆发之前，有这样一个故事，伊拉克总统萨达姆首先威胁美国总统布什，如果美国动武，他将燃烧中东所有的油田，使之产生巨大污染，从而造成世界性的灾难，那将是世界末日。这一威胁一度动摇了美国政府的决心。五角大楼拨出巨款给太平洋–赛拉研究公司进行科学研究，要求科学家回答：若萨达姆点燃中东所有油田，能否产生世界灾难。以数学家为首的科学家们，通过数学建模和计算机模拟的方法得出结论：大火的烟雾具有重大的污染，将波及波斯湾、伊朗南部、巴基斯坦和印度北部，但不会失控，不会造成全球气候变化，不会对地球的生态和经济系统造成不可挽回的损失。这样才促成美国对战争下定了决心。后来战争的进程证明了科学家的预测是正确的。

1.2.4 数学建模与数学应用题

应用数学模型方法求解实际问题与求解通常的数学应用题是有很大差别的。我们通常做的应用题，大多数已经不是直接来自实际，而是经过了一定程度的数学建模加工得到的成品或半成品，问题的提法已经相当理想化、数学化，相当接近于数学模型了。传统的数学应用题往往有这样的特点：条件清楚准确、不多不少，结论唯一确定，原始问题数学化的过程简单、清楚明了，解出的结论也很少需要学生再思考是否合乎实际、是否需要进一步调整和修改已有的模型。而这几点往往是一般数学建模过程的难点和“重头戏”所在。

例 14 *客房的定价问题。*

某星级旅馆有 150 个客房。经过一段时间的经营，旅馆经理得到了一些数据：如果每间客房定价 160 元，住房率为 55%；每间客房定价 140 元，住房率为 65%；每间客房定价 120 元，住房率为 75%；每间客房定价 100 元，住房率为 85%。欲使每天的收入最高，每间客房应如何定价？

这是一个简单的数学建模问题。但要解决它，却需要经历数学建模的全过程。

模型假设 (1) 每间客房的最高定价为 160 元；(2) 据经理提供的数据，设随着房价的下降，住房率呈线性增长；(3) 设旅馆每间客房定价相等。

模型建立 设 y 表示旅馆一天的总收入，与 160 元相比每间客房降低的房价为 x 元。由假设 (2)，可得每降低 1 元房价，住房率增加 $10\% \div 20 = 0.005$。因此，$y = 150(160 - x)(0.55 + 0.005x)$，由于 $0.55 + 0.005x \leqslant 1$，可知 $0 \leqslant x \leqslant 90$。于是问题就是：当 $0 \leqslant x \leqslant 90$ 时，y 的最大值点是多少？

模型求解 (略解) 当 $x = 25$ 时，y 取最大值。即住房定价为 135 元，相应的住房率为 $0.55 + 0.005 \times 25 = 67.5\%$，收入最大为 $150 \times 135 \times 67.5\% = 13\,668.75$(元)。

模型讨论 (1) 易验证此收入在已知各种定价对应收入中是最大的。如果为了便于管理，那么定价 140 元 (天 · 间) 也是可以的，因为此时它与最高收入之差仅为 18.75 元。

(2) 如果定价是 180 元 (天 · 间)，住房率应为 45%，其相应收入只有 12 150 元。因此假设 (1) 是合理的。这是因为二次函数在 [0，90] 之内只有一个极大值点 25。

从上例可以看出，数学建模与应用题有明显差异，又有密切联系，主要体现在以下四个方面：①问题给出的条件的充分程度；②问题解决过程中是否需要假设。建模过程中，为了使问题更明确，简化假设往往是必须的；③问题的讨论与验证的复杂程度不同；④问题解决的表达形式不同。应用题只要求写出答案，而数学建模一般要写成小论文。

当前，从国内外教材的变化中，可以看出数学应用题的一些可喜变化：问题的来源更加生活化，更贴近实际；条件和结论更模糊；可用信息和最终结论更有待学生自己去挖掘。也就是说，应用题将逐步向数学建模过渡。这给我们启示：数学建模要从应用题的改革做起。

1.3 数学模型的学习建议

1.3.1 提高应用数学修养

建模能力是数学修养的重要方面。特别是在现代计算可以靠机器代劳的今天，建模更显得重要。建模靠的是“数学 + 艺术”，没有数学修养不行，但只有数学修养也不行，还需要创造性的思维方式。现举一例。

例 15 分形理论欣赏[7]。

1973 年法国年轻数学家曼德坡一次乘飞机去英国，在飞机自高空向地面下降的过程中，他看到了英国海岸线形状的改变过程，使他突发灵感，悟出了一个为世人所接受的“分形原理”。实际上，它就是常说的自然界的层次结构、自相似结构。几乎同时，我国生物学家张颖清教授也提出了生物“全息胚”概念，其实这正是分形结构在生物世界的体现。曼德坡的贡献还远远不止于此，他更主要的还在于将此思想形式化，提升成了数学模型，从而产生了一门新兴的应用数学分支。他的思维创造主要有如下几点：

(1) 排除客观世界种种“实际分形”中的种种干扰因素，提出一个抽象模型。

(2) 提出了生成元和自相似概念，进而给出分形的公理化定义。

(3) 用动态方式来描述分形结构。

(4) 记分形的生成元为 G_0，记层次间的自相似性为映射 F，G_0 经 $n-1$ 步映射后的总体形式记为 $F_{n-1}(G_0) = G_{n-1}$，则 n 层分形总体结构为 $F_n = F \circ F_{n-1}(G_0) = F(G_{n-1})$。

(5) 进一步给出分形的数学特征，具体说是其几何特征“维数”概念。

1.3.2 养成开放的思维方式

数学建模可以看成一门艺术。艺术在某种意义下是无法归纳出几条准则或方法的。一位出色的艺术家需要大量的观摩和前辈的指导，更需要亲身的实践。类似地，掌握建模这门艺术，一要大量阅读、思考别人做过的模型，二要亲自动手，认真解决几个实际问题。其中后者更为重要。同时还要具有开放的思维方式。这里讲一个有趣的美国故事。

例 16 奇特的测量。

一位物理导师给学生出了一道试题：请利用一个气压表来测定一座大楼的高度？

一位学生答道：把气压表拿到大楼的楼顶，用一条长绳的一端拴住气压表，拉住绳子，把气压表垂直落到街面，然后把它拉上来，测量绳子的长度。这个长度即为这幢大楼的高度。

显然，这种解法没有体现出题者要考的物理知识，这位导师给这位学生零分。但这位学生坚持认为他准确地回答了这个问题，要求打满分。最后，请了一位资深教授作为仲裁人。这位教授建议这个学生重新给出一个解答，附加条件是要求用物理知识。在规定的时间内，这个学生在答题纸上写下了他的若干种解法中的一个：把气压表拿到大楼的楼顶，让气压表沿屋顶的边沿落下，用一块秒表测出其下落所用的时间，然后利用公式 $s=gt^2/2$ 最终计算出大楼的高度。

实际上，这种解答也没有体现出气压表的实际作用，不过两位教师终于妥协，同意给这个学生一个接近满分的分数。然后，这位教授饶有兴趣地问这个学生还有其他什么办法，这个学生回答道："比如说，你可以在阳光灿烂的日子里，测量这个气压表高度，气压表阴影的长度以及大楼阴影的长度，而后用一个简单的比例就可以得出大楼的高度。"

"还有一种方法：当你上楼时，就用气压表测出这层楼的墙有几个气压表的长度，据此，你可以推知这幢大楼有多少个气压表长度，从而得知大楼的高度。"

在列举了几个解决方法之后，这位学生总结道：也许最好的一种方法，就是拿着气压表到地下室敲开大楼主管人的大门，并对他说："主管先生，我这有一个上好的气压表，如果你告诉我这幢大楼的高度，这个气压表就是你的啦。"

最后，这位学生承认他知道这个试题的常规答案。但他很厌烦导师们煞费苦心地教导他们如何用"科学的方法"去思考，用一种学究式来探讨事物的内在逻辑，因此，想出这样一个办法向墨守成规的课堂教学挑战。

之所以在此列举这个故事，目的并不是希望读者对那位美国学生近乎抬杠的解答方法鼓掌和喝彩，仅想通过这个故事说明：知识仅是前人总结的经验理论，而人是富于想象力的灵动的生命。人类应充分地驾驭知识，莫让知识限制住我们的思维。那个学生的解答以及他敢于冲破固有理论模式的勇气，该给我们诸多的启迪吧！

思考与练习 1

1. 试述数学模型的含义。

2. 试述数学应用题与数学建模的关系。

3. 试找出实际模型说明公式 $\mathrm{C}_n^m=\mathrm{P}_n^m/\mathrm{P}_m^m=\mathrm{C}_n^{n-m}=\mathrm{C}_{n-1}^m+\mathrm{C}_{n-1}^{m-1}=nm^{-1}\mathrm{C}_{n-1}^{m-1}$ 的意义。

4. 今用比地球赤道长 1m 的铁丝，在赤道平面上围成一个与赤道同心的圆，并加以固定。问：铁丝与赤道间的间隙能否钻过一只耗子？为什么？

5. 在一次乘船游览中，母亲、妻子和儿子同时落水，有人说先救母亲，因为妻子没了可以再娶，儿子没了可以再生，唯有母亲今生今世只有一个；有人说应该先救妻子，因为有了妻子便会有儿子，至于母亲已近人生之途的尽头，死也无憾；还有人说应该先救儿子，因为儿子年龄最小，尚未体验人生的乐趣，而母亲、妻子则不然。你认为应该先救谁？试予分析。

第 2 章 初等代数模型

恩格斯 (Friedrich von Engels，1820～1895) 曾经说：*数学是研究现实中数量关系和空间形式的科学*。数学建模可以对人们所研究的实际问题提供分析、预报、决策或控制、优化等定量结果。许多实际问题，可以通过代数模型，达到定量化的研究目的。本章通过电阻测量、赶火车、环形跑和投入产出等问题，简介方程模型及其思想方法；通过价格竞争、红绿灯、销售收入、双煎饼、椅子着地等问题，厘清常见的二次函数和连续函数等函数模型的应用；通过糖水浓度、水桶排序、投掷训练、衣服漂洗和席位分配等问题，简介比较方法和重要不等式的实际应用；通过合理安排生产、下料问题、指派和分配等问题，解析简单的线性规划问题模型的建立与求解方法，体会整数规划模型的建立过程；通过银行贷款、掌握程度、人口增长等问题，简介斐波那契等常见数列、一阶线性差分方程 (组) 和简单的一阶非线性差分方程以及递推思想的应用。

2.1 初等方程模型

方程是为了寻求未知数，在未知数和已知数之间建立起来的一种等式关系。方程思想，说穿了不过是“拉关系”。为了认识“未知数”先生，必须请“已知数”先生为媒介，找到一种关系，根据关系就能认识“未知数”先生了。当代著名物理学家霍金 (Stephen William Hawking，1942～) 曾说过：*科学家和工程师们喜欢用方程的形式表达他们的思想，因为方程是描述数学思想简明而精确的方法和手段，有了方程就能够得到数量的准确值*。可见方程在解决实际问题中发挥着重要的作用。

2.1.1 电阻测量问题

测量一件 (或多件) 物体的大小，如果能用现成的工具直接测出，问题已经解决；如果不能直接测出，我们往往是先设所测量物体的大小为未知数 x(或 x，y，$z,\cdots$)，然后通过系列间接的测量，获得数据，建立关于 x(或 x，y，$z,\cdots$) 的方程 (或方程组)，最后解出 x(或 x，y，$z,\cdots$)，问题便可获解。

例 1 上海某饭店各房间的室内温度由控制室统一调整，一位师傅施工时发现控制室内仪表指示温度与房间内的实际温度有差异而始终调整不好。后来查出原因，是因为从高层房间到控制室距离很长，三相电的三根电线转弯处折转不同，有长有短，而造成三根电线电阻不同，结果仪表上出现了偏差。为此，需要测出三根电线的电阻，再对温度进行调整。现有一只万用表可在控制室内测量电阻，那么如何测量这三根线的电阻呢?

分析与解决　我们知道任何万用表都不可能把一头放在十几层楼房间里的 a' 处，另一头放在底楼控制室的 a 处，也就是说，任何一根电线的电阻都无法直接测量，怎么办呢?

一位学过代数的青年师傅想出了办法。他假设 x，y，z 分别是电线 aa'，bb' 和 cc' 的电阻，这是三个未知量。把 a' 和 b' 连接起来，在 a 和 b 处量得电阻 $x+y$ 为 l，然后将 b' 和 c' 连接起来，在 b 和 c 处量得电阻 $y+z$ 为 m，同理，连接 a' 和 c'，可量得电阻 $x+z$ 为 n。这样，便得到方程组

$$\begin{cases} x+y=l \\ y+z=m \\ z+x=n \end{cases}$$

解出 x,y,z，仪表就调整好了。

注　如果此题改为:“如果已经量得这三条电线两两串联后的电阻 l，m，n，试问这三线的电阻是多少?”这个问题就容易解决了。这位青年师傅的可贵之处在于，他创设了解决问题的情景 (把电线两两连接起来)，构造出一个方程组的数学模型。学习方程，难就难在用方程的观点去分析实际问题，用等量的思想去构造模型，而不是解方程 (组) 的本身。

2.1.2　行程问题

例 2　环形跑问题。甲、乙两人分别从直径 AB 两端沿圆形跑道同时相向起跑，第一次相遇时离 A 点 50m，第二次相遇时离 B 点 50m，求跑道总长。

假设：甲、乙两人在圆形跑道上始终做匀速运动。

解法一　设跑道总长为 $2s$(m)，甲、乙两人的速度分别为 a, b(m/s)，据题意，列方程组得

$$50/a=(s-50)/b，(s+50)/a=(2s-50)/b\text{或者}(s-50)/a=(2s+50)/b$$

消去 a，b，解得 $s=200$m 或 100m，所以跑道总长为 400m 或 200m。

解法二　要求跑道总长，只要求出甲在第一次相遇点 C_1 与第二次相遇点 C_2 所跑的距离。

注意在上述假设下，到第一次相遇时，甲、乙两人在圆形跑道上共跑了半圈，此时甲跑了 50m；而从第一次相遇点 C_1 开始到第二次相遇点 C_2 为止，甲、乙两人在圆形跑道上共跑了一圈，所以从 C_1 到 C_2 甲又跑了 100m，这样就可直接算出半圆周长为 200m 或 100m。

进一步，我们可以提出以下问题：

(1) 你能确定第 3 次、第 4 次、$\cdots$、第 n 次甲、乙两人相遇的地点吗？

(2) 按这样跑下去，甲、乙两人会不会在 A 点处 (或 B 点处) 相遇呢？

略解　这里考察跑道总长 400m 这一情形。不妨设甲、乙两人在第 n 次相遇于点 A，这时甲共跑了 k 圈，则 $50+100(n-1)=400k$，化简得 $2n-1=8k$，由于方程的左边为奇数，而右边是偶数，所以该方程没有整数解。因此，甲、乙两人不可能在 A 点处相遇。

例 3　赶火车问题。

今有 12 名旅客要赶往 40km 远的一个火车站去乘火车，离开车时间只有 3h 了，他们步行的速度为 4km/h，靠走路是来不及了。唯一可以利用的交通工具只有一辆小汽车，但这辆小汽车连司机在内最多能乘 5 人，汽车的速度为 60km/h。问这 12 名旅客能赶上火车吗？

分析　该题没有规定汽车载客的方法，需要通过计算、比较，寻求解决问题的可行方案，并进一步优选方案。

尝试　单靠汽车来回送旅客要分 3 趟，总路程为 $5\times 40=200(\mathrm{km})$，所需的时间为 $200\div 60=10/3(\mathrm{h})>3(\mathrm{h})$。因此，无法让 12 名旅客全部赶上火车。该方案不可行。

改进　如果在汽车来回送前一趟旅客到火车站的同时，让其他旅客先步行，则可以省一点时间。经计算，汽车三趟总共用时约 $1.25+1.09+0.51=2.85(\mathrm{h})$。用这种方法，最后 4 名旅客赶到火车站时，离开车只有 9min 时间，理论上讲，可以赶得上，但是，我们在计算时忽略了旅客上下车以及汽车掉头等所需时间，因此全部赶上火车是非常勉强的。这是一个勉强可行的方案。

优化　上述方案中，陆续先到达的两组旅客在等待第三组旅客的到来，因此浪费了一些等待时间。如果在整个过程中，每位旅客不是在乘车就是在步行，没有一名旅客是在原地浪费时间，汽车也一直在运行，而且 12 人同时到达火车站，这种方案，毫无时间浪费，是最优的。具体如下：

先让汽车把 4 名旅客送到中途某处，再让这 4 名旅客步行 (此时其他 8 名旅客也在步行)；接着汽车回来再送 4 名旅客 (剩下 4 名旅客继续步行)，追上前面 4 名旅客后也让他们下车一起步行；最后回来接剩下的 4 名旅客到火车站。为了使得送最后一批旅客的汽车与前面 8 名旅客同时到达火车站，必须适当选取第一批旅客的下车地点。

解　设每组坐车时间为 xh，则走路时间为 $(40-60x)/4$h，每个空车回程所用时间为 $(60x-4x)\div(60+4)=7x/8$。而汽车共行驶了 3 个去程和 2 个回程，且汽车所用的总时间与每一组所用的总时间相等，即 $3x+2\times 7x/8=x+(40-60x)/4$，解得 $x=8/15$。由此可知，走路时间为 $(40-60x)/4=2(\mathrm{h})$。所以这 12 名旅客全部赶到火车站的时间是 $8/15 + 2 \approx 2.53(\mathrm{h})$。

本题解决的难点在于找出等量关系，关键是要注意汽车所用的总时间与每一组所用的总时间 (含步行与坐车) 相等。

2.1.3 投入产出问题

投入产出分析方法是 20 世纪 30 年代美国经济学家华西里 • 列昂惕夫 (Wassily Leontief，1906~1999) 首先提出来的。这种分析方法使他获得了 1973 年度的诺贝尔经济学奖。

投入产出分析是研究经济系统中各部分间投入与产出数量关系的模型，这种数学模型可以应用于分析宏观经济部门之间的关系，也可应用于分析微观的经济系统。

这里，投入是指从事一种经济活动中的一定的付出。一般的投入包括: ①从其他部门购进原料、电力或其他能源、半成品、辅助材料等; ②购入适当的机器设备及生产工具等; ③投入一定数量的具有一定技能的劳动力。这三部分的总和称为生产活动中的投入。产出是指在一定投入的条件下进行生产活动产生的一定数量的生产成果。

生产成果的分配去向主要有两部分，一部分以中间产品形式供本部门及其他部门作为本期生产中的再投入，另一部分以最终产品的形式满足人们消费需要，或者作为积累不再进入本期生产过程。

例 4 一个木工、一个电工、一个粉饰工协议相互帮助装修他们各自的房子，三人同意按照下面的方案每人工作 10 天。木工、电工、粉饰工的工资在市场上一般为 60~80 元，他们这样换工，都认为自己的收支平衡。即每人都按市场价计算 10 天工作日自己的应得款，包括在自己家中工作也照算工资收入；同时计算自己家房子装修的应付款，包括在自己家中工作也照算工资付出；对每个人来说，这两者是相等的。现在根据表 2.1 计算他们各人的日工资是多少？

表 2.1

	木工完成的工作日	电工完成的工作日	粉饰工完成的工作日
在木工家	2	1	6
在电工家	4	5	1
在粉饰工家	4	4	3

分析 本题的特征是每个人的劳动支出全部在这三个人之间进行分配。这个模型要解决的问题是确定劳动支出的“价格”(日工资)，使得这个系统平衡，即每个人的总支出等于他的总收入。据此，建立的投入产出模型称为闭合数学模型。

解 设木工日工资为 p_1，电工为 p_2，粉饰工为 p_3。

因为他们各自认为自己的收支平衡，所以他们在这 10 天内，各人的总收入 = 总支出。例如，对木工来说，装修他的房子总共应付的费用为 $2p_1+p_2+6p_3$，而他完成三家的装修总收入为 $10p_1$，这两个数字应该相等。对电工、粉饰工来说也有同样的等式。因此有

$$\begin{cases} 2p_1+p_2+6p_3=10p_1 \\ 4p_1+5p_2+p_3=10p_2 \\ 4p_1+4p_2+3p_3=10p_3 \end{cases}$$

解这个方程组，得

$$\begin{pmatrix} p_1 \\ p_2 \\ p_3 \end{pmatrix} = k \begin{pmatrix} 31 \\ 32 \\ 36 \end{pmatrix}$$

这里 k 是一个常数。当 k 取定后，p_1，p_2，p_3 也随之确定。由于他们的工资数都在 $60\sim80$ 元，因此，取 $k=2$ 较为合适。这时 $p_1=62$ 元，$p_2=64$ 元，$p_3=72$ 元。

例 5　一个城市有三个重要企业：一个煤矿，一个发电厂和一条地方铁路。煤矿开采一元钱的煤必须支付 0.25 元的电费，0.25 元运输费。发电厂生产一元钱的电力，必须支付 0.65 元燃料 (煤) 费，0.05 元运输费，自用 0.05 元电费。铁路提供一元钱的服务，必须支付 0.55 元燃料 (煤) 费，0.10 元电费。现在设某个星期内煤矿接到外界 50 000 元原煤订货，发电厂接到外界 25 000 元的电力订货，地方铁路没有接到外界要求。问这三个企业在该星期内产值各为多少时，才能恰好满足它们本身和外界的要求？

分析　本题中三个企业的产品除满足内部的需求外，还要满足外界对产品的需求。为了维持各部门的正常生产，这些产品中的一部分仍在各部门之间进行分配，但有一定的超额量，这些超额量以最终产品形式供应给外界。这种投入产出的数学模型称为开式模型。开式模型中各种产品的价格假设是已知的，而问题变成根据市场需要求出各部门产品的产值。

解　设煤矿的产值为 p_1 元，电厂的产值 p_2 元，铁路的产值为 p_3 元。据题意，在煤矿的 p_1 的产值中，要为发电厂 p_2 的产值供应所必需的价值为 $0.65p_2$ 燃料，为地方铁路 p_3 的产值供应所必需的价值为 $0.55p_3$ 的燃料，而余下部分应该是外界的订货要求。对发电厂和铁路部门也可以作类似的分析。这样可得

$$\begin{cases} 0\cdot p_1+0.65p_2+0.55p_3+50\,000=p_1 \\ 0.25p_1+0.05p_2+0.10p_3+25\,000=p_2 \\ 0.25p_1+0.05p_2+0\cdot p_3+0=p_3 \end{cases}$$

写成矩阵形式，得 $\boldsymbol{CP}+\boldsymbol{D}=\boldsymbol{P}$ 或 $(\boldsymbol{I}-\boldsymbol{C})\boldsymbol{P}=\boldsymbol{D}$。其中

$$
\boldsymbol{C}=\begin{pmatrix} 0 & 0.65 & 0.55 \\ 0.25 & 0.05 & 0.10 \\ 0.25 & 0.05 & 0 \end{pmatrix},\ \boldsymbol{P}=\begin{pmatrix} p_1 \\ p_2 \\ p_3 \end{pmatrix},\ \boldsymbol{D}=\begin{pmatrix} 50\ 000 \\ 25\ 000 \\ 0 \end{pmatrix}
$$

解此方程组，得 $p_1 = 102\ 087$ 元，$p_2 = 56\ 163$ 元，$p_3 = 28\ 330$ 元。

下面建立一般的开式数学模型。设第 i 个企业的产值为 x_i，外界对第 i 个企业要求的产值为 d_i，记第 j 个企业为生产自己产品的单位产值需要买进的第 i 个企业的产值比例为 c_{ij}，则各企业投入产出满足如下方程组：

$$
\begin{cases} c_{11}x_1 + c_{12}x_2 + \cdots + c_{1k}x_k + d_1 = x_1 \\ c_{21}x_1 + c_{22}x_2 + \cdots + c_{2k}x_k + d_2 = x_2 \\ \cdots\cdots \\ c_{k1}x_1 + c_{k2}x_2 + \cdots + c_{kk}x_k + d_k = x_k \end{cases}
$$

求出这个方程组的解即可。

2.2 初等函数模型

用函数的观点解决实际问题是中学数学最重要、最常用的方法。正如芝加哥大学数学教育家尤什斯金在回答“*试问最为人们常用，将会普及的数学方法是什么？*”这一问题时所说的，“*大概是函数观念*”。可见函数模型与方法在处理实际问题中的广泛应用。两个变量或几个变量之间，若能找到它们之间的联系，并用数学形式表示出来，建立起一个函数关系 (数学模型)，然后运用函数的有关知识去解决实际问题，这些都属于函数模型的范畴。

2.2.1 价格竞争问题

例 6 甲、乙两个加油站位于同一条公路旁，为在公路上行驶的汽车提供同样的汽油，彼此竞争激烈。一天，甲站推出降价销售吸引顾客，结果造成乙站的顾客被拉走，影响了乙站的赢利。我们知道，利润是受销售价和销售量的影响及控制的，乙站为挽回损失，必须采取降价销售这一对策来争取顾客。那么，乙站如何决定汽油的价格，既可以同甲站竞争，又可以获取尽可能高的利润呢？

模型分析 在这场价格战中，我们将站在乙站的立场上为其制定价格对策，因此需要建立模型来描述甲站汽油价格下调后乙站销售量的变化情况，从而得到乙站的销售利润。

为描述汽油价格和销售量间的关系，需引入以下一些指标：

(1) 价格战前，甲、乙两站汽油的正常销售价格为 P(元/L)；

(2) 降价前乙站的销售量为 Z(L)；

(3) 汽油的成本价格为 W(元/L)；

(4) 降价后乙站的销售价格为 x(元/L)，这是变量；

(5) 降价后甲站的销售价格为 y(元/L)。

模型假设 影响乙站汽油销售量的因素，主要有以下几个：

(1) 甲站汽油降价的幅度；

(2) 乙站汽油降价的幅度；

(3) 甲、乙两站之间汽油销售价格之差 $(x-y)$。

我们知道，随着甲站汽油降价幅度的增加，乙站汽油销售量随之减小；而随着乙站汽油降价幅度的增加，乙站汽油销售量随之增大；同时，随着两站之间汽油销售价格之差 $(x-y)$ 的增加，乙站汽油销售量也随之减小。

假设 1：在这场价格战中，假设汽油的正常销售价格保持不变；

假设 2：以上各因素对乙站汽油销售量的影响都是线性的，比例系数分别为 a，b，c(均为正常数)。

模型建立与求解 由假设 2，乙站的汽油销售量为

$$Z-a(P-y)+b(P-x)-c(x-y)$$

所以，乙站的利润函数 $R(x,y)=(x-W)[Z-a(P-y)+b(P-x)-c(x-y)]$。

当 y 确定时，利润函数是关于 x 的二次函数。求得 $R(x,y)$ 的最大值点为

$$x^*=[Z+(a+c)y-P(a-b)+W(b+c)]/2(b+c)$$

也就是说，当甲站汽油价格降到 y 元时，乙站应把它的汽油价格定为 x^* 元，此时乙站获得的利润最高。

模型检验 令 $Z=2000$，$P=7$，$W=6$，y 分别取 6.7，6.8，6.9。

这里参数 a，b，c 的数值难以给出，这是因为经济学的现象是难以通过试验来实现的。我们无法要求任何一个加油站频繁调整它的销售价格来统计不同价格下的销售量，因此 a，b，c 的取值只能是虚拟的数值。当然，这里参数 a，b，c 的数量级可以由前面的数据估算出来。一般来说，a，b，c 的数量级与 Z 的数量级一样，a，b 应该相同，但 c 应明显大于 a，b。因此，这里取 $a=b=1000$，$c=4000$，将这些数据代入得

$$x^*=3.2+0.5y$$

由此，计算出甲站降价 0.1，0.2，0.3 元时，乙站相应的最优销售价格 x^* 及利润，见表 2.2。注意到价格竞争前的乙站利润是 $(4-3)\times 2000=2000$，这表明上述模型，双方的价格下降也可能会使乙站的利润提高，但随着甲站降价幅度的增大(即 y 变小)，甲、乙双方的利润都会有较大幅度的下降。这说明，降价销售往往会导致两败俱伤。

表 2.2 乙站的最优销售价及其利润

y	x	$R(x,y)$
6.9	6.65	2112.5
6.8	6.60	1800.0
6.7	6.55	1512.5

2.2.2 红绿灯问题

例 7 某市第七中学高一段学生到人民路的城开天桥下的十字路口，希望通过对十字路口红绿灯开设的时间及车流量的调查，粗略研究有关交通的数学模型。

为此，先让学生分组观察，把得到的数据取平均，得到了下面一组数据：东西方向绿灯即南北方向红灯的时间为 49s；南北方向绿灯即东西方向红灯的时间为 39s，所以红绿灯变换一个周期的时间为 88s。在红绿灯变换的一个周期内，相应的车流量：东西方向平均 30 辆，南北方向平均 24 辆。那么，这组数据说明了什么问题呢?

问题一般化后就是，在红绿灯变换的一个周期时间 Ts 内，从东西方向到达十字路口的车辆数为 H 辆，从南北方向到达十字路口的车辆数为 V 辆，问如何确定十字路口的某个方向红灯与绿灯开的时间更合理?

分析与假设 这里所谓的合理，就是从整体看，在红绿灯变换的一个周期内，车辆在此路口的滞留总时间最少。为此作如下假设：

(1) 黄灯时间忽略不计；只考虑机动车，不考虑人流量及非机动车辆；只考虑东西、南北方向，不考虑拐弯的情况。

(2) 车流量均匀。

(3) 一个周期内，东西向绿灯，南北向红灯时间相等；东西向与南北向周期相同。

模型建立与求解 设东西方向绿灯时间为 ts，则东西方向红灯时间为 $(T-t)$s；设一个周期内车辆在此路口的滞留总时间为 ys。

根据假设，一个周期内车辆在此路口的滞留总时间 y 分成两部分，一部分是南北方向车辆在此路口滞留的时间 y_1，另一部分是东西方向车辆在此路口滞留的时间 y_2.

下面计算南北方向车辆在此路口滞留的时间 y_1.

在一个周期中，从南北方向到达路口的车辆数为 V，该周期中南北方向开红灯的比率是 t/T，需停车等待的车辆数是 Vt/T。这些车辆等待时间最短为 0(刚停下，红灯就转换为绿灯)，最长为 t(到达路口时，绿灯刚转换为红灯)，由假设 (2) 车流量均匀，可知它们的平均等待时间是 $t/2$。由此可知，南北方向车辆在此路口滞留

的总时间为

$$y_1 = \frac{V \cdot t}{T} \times \frac{t}{2} = \frac{V}{2T} \times t^2$$

同理，东西方向车辆在此路口滞留的总时间为

$$y_2 = \frac{H}{2T} \times (T-t)^2$$

所以，$y = y_1 + y_2 = \dfrac{V}{2T} \times t^2 + \dfrac{H}{2T} \times (T-t)^2$。

函数 $y = \dfrac{V}{2T} \times t^2 + \dfrac{H}{2T} \times (T-t)^2$ 是关于 t 的二次函数，容易求得当 $t = TH/(H+V)$ 时，y 取得最小值。

模型检验与思考 取“问题背景”中调查的数据，即 $T = 88$，$H = 30$，$V = 24$，则当 $t = (88 \times 30)/(30+24) \approx 48.89(\mathrm{s})$ 时，$y_{\min} = 587(\mathrm{s})$。

由此可见，我们计算所得的结果和学生实际测到的数据是比较接近的。这也说明此路口红灯与绿灯设置的时间比较合理。

由上述结果可知，两个方向绿灯时间之比恰好等于两个方向车流量之比时，车辆在此路口的滞留总时间最少。这也是比较符合实际情况的。

另外，上面这个模型涉及的变量仅有一个车流量，若再将停车后汽车延迟发动达到正常车速所用的时间等因素考虑在内，又该如何建立数学模型呢？

2.2.3 销售收入问题

我们知道，市场上商品的价格对商品的销售收入会产生影响。因为价格高，对于固定的销售量，销售收入就会高；但如果价格太高，可能会使销售量减少，从而销售收入也减少。因为价格低，对于固定的销售量，销售收入就会低；但如果价格降低，可能会使得销售量增加，从而销售收入也增加。鉴于这种情况，有一家石油公司，想通过某种石油产品的合适销售价格的确定，使销售收入达到最大。

解法一 设销售收入为 I，单位产品销售价格为 x，销售量为 q。如果销售量固定，那么销售收入是单位产品销售价格的函数

$$I = f(x) = qx$$

该公司根据多年的销售资料所反映的统计数据，用数理统计的方法分析，得知销售量是单位产品销售价格的函数，并且可以表示为

$$q(x) = k\mathrm{e}^{-\lambda x}$$

其中 k, λ 是两个参数。这样，销售收入依然是单位产品价格的函数，即

$$I = f(x) = kx\mathrm{e}^{-\lambda x}(0 < x < +\infty)$$

我们考虑如何求销售收入的最大值。为此，我们先求 $f(x)$ 的驻点。

$$\begin{aligned} f'(x) &= (kx\mathrm{e}^{-\lambda x})' = k(x)'\mathrm{e}^{-\lambda x} + kx(\mathrm{e}^{-\lambda x})' \\ &= k\mathrm{e}^{-\lambda x} + kx\mathrm{e}^{-\lambda x}(-\lambda x)' = k\mathrm{e}^{-\lambda x} - k\lambda x\mathrm{e}^{-\lambda x} = k\mathrm{e}^{-\lambda x}(1-\lambda x) \end{aligned}$$

令 $f'(x)=0$，得 $x=\lambda^{-1}$。由于在 $0<x<+\infty$ 内只有一个驻点，根据实际问题的含义，可知 $f(\lambda^{-1})=k\mathrm{e}^{-1}\lambda^{-1}$ 就是所求的最大值。

解法二 如果该公司不是根据多年的销售资料所反映的统计数据，并用数理统计的方法分析得出销售量是单位产品销售价格的函数 $q(x)=k\mathrm{e}^{-\lambda x}$，而是简单的根据所谓“薄利多销”的说法，认为销售量与单位产品销售价格成反比例关系，并且用 $q=k/x$ 表示，那么销售收入可以表示为 $I=f(x)=x\times k/x=k$，即无论确定怎样的单位产品销售价格，公司的销售收入总是相同的。

以上，我们从两个不同的角度得出了销售收入作为单位产品销售价格的函数 $I=f(x)=kx\mathrm{e}^{-\lambda x}(0<x<+\infty)$ 和 $I=f(x)=k(0<x<+\infty)$。

实际上，得出这样的函数表达式，是解决某些实际问题时最为关键的一步。以上问题告诉我们，采用不同的方法得出的函数表达式，很可能是不同的。但这些表达式都是根据经验或过去实践中得到的数据按一些数学方法得到的。它们究竟正确与否，最终要在实践中去检验。

讨论 根据上面的材料，你能说明其中哪个模型更合理些？它能给我们提供什么启示？

2.2.4 双煎饼问题

有一些显而易见的事，在一些数学家眼中，却蕴涵了深刻的困难。例如，用笔在纸上画一个圈，这个圈把纸平面分成了两部分：圈内与圈外。放一只小蚂蚁在圈内，它如果不经过圈上的某个点，就不能爬出去。如果圈是用蚂蚁所怕的药品 (如樟脑) 画成的，可怜的小蚂蚁将长时间地焦急地在圈内徘徊！

这样明显的事，有什么可讨论的呢？但偏偏 19 世纪法国的数学家若尔当 (C. Jordan，1838~1922) 从这个明显的事情中总结出一个数学定理：“*设平面上有一条连续的简单闭曲线，要把闭曲线内部一点和外部一点用连续曲线连起来，那么这条连续曲线必与闭曲线相交！*”证明该定理，需用到连续函数的一条重要性质 (称为介值定理)：

连续函数 $f(x)$ 如果在 a 与 b 之间有定义，在 a 处的值 $f(a)<p$，在 b 处 $f(b)>p$，那么在 a 与 b 之间必有 c，使 $f(c)=p$。

从几何上看，这意味着：*如果一条连续曲线从直线左侧的一点通向右侧的一点，那么它一定与该直线相交。*尽管我们不知道交点在何处，但是相交是可以肯定的。

连续函数的介值定理，十分有用。例如，用二分法判断方程根的存在性以及求根的近似值，其根据就是介值定理。利用它还能判断一个方程有没有实根 (如奇次多项式方程至少有一个实根)。生活实际中也有许多有趣的例子，可以用这个性质来解决。

例 8 在桌面上任意位置放置着若干块不重叠的任意形状的均匀煎饼，问能否用一刀将这些煎饼同时平分？

分析 把上述问题抽象成数学问题，即在平面 α 的任意位置放置着若干个任意形状的不重叠的封闭图形，问能否用一条直线将它们的面积同时平分？(以下“平分”均指把图形的面积平分)

首先，考察平面上一个图形的情形。平面上放置着一个任意形状的封闭图形 P，问能否用一条直线将图形 P 平分？

解法一 平移法。选定一条直线 a，使图形 P 全部落在直线 a 的一侧，将直线 a 平移，这时这组平行线扫过图形 P，并且扫过 P 的面积从零连续地单调递增至整个图形 P。根据介值定理，直线 a 一定有一个适当的位置，恰好把图形 P 平分。

解法二 旋转法。先选定一条直线 a，使图形 P 全部落在直线 a 的一侧，再在直线 a 上任选图形 P 外的一点 O，然后将直线 a 绕点 O 旋转，图形 P 被直线 a 扫过的面积也将从零连续地单调递增至整个图形 P。同理可得，存在唯一一条过点 O 的直线 a 将图形 P 平分。

综上所述，对于给定的任一确定的方向，或图形 P 外任一确定的点，都存在唯一一条直线把平面上一个封闭图形 P 平分。

其次，考察平面上两个图形的情形。先看一种特殊情形：当其中一个图形 Q 是圆或中心对称图形时，由上可知，过 Q 的对称中心，存在一条直线将图形 P 平分，从而这条直线把图形 P 和 Q 同时平分。一般地，在平面的任意位置放置着两个任意形状的封闭图形 Q 和 P，那么一定能找到一条直线将它们同时平分。这就是著名的“双煎饼问题”。

证明 如图 2.1 所示，在图形 Q 与 P 之间取定一点 O，过 O 作水平数轴 OX_0，将它绕点 O 逆时针旋转 $\theta(0 \leqslant \theta \leqslant \pi)$ 角至 OX。

由前述可知，对于给定的角 θ，可找到平分图形 P，Q 且与 OX 垂直的直线 l_P，l_Q，垂足分别为 B_P 与 B_Q。那么，B_P，B_Q 在数轴 OX 上的坐标 $p(\theta)$，$q(\theta)$ 都是关于 θ 的连续函数。

要找到一条直线将图形 Q 和 P 同时平分，需直线 l_P 与 l_Q 重合，也就是垂足 B_P 与 B_Q 重合。于是，问题便转化为找到一个 $\theta_0 \in [0, \pi]$，使得 $p(\theta_0) = q(\theta_0)$。

令 $r(\theta) = p(\theta) - q(\theta)$，则 $r(\theta)$ 是关于 θ 的连续函数。由于 $p(0) = -p(\pi)$，$q(0) = -q(\pi)$，所以 $r(0) = p(0) - q(0) = -p(\pi) + q(\pi) = -[p(\pi) - q(\pi)] = -r(\pi)$。因此总有

$r(0)\cdot r(\pi)\leqslant 0$。

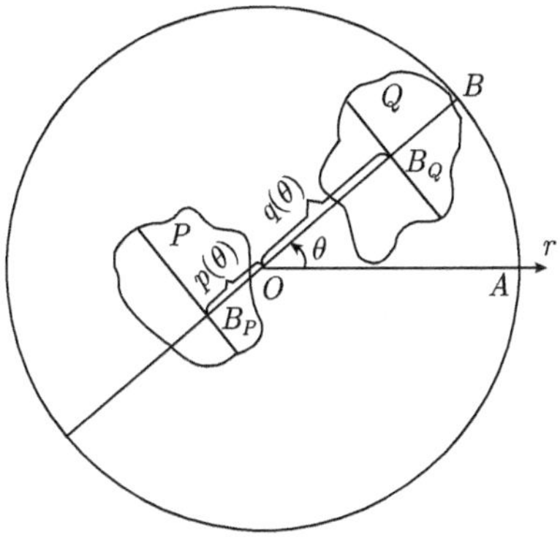

图 2.1

根据介值定理，必存在 $\theta_0\in[0,\pi]$，使 $r(\theta_0)=0$，即 $p(\theta_0)=q(\theta_0)$。此时图形 P 的平分线与图形 Q 的平分线合一，该直线将图形 Q 和 P 同时平分。得证。

最后，考虑平面上多于 2 个图形的情形。当平面上有多于 2 个的任意形状的不重叠的封闭图形时，能否用一条直线把它们同时平分呢?

我们取三个圆心不在同一直线上的圆，则肯定找不到一条直线将它们同时平分。由此可知，上述结论是否定的。

综上所述，我们可以得出这样的结论：一定存在一条直线将平面上 2 个任意形状且任意放置的不重叠的封闭图形同时平分，但 3 个或 3 个以上图形的情形则不一定成立。

双煎饼问题在空间上的推广。

推广 1 任给一个封闭的立体图形，总可以找到一个平面 (切一刀) 将它的体积平分。

推广 2 在一个空间的任意位置放置着两个任意形状的封闭立体图形 Q 和 P，一定可以找到一个平面将它们的体积同时平分。

推广 1 与推广 2 的证明可类似平面，只要将其中的点与线分别改写为线与面即可。

推广 3 空间上的任意位置放置着三个任意形状的封闭立体图形，一定可以找到一个平面将它们的体积同时平分。

推广 3 被数学家戏称为“三明治问题”，意指必有一刀切下去，能把一个火腿三明治的火腿及上、下底面的两块面包各分为一半。

但是，对于空间上任意放置的 3 个以上的立体封闭图形，我们借助 4 个球就可以知道，不一定能找到一个平面将它们的体积同时平分。

三明治问题与双煎饼问题一样，它们都是初等实变理论和初等拓扑学的一部分，但前者的证明已不能用初等微积分方法，要用到波苏克 (Borsuk)–乌拉姆 (Stanislaw Marein Ulam，1909~1984) 定理才能予以解决。

2.2.5 椅子着地问题

例 9 日常生活中有这样的现象：把椅子往不平的地面上一放，通常只有三只脚着地，放不稳，然而只需稍微挪动几次，一般都可以使四只脚同时着地。试从数学的角度加以解释。

分析 为了明确问题，对上述现象中的有关因素在符合日常生活的前提下，作如下假设：

(1) 椅子四条腿一样长，椅脚与地面接触处视为一点，四脚的连线呈长方形。

(2) 地面高度是连续变化的，沿任何方向都不会出现间断 (没有像台阶那样的情况)，即从数学的角度看，地面是连续曲面。这个假设相当于给出了椅子能放稳的必要条件，因为如果地面高度不连续，如在有台阶的地方是根本无法使椅脚同时着地的。

(3) 椅子在任何位置至少有三只脚同时着地。为保证这一点，要求对于椅脚的间距和椅腿的长度而言，地面是相对平坦的。因为在地面上与椅脚间距和椅腿长度的尺寸大小相当的范围内，如果出现深沟或凸峰 (即使是连续变化的)，此时三只脚也无法同时着地。

建立模型 在上述假设下，问题解决的关键在于选择合适的变量把椅子四只脚同时着地表示出来。

首先，引入合适的变量来表示椅子位置的挪动。

生活经验告诉我们，要把椅子通过挪动使之放稳，通常有拖动或转动椅子这两种办法，也就是数学上所说的平移与旋转变换。然而，平移椅子后问题的条件没有发生本质的变化，所以用平移的办法是不能解决问题的。于是，我们尝试将椅子就地旋转，并试图在旋转过程中找到一种椅子能放稳的情形。

注意到椅脚连线呈长方形，长方形是中心对称图形，绕它的对称中心旋转 180° 后，椅子仍在原地。

把长方形绕它的对称中心 O 旋转，这可以表示椅子位置的改变。于是，旋转角度 θ 这一变量就表示了椅子旋转后的位置。为此，在平面上建立直角坐标系来解决问题。

如图 2.2 所示，设椅脚连线为长方形 $ABCD$，以对角线 AC 所在的直线为 x 轴，对称中心 O 为原点，建立平面直角坐标系。椅子绕 O 点逆时针方向旋转角度 θ 后，长方形 $ABCD$ 转至 $A_1B_1C_1D_1$ 的位置，这样就可以用旋转角 $\theta(0 \leqslant \theta \leqslant \pi)$ 表示椅子绕点 O 旋转 θ 后的位置。

接下来，把椅脚是否着地用数学形式表示出来。我们知道，当椅脚与地面的竖直距离为零时，椅脚就着地了；而当这个距离大于零时，椅脚不着地。由于椅子在不同的位置是 θ 的函数，因此，椅脚与地面的竖直距离也是 θ 的函数。

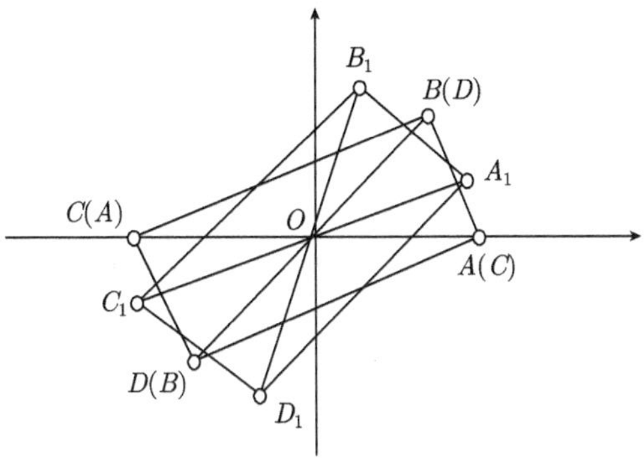

图 2.2

由于椅子有四只脚，因而椅脚与地面的竖直距离有四个，它们都是 θ 的函数。而由假设 (3) 可知，椅子在任何位置至少有三只脚同时着地，即这四个函数对于任意的 θ，其函数值至少有三个同时为 0。因此，只需引入两个函数即可。考虑到长方形 $ABCD$ 绕其对称中心 O 逆时针旋转 $180°$ 后，位置不变，但相对的椅脚 A，C 和 B，D 位置却对换了。

记 A，B 两脚与地面竖直距离之和为 $f(\theta)$，C，D 两脚与地面竖直距离之和为 $g(\theta)$，其中 $\theta\in[0,\pi]$。这样，原问题就是：*已知 $f(\theta)$ 和 $g(\theta)$ 都是关于 $\theta(\theta\in[0,\pi])$ 的连续函数，对任意 θ，$f(\theta)\geqslant 0$，$g(\theta)\geqslant 0$，而且 $f(\theta)g(\theta)=0$。求证：存在 $\theta_0\in[0,\pi]$，使 $f(\theta_0)=g(\theta_0)=0$。*

证明 若 $g(0)=f(0)=0$，则结论显然成立。

如果 $g(0)$ 与 $f(0)$ 不同时为 0，可不妨设 $f(0)>0$，$g(0)=0$。这时，将长方形 $ABCD$ 绕点 O 逆时针旋转角度 π 后，点 A，B 分别与点 C，D 互换，但长方形 $ABCD$ 在地面上所处的位置不变，由此可知 $f(\pi)=g(0)$，$g(\pi)=f(0)$。而由 $f(0)>0$，$g(0)=0$，得 $g(\pi)>0$，$f(\pi)=0$。

令 $h(\theta)=f(\theta)-g(\theta)$，由已知，$h(\theta)$ 也是关于 θ 的连续函数。又 $h(0)=f(0)-g(0)>0$，$h(\pi)=f(\pi)-g(\pi)<0$，根据介值定理，必存在 $\theta_0\in(0,\pi)$，使 $h(\theta_0)=0$，即 $f(\theta_0)=g(\theta_0)$。又 $f(\theta_0)g(\theta_0)=0$，所以 $f(\theta_0)=g(\theta_0)=0$，即此时椅子的四只脚同时着地，放稳了。得证。

注 用函数的观点来解决问题，引入合适的函数是关键。本模型的巧妙之处就在于用变量 θ 表示椅子的位置，用 θ 的两个函数表示椅子四只脚与地面的竖直距离。运用这个模型，不但可以使人们确信椅子能在不平的地面上放稳，而且可以指导我们通过旋转将地面上放不稳的椅子放稳。

2.3 初等不等式模型

在现实生活中，存在着大量的不等关系，无论是投资决策、生产规划、追求利润到价格大战，还是人口控制、环境保护、交通运输等问题，都可归结为不等关系的论证和求解问题。和相等关系一样，不等关系也是数学中的基本关系，它们在数学研究和数学应用中起着重要的作用。

利用不等式的知识解决实际问题，区别于用函数方法解决实际问题的主要特点是 —— 可以解决两个或两个以上变量之间的关系，而且这些变量之间可能不存在函数关系，这为探索、寻找变量之间的关系开辟了新的思路。

不等式的性质、解法以及几个重要的不等式，如平均值不等式、柯西不等式和排序不等式等，这些是初等不等式的基本模型。利用量的大小比较，来判断对象的优劣，进而作出优化决策，是用不等式解决实际问题的常见方法。实际问题中的一些变量如何对应转化到这些模型中去，是解决问题的关键。

2.3.1 糖水浓度问题

有这样一个不等式：若 a, b, m 都是正数且 $a < b$，则 $(a+m)/(b+m) > a/b$。

这是一个简单的不等式，证明也比较容易，如求差或求商比较法、执果索因的分析法，等等。但仔细分析就会发现，它内涵丰富，变化多样，应用广泛，令人回味无穷。在这里，溶液浓度的变化成为思考的主轴。

问题 1　给糖水加糖能使糖水变甜，你能把这一生活常识用不等式来表达吗？

结论 1　在 bg 糖水中含有 ag 糖，其浓度为 a/b，现加入 mg 糖，其浓度增大，变为 $(a+m)/(b+m)$，由此得不等式：对 $b > a > 0, m > 0$，有 $a/b < (a+m)/(b+m)$。

结论 2　若考虑糖水的浓度是经过约分的，不妨设约去的因子为 k，则加糖 mg 糖水的浓度为 $(ak+m)/(bk+m)$，由此得不等式：若 $b > a > 0, m > 0, k > 0$，有

$$a/b < (ak+m)/(bk+m)$$

问题 2　若糖水有两杯，为简单起见先规定这两杯糖水浓度相同，分别加入不同质量的糖，又可以得到什么样的不等式呢？

结论 3　若浓度为 a/b 的两杯糖水中分别加入 m_1g, m_2g 糖，且 $m_1 < m_2$，显然后者要比前者甜，则可得不等式：若 $b > a > 0, m_2 > m_1 > 0, k > 0$，则有

$$\frac{ak+m_1}{bk+m_1} < \frac{ak+m_2}{bk+m_2} \tag{2.1}$$

问题 3　若把问题 2 中的两杯糖水的浓度改成不同的，请探索新的不等式。

结论 4 若有两杯浓度不同的糖水，淡的一杯 b_1g 糖水中含有 a_1g 糖，浓的一杯 b_2g 糖水中含有 a_2g 糖，将这两杯糖水混合到第三只杯子里后，所得到的糖水浓度一定比淡的一杯浓，比浓的一杯淡，则可得不等式：若 $b_i > a_i > 0(i = 1,2)$，$a_1/b_1 < a_2/b_2$，则

$$\frac{a_1}{b_1} < \frac{a_1 + a_2}{b_1 + b_2} < \frac{a_2}{b_2}$$

一般化：若把糖水由 2 杯变成 3 杯，4 杯，$\cdots$，n 杯，则可得不等式：对 $n \in \mathbf{N}_+$，若 $\dfrac{a_1}{b_1} < \dfrac{a_2}{b_2} < \cdots < \dfrac{a_n}{b_n}$, $b_i > a_i > 0(i = 1,2,\cdots,n)$，则有$\dfrac{a_1}{b_1} < \dfrac{a_1 + a_2 + \cdots + a_n}{b_1 + b_2 + \cdots + b_n} < \dfrac{a_n}{b_n}$。

问题 4 在不等式 (2.1) 中，令 $k = 1$ 即可得 $\dfrac{a + m_1}{b + m_1} < \dfrac{a + m_2}{b + m_2}$(其中 $m_1 < m_2$)，若把 m_1, m_2 再特殊化，可以生成一个不等式链

$$\frac{a}{b} < \frac{a+1}{b+1} < \frac{a+2}{b+2} < \cdots < \frac{a+n}{b+n} < 1$$

即真分数越加越大。

上述这一串不等式，从数学的角度揭示了溶液浓度变化中的一些现象。

2.3.2 水桶排序问题

例 10 有 n 个水桶，排成队放在 1 个水龙头下，假设每个水桶接满水的时间不尽相同，分别为 $t_1, t_2, \cdots, t_n$，问水桶怎么排，才能使接水的总时间最少？

分析与解 不妨设需时间为 t_1 的水桶放在第 1 个，需时间为 t_2 的水桶放在第 2 个，$\cdots$，需时间为 t_n 的水桶放在第 n 个，这样在水桶接水的总时间 t 中，t_1 累加的次数最多，为 n 次，t_2 其次，为 $(n-1)$ 次，$\cdots$ ，t_n 最少，为 1 次。

据生活经验，要使 t 最少，必须将水桶从小到大排列；而要使 t 最大，必须将水桶从大到小排列。也就是说，如果水桶随便排列，那么接水的总时间将介于上述两者之间。

把这抽象成式子，接水的总时间 t 为

$$t_1 + (t_1 + t_2) + (t_1 + t_2 + t_3) + \cdots + (t_1 + t_2 + \cdots + t_n) = 1 \cdot t_n + 2 \cdot t_{n-1} + \cdots + n \cdot t_1$$

由于 $1 < 2 < 3 < \cdots < n$，这样，上述生活经验就可抽象成以下结论。

两个 n 元的数组 $t_1, t_2, \cdots, t_n$ 和 $1, 2, \cdots, n$ 的同序乘积之和最大，反序乘积之和最小。也就是：若 $t_1 \leqslant t_2 \leqslant \cdots \leqslant t_n$，$r_1, r_2, \cdots, r_n$ 是 $1, 2, \cdots, n$ 的任一排列，那么

$$1 \cdot t_n + 2 \cdot t_{n-1} + \cdots + nt_1 \leqslant 1 \cdot t_{r_1} + 2 \cdot t_{r_2} + \cdots + n \cdot t_{r_n} \leqslant 1 \cdot t_1 + 2 \cdot t_2 + \cdots + n \cdot t_n$$

一般地，把数组 $1,2,\cdots,n$ 换成数组 $a_1,a_2,\cdots,a_n$，便可抽象出排序不等式：对于任意两个均含有 n 个元素的数组，它们的同序乘积之和最大，反序乘积之和最小。也就是说，若有两组实数 $a_1,a_2,\cdots,a_n$ 和 $b_1,b_2,\cdots,b_n$，满足 $a_1\leqslant a_2\leqslant\cdots\leqslant a_n$，$b_1\leqslant b_2\leqslant\cdots\leqslant b_n$，$r_1,r_2,\cdots,r_n$ 是 $1,2,\cdots,n$ 的任一排列，则

$$a_1b_n+a_2b_{n-1}+\cdots+a_nb_1\leqslant a_1b_{r_1}+a_2b_{r_2}+\cdots+a_nb_{r_n}\leqslant a_1b_1+a_2b_2+\cdots+a_nb_n$$

证明　记 $S_k=b_{r_1}+b_{r_2}+\cdots+b_{r_k}$，$T_k=b_1+b_2+\cdots+b_k$。

注意此时有 $S_k\geqslant T_k(k<n)$，$S_n=T_n$，而且 $a_k-a_{k+1}\leqslant 0$，那么

$$\begin{aligned}&a_1b_{r_1}+a_2b_{r_2}+\cdots+a_nb_{r_n}=a_1S_1+a_2(S_2-S_1)+\cdots+a_n(S_n-S_{n-1})\\&=S_1(a_1-a_2)+S_2(a_2-a_3)+\cdots+S_{n-1}(a_{n-1}-a_n)+a_nS_n\\&\leqslant T_1(a_1-a_2)+T_2(a_2-a_3)+\cdots+T_{n-1}(a_{n-1}-a_n)+a_nT_n\\&=a_1T_1+a_2(T_2-T_1)+\cdots+a_n(T_n-T_{n-1})\\&=a_1b_1+a_2b_2+\cdots+a_nb_n\end{aligned}$$

不等式左端的证明可取 $b_1,b_2,\cdots,b_n$ 这组数的相反数代换即可。

2.3.3　投掷训练问题

用数学方法研究体育运动是从 20 世纪 70 年代开始的。1973 年，美国数学家 J.B. 开勒发表了赛跑的理论，并用他的理论训练中长跑运动员，取得了很好的成绩。几乎同时，美国的计算专家艾斯特运用数学和力学，并借助计算机研究了当时铁饼投掷世界冠军的投掷技术，从而提出了他自己的理论，据此改进了投掷技术的训练措施，并使这位世界冠军在短期内将成绩提高了 4m。这些都说明了数学在体育训练中发挥着越来越明显的作用。

例 11　在铅球投掷的训练中，教练关心的核心问题是投掷距离。而距离的远近主要取决于两个因素：速度和角度。在这两个因素中，哪个更重要呢？

分析　铅球投掷训练涉及量很多，为简化问题，在下面的模型中，不考虑铅球运动员在投掷区域内身体的转动，只考虑铅球的出手速度与投射角度这两个因素。作如下假设：

(1) 忽略铅球在运行过程中的空气阻力作用；

(2) 投射角度与投射初速度是相互独立的两个量；

(3) 将铅球视为一个质点。

模型建立与求解　先考虑铅球从地平面以初速度 v 和角度 θ 投掷出的情形。

如图 2.3 所示，铅球在 P 点处落地。先来求出铅球的运动方程。设铅球在时刻 t 的动点坐标为 (x,y)，得运动方程 $\begin{cases}x=v\cos\theta\cdot t,\\y=v\sin\theta\cdot t-2^{-1}gt^2。\end{cases}$ 消去方程中的参变量 t，得到关于 x，y 的关系式 $y=-g(2v^2\cos^2\theta)^{-1}x^2+\tan\theta\cdot x$。

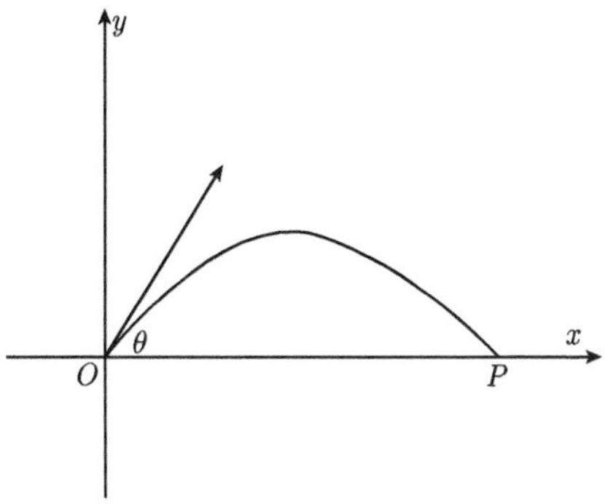

图 2.3

为了求出铅球落地处的坐标，令 $y=0$，解得

$$x_1=0，x_2=(2v^2\sin\theta\cos\theta)/g=(v^2\sin 2\theta)/g$$

其中 x_1 是铅球起点的坐标，x_2 是铅球落地点 P 的坐标。若 v 固定，则投掷距离是投射角 θ 的函数。当 $\theta=45^\circ$ 时，投掷距离达到其最大值，这时的投掷距离为 v^2/g。

这就是说，按 45° 角投掷时，投掷的距离最远。

上述模型与实际有一定的差距。这是因为，铅球不是从地面上出手，而是从离地面一定的高度 h 处出手。因而上面的运动方程应调整为

$$\begin{cases} x=v\cos\theta\cdot t \\ y=v\sin\theta\cdot t-\dfrac{1}{2}gt^2+h \end{cases}$$

消去 t，得到 $y=-\dfrac{g}{2v^2\cos^2\theta}x^2+\tan\theta\cdot x+h$。

令 $y=0$，得方程 $-\dfrac{g}{2v^2\cos^2\theta}x^2+\tan\theta\cdot x+h=0$，解得

$$x_{1,2}=v^2\sin 2\theta/2g\pm\sqrt{(v^2\sin 2\theta/2g)^2+2v^2h\cos^2\theta/g}$$

舍去负根，得点 P 的横坐标为

$$x=v^2\sin 2\theta/2g+\sqrt{(v^2\sin 2\theta/2g)^2+2v^2h\cos^2\theta/g}$$

此即铅球的射程。

模型检验 取 $g=10$，$h=1.6$。当 $v=11.5\text{m/s}$，可得最佳角度为 41.6°(可用微积分知识求得)。当角度在 38° 到 45° 间变化时，产生的最大距离 15.189m 与最小距离 14.929m 的差是 0.097m，也就是说，角度的 $(45-38)/38\approx 16\%$的偏差引起距离的 0.06%的偏差。而当速度从 11m/s 变到 12m/s 引起了距离从 14.032m 到

16.395m 的偏差，这就是说，速度 9% 的增加导致了距离 16.8% 增加。这个结果表明，教练在训练运动员时，应集中主要精力来增加投掷的初始速度。

上面的模型还比较粗糙，有许多因素没有考虑到，如运动员的身体转动，投掷者的手臂长度，肌肉的爆发力、铅球的质量等。加上上述诸因素后，得出的公式自然会更精确，但处理起来会复杂得多。另外，关于速度与角度的偏差百分率的计算，是否可以比较也还值得商榷。铅球投掷问题的数学模型，可以用于铁饼、标枪等投掷问题，读者不妨用类似上面的方法进行研究。

2.3.4　衣服漂洗问题

算术平均值–几何平均值不等式 (以下简称 n 元均值不等式) 是指对于 n 个正数 a_1，a_2，$\cdots$，a_n，它们的算术平均不小于它们的几何平均，即

$$\frac{a_1+a_2+\cdots+a_n}{n} \geqslant \sqrt[n]{a_1a_2\cdots a_n}$$

当且仅当 $a_1=a_2=\cdots=a_n$ 时，等号成立。

均值不等式是一个非常重要的不等式，无论是它的证明还是其运用，都蕴涵了深刻的教育价值。

例 12　一件搓好肥皂的衣服，只要用清水漂洗几次就干净了。现有一大桶水，共 Akg，衣服上的污物 (肥皂、脏东西) 共 m_0g。开始洗时拧干后残存水量为 $w$kg，且衣服每次经洗涤充分拧干后残存水量仍为 $w$kg。把 Akg 水分成 n 次使用，每次用量依次是 a_1，a_2，$\cdots$，a_n(kg)。经过 n 次漂洗后，衣服上还有多少污物 m_ng 呢？怎样合理使用 Akg 水，使衣服漂洗得最干净 (即残留污物量最少)？

解　先考察 $n=1$ 的情形。利用浓度关系，得 $\dfrac{m_1}{w}=\dfrac{m_0}{a_1+w}$。再考察 n 与 $(n-1)$ 情形时的关系，同样有 $\dfrac{m_n}{w}=\dfrac{m_{n-1}}{a_n+w}$，即

$$m_n=m_{n-1}\cdot\frac{w}{a_n+w}=\frac{m_{n-1}}{1+w^{-1}a_n}$$

依此递推，得

$$m_n=\frac{m_0}{(1+w^{-1}a_1)(1+w^{-1}a_2)\cdots(1+w^{-1}a_n)}$$

对于固定的 n，由 $a_1+a_2+\cdots+a_n=A$，据 n 元均值不等式，得

$$\begin{aligned}&\left(1+\frac{a_1}{w}\right)\left(1+\frac{a_2}{w}\right)\cdots\left(1+\frac{a_n}{w}\right)\\ \leqslant&\left[\frac{(1+w^{-1}a_1)+(1+w^{-1}a_2)+\cdots+(1+w^{-1}a_n)}{n}\right]^n=\left(\frac{n+w^{-1}A}{n}\right)^n\end{aligned}$$

这告诉我们，只要取 $a_1=a_2=\cdots=a_n=A/n$ 时，也就是把这桶水均匀分成 n 份使用时，洗涤效果最好。

基于经验，洗的次数越多，洗涤效果将越好。对此，我们仍用均值不等式来说明。若把洗 n 次后残留的最小的污物量记为 m_n^*，则 $m_n^* = \dfrac{m_0}{[1+(nw)^{-1}A]^n}$。同理，

$$m_{n+1}^* = \frac{m_0}{[1+(n+1)^{-1}w^{-1}A]^{n+1}}$$

由于 $\left(1+\dfrac{A}{nw}\right)^n \cdot 1 < \left[\dfrac{n[1+(nw)^{-1}A]+1}{n+1}\right]^{n+1} = \left[1+\dfrac{A}{(n+1)w}\right]^{n+1}$，故得 $m_n^* > m_{n+1}^*$。

这表明，对于给定的水量，把水分成 $n+1$ 次用，要比 n 次用更好。

讨论 进一步，把水分成很多次洗，能不能把污物洗得很少很少，要多干净有多干净呢？答案：不能！实际上，$\left(1+\dfrac{A}{nw}\right)^n$ 的上界是 $\mathrm{e}^{A/w}$(其中 e 是自然对数的底)。当 $A{:}w=4{:}1$ 时，残余物的最小值可达 $m^* = \dfrac{m_0}{\mathrm{e}^{A/w}} \approx \dfrac{m_0}{(2.718)^4} \approx 0.018m_0$。而且当 n 增大时，$\left(1+\dfrac{A}{nw}\right)^n$ 收敛得很快，因此只要将水分成不多的几等份就可以了。

由计算得知，通常将水等分二至四份，脏物的残留量就很少了，所以自动洗衣机设定的三次漂洗并不是因为怕麻烦，而是脏物的漂洗已经基本达到了理想要求。

2.3.5 席位分配问题

有关选举的课题涉及面很广，简单的如代表席位的分配。美国宪法指出：“众议院议员的名额 …… 将根据各州的人口比例分配。”但这么一句话，实行起来却问题不少。选举中席位分配问题早就引起人们的关注，并用数学方法进行了大量深入的研究。

席位分配问题可以这样表述：设众议院的议员席位数为 n，共有 s 个州，第 i 个州的人口数为 p_i，$i=1, 2, \cdots, s$，全美国的人口数是 $p=p_1+p_2+\cdots+p_s$。问题是找一组相应的整数 $n_1, n_2, \cdots, n_s$，使得 $n_1+n_2+\cdots+n_s=n$，其中 n_i 表示第 i 州的议员席位数，并要求尽可能满足人口比例份额 q_i，这里 $q_i=p_in/p$。

1. 哈密顿方法

一个自然想到的办法是四舍五入法。即当 q_i 不是整数时，小数部分按四舍五入法调整。但此时可能出现因四而舍去的州多，导致席位数空余，或者因五而入的州多，导致席位数不够。

1791 年，当时的美国财政部长亚历山大 · 哈密顿 (Alexander Hamilton，1757~1804) 提出了如下方案：

第一，先取各州人口份额 q_i 的整数部分 $[q_i]$；

第二，按 $r_i = q_i - [q_i]$ 的大小排列，将剩余的名额由 r_i 的大小顺序分配，分完为止。

这种方法似乎很合理，但有时也会产生令人费解的矛盾。

例 13　设学生代表会议按各系学生数比例分配代表名额。现有甲、乙、丙三系，各系的学生数依次为 103，63，34，代表总席位数为 20。按照哈密顿方法进行分配，见表 2.3。

表 2.3　按照哈密顿方法进行分配

系别	学生数	所占比例/%	按比例分配名额	最终分配名额
甲	103	51.5	10.3	10
乙	63	31.5	6.3	6
丙	34	17	3.4	4
总和	200	100	20	20

由于某种原因，学生代表会议的代表总数增加到 21 名。这时按哈密顿方法处理有如下结果，见表 2.4。

表 2.4　按照哈密顿方法处理

系别	学生数	所占比例/%	按比例分配名额	最终分配名额
甲	103	51.5	10.815	11
乙	63	31.5	6.615	7
丙	34	17	3.570	3
总和	200	100	21	21

这一结果自然引起丙系学生的不满。为什么代表席位总数增加一个，而分配给丙系名额反而减少一个？

此类状况在美国众议员的席位数分配上也曾出现过。1880 年，美国亚拉巴马州对哈密顿方法提出异议，因为当议员总数增加时，该州议员席位反而减少。另外，当某州的人口增加率比其他州高时，议员数目也可能反而减少。人们感到哈密顿方法一定存在缺陷。

为了说明问题，请看下列关于 3 个席位的分配情况，见表 2.5。

表 2.5　按照哈密顿方法处理

州别	人口数	按比例分配数	实际名额	人口增长率/%	新人口数	新比例分配数	新实际分配数
甲	420	1.26	1	2.38	430	1.17	1
乙	455	1.365	1	14.39	520	1.42	2
丙	125	0.375	1	20	150	0.41	0
丁	1000	3	3	10	1100	3	3

按哈密顿方法，丙州的尾数 0.375 较乙州的尾数 0.365 和甲州的尾数 0.26 大，因此多获得一个名额。但当人口增加时，丙州的人口增加率最高，达到 20%，却因尾数 0.41 小于乙州的尾数 0.42，使乙州获得一个剩余名额，丙州却连一个代表也没有了。

这两个例子说明了哈密顿方法存在着“悖论”，于 1910 年被废止在大选中应用。

从 1941 年起至今，美国国会分配名额采用的是亨廷顿方法。亨廷顿是哈佛大学教授，他应 20 世纪 20 年代提出用不公平程度概念来处理席位分配问题而闻名。

2. Q 值法

我们首先引进刻画不公平程度的数量指标，为简单起见，先讨论只有两方的情形。

已知 A 方和 B 方的人数分别 p_A 和 p_B，占有席位数分别为 n_A 和 n_B，则 A, B 两方每个席位代表的人数分别为 p_A/n_A 和 p_B/n_B。显然仅当 $p_A/n_A = p_B/n_B$ 时席位的分配才是公平的，但是因为人数和席位都是整数，所以通常 $p_A/n_A \neq p_B/n_B$。这时席位分配不公平，并且 $p_i/n_i(i = A, B)$ 数值较大的一方吃亏，即对这一方不公平。

其实，我们往往无法做到公平，因为如果得便宜的一方让出一席给吃亏的一方，可能会使原先得便宜的一方变成吃亏的一方，仍然是不公平分配。为此我们要建立一项指标，来衡量不公平的程度。使得在不能公平分配的情况下，让我们做到不公平程度尽量小。

我们先想到一种简单的衡量方法：设当 $p_A/n_A > p_B/n_B$ 时，用 $p_A/n_A - p_B/n_B$ 作为指标衡量对 A 方的不公平程度。例如，设 $p_A = 120$，$p_B = 100$，$n_A = n_B = 10$，则 $p_A/n_A - p_B/n_B = 12 - 10 = 2$，它衡量的是不公平的绝对误差程度。如果上述双方人数增加为 $p_A = 1020$ 和 $p_B = 1000$，而席位不变，此时绝对不公平程度 $p_A/n_A - p_B/n_B = 102 - 100 = 2$，仍然不变。但常识告诉我们，后面这种情况的不公平程度比起前面来已经大为改善了，因此绝对误差程度这种数量指标往往无法区分两种程度明显不同的不公平情况，所以有必要改进绝对误差指标。在 $p_A/n_A > p_B/n_B$ 时，规定用相对误差

$$r_A(n_A, n_B) = \frac{p_A/n_A - p_B/n_B}{p_B/n_B} = \frac{p_A n_B}{p_B n_A} - 1$$

来刻画对 A 的不公平程度。

这时，前面讨论的问题中的不公平程度就可以有一个比较精确的量化刻画：在前一种情况中，对 A 方的不公平程度 $r_A(10,\ 10) = 2/10 = 0.2$，而在后一种情况中

$$r_A(10,\ 10) = 2/100 = 0.02$$

由于相对误差指标较准确地刻画了席位分配中的不公平程度，所以就能把握亨廷顿方法的基本原则 —— 使分配中的不公平程度尽量小。

沿用上面的记号，设 A，B 两方已经分别占有 n_A 和 n_B 席，利用数量指标 r_A，r_B 进行讨论，当还剩 1 个席位时，应该分配给 A 还是 B?

不失一般性，可设 $p_A/n_A > p_B/n_B$，即对 A 不公平，当再分配 1 个席位时，关于 $p_i/n_i(i=A,B)$ 的大小可能有以下 3 种情况:

(1) $p_A/(n_A+1) > p_B/n_B$，这说明即使 A 方增加 1 席，仍然对 A 方不公平，显然，这一席应分给 A 方。

(2) $p_A/(n_A+1) < p_B/n_B$，说明当 A 方增加 1 席时，将变为对 B 方不公平，此时对 B 方的不公平程度为 $r_B(n_A+1,n_B)=p_B(n_A+1)/p_An_B-1$。

(3) $p_A/n_A < p_B/(n_B+1)$，即当 B 方增加 1 席时将对 A 方不公平，此时对 A 方的不公平程度为 $r_A(n_A,n_B+1)=p_A(n_B+1)/p_Bn_A-1$(不可能出现 $p_A/n_A > p_B/(n_B+1)$ 的情况，为什么)。

因为不公平分配席位的原则是使得不公平程度尽可能地小，所以如果

$$r_B(n_A+1,n_B) < r_A(n_A,n_B+1) \tag{2.2}$$

则这 1 席应分给 A 方；反之则分给 B 方。代入得式 (2.2) 相当于

$$p_B^2/n_B(n_B+1) < p_A^2/n_A(n_A+1) \tag{2.3}$$

不难证明，上述第 (1) 种情况符合式 (2.3)。

当式 (2.3) 成立时，增加的 1 席应分给 A 方，反之则分给 B 方。

若记 $Q_i=p_i^2/n_i(n_i+1)$，$i=A,B$，则增加的席位应分给 Q 值大的一方。

把上述方法推广到有 m 方分配席位的情况。设第 i 方人数为 p_i，已占有 n_i 个席位 $i=1,2,\cdots,m$，当总席位增加 1 席时，分别计算 $Q_i=p_i^2/n_i(n_i+1)$，$i=1,2,\cdots,m$。将这一席分给 Q 值最大的一方。亨廷顿的这种席位分配方法我们称 Q 值法。

例 13 的解　我们用 Q 值法讨论例 15 中甲、乙、丙三系分配 21 个席位的问题。

首先，各方按照比例把应得的整数部分拿去，有 $n_1=10$，$n_2=6$,$n_3=3$，共分配了 19 席，然后再用 Q 值法分配第 20 席和第 21 席。

第 20 席：计算得 $Q_1=103^2/(10\times 11)=96.4$，$Q_2=63^2/(6\times 7)=94.5$，$Q_3=34^2/(3\times 4)=96.3$，$Q_1$ 最大，于是第 20 席应分给甲系。

第 21 席：计算 $Q_1=103^2/(11\times 12)=80.4$，$Q_2$，$Q_3$ 同上，Q_3 最大，于是第 21 席应分给丙系。

这样，21 个席位的分配结果是甲、乙、丙三系分别占有 11 席、6 席、4 席，丙系保住了险些失去的一席。

3. 进一步讨论

尽管 Q 值法相对有效了，但是新的方法又引出了新的问题，新的问题又需要消除，于是有更新的方法，当然是更加公正合理的方法又出现了，这更新的方法也还有问题。于是自然就提出这样的问题：*是否有一种绝对公正合理的分配方法呢？*

到了 1974 年，两位美国人 L. 巴林斯基和 H. P. 杨提出了席位的公平分配公理。

公理 1：*人口增加不会失去席位。*

公理 2：*平均说，每州应得到自己应分摊的席位。*

公理 3：*总席位增加不会使某州的席位减少。*

公理 4：*最后席位不会偏离比例份额。*

公理 5：*从一个州到另一州的席位转让，不会使得这两个州都接近它们应得的份额。*

1982 年，两位美国数学家证明：*不存在一个方案能同时满足以上五条公理。*换言之，满足这五条公理的名额分配方法是不存在的。这就是说，不存在公平合理的选举系统。这是一个非常深刻的结论，但更加有悖于常理：天下竟然无公！这个结论告诉我们，只有更公，没有最公。亨廷顿方法尽管还有不足，但相比之下仍较为合理，所以现在仍在使用。

2.4 线性规划模型

在许多应用领域，会遇到如何对有限的资源 (如人力、财力、物力) 进行合理的安排，以使预期目标达到最优的问题。这类问题往往可以通过建立线性规划模型，利用已有的算法和软件得到解答。

美国数学家丹捷格 (G. B. Dantzig) 于 1947 年提出单纯形法以后，线性规划就作为运筹学中最先形成的分支逐渐地发展起来，其理论是运筹学的理论分支中最为完善的。

线性规划模型可以应用于许多实际问题中，从解决技术问题、最优设计到国民经济各个领域以及军事领域和管理决策领域，线性规划模型都发挥着重要的作用，它是现代科学管理的一种重要方法和手段。

当前，有关线性规划的问题已被编入高中教材，它是作为直线方程的一个运用。本节将对线性规划模型作初步介绍，其中主要侧重于介绍如何建立线性规划的数学模型，而淡化模型的求解。对于简单的线性规划问题，除了用图解法外，还力求采用一次函数或不等式等知识来求解，以将问题的解决“初等化”。

2.4.1 安排生产问题

例 14 某化工厂生产甲、乙两种产品，根据市场要求，每种产品月产量不得少于 15t。已知生产甲种产品 1t，需要劳动力 90 个，用电 4kW；生产乙种产品 1t，需要劳动力 300 个，用电 5kW。甲产品每吨产值 7 万元，乙产品每吨产值 12 万元。全厂每月劳动力仅 9000 个，用电量不得超过 200kW。问如何安排，才能取得最高产值?

1. 线性规划模型的建立

上述是一个简单的线性规划问题。建立线性规划模型有以下三个步骤。

第一，设立决策变量。如同列方程解应用题一样，要建立数学模型，必须首先设未知数，即未知变量。由于这些变量取一定的数值对应某一决策方案，故称为决策变量。在线性规划模型中，设立决策变量是至关重要的，因为只有明确了决策变量，才有可能将决策目标及限制条件数学化。

上述问题中，设甲、乙两种产品每月分别生产 xt，yt，这就是本题的决策变量。

第二，明确决策目标。在解决实际问题时往往有一些目标，这些目标通常是成本最小或利润、产值最大之类的最值问题。

上述问题中的决策目标是使总产值最高。所以，产值函数 P 就是目标函数，它可以表示为 $7x+12y$。决策目标就是求函数 $P(x,y)=7x+12y$ 的最大值，简记为 $P_{\max}=7x+12y$。

第三，寻找限制条件。一些生产问题，常常受到客观条件的限制。如上述问题中，甲、乙两种产品的生产数量 x，y 受到诸如劳动力、用电量等的限制，因此，x，y 应满足下列限制条件:

$$90x+300y\leqslant 9000(\text{总使用劳动力的限制})$$

$$4x+5y\leqslant 200(\text{总用电量的限制})$$

$$x\geqslant 15, y\geqslant 15(\text{甲、乙两种产品月产量的限制})$$

综合一下，该模型可归结为

$$P_{\max}=7x+12y$$

$$\text{s.t.}\quad 90x+300y\leqslant 9000$$

$$4x+5y\leqslant 200$$

$$x\geqslant 15,\ y\geqslant 15$$

其中 s.t. 为 subject 的缩写，表示变量所需满足的约束条件。

上述模型称为线性规划模型，原因在于模型的变量要受到线性方程或线性不等式的限制，在限制条件下去求一个线性函数的最大值或最小值。

总之，线性规划模型中有三个不可缺少的要素：设立决策变量、明确决策目标、寻找限制条件。设立决策变量是关键，它直接关系到模型构成的成败；目标通常为求一个函数的最大值或最小值；在寻找限制条件时，必须同时考虑主客观条件，而且往往决策变量均为非负数。从这三个要素出发，就能方便地建立线性规划模型。

2. 线性规划模型的求解

解法一(不等式法)　要求 $P=7x+12y$ 的最大值，即为找一个常数 C，使得 $P\leqslant C$，且当 $P=C$ 时，相应的 (x,y) 存在而且符合限制条件。

考虑到限制条件

$$4x+5y\leqslant 200, 90x+300y\leqslant 9000$$

我们设

$$P=7x+12y=a(4x+5y)+b(90x+300y)=(4a+90b)x+(5a+300b)y$$

其中 a，b 为待定系数。

于是 $4a+90b=7$，$5a+300b=12$，解得 $a=34/25$，$b=13/750$。所以

$$\begin{aligned}P&=7x+12y=\frac{34}{25}(4x+5y)+\frac{13}{750}(90x+300y)\\&\leqslant\frac{34}{25}\times 200+\frac{13}{750}\times 9000=428\end{aligned}$$

当 $4x+5y=200$，且 $90x+300y=9000$ 时，解得 $x=20$，$y=24$。

又由于 $x=20>15$，$y=24>15$，所以当 $x=20$，$y=24$ 时，P 取得最大值 428。

由此可知，当甲、乙两种产品各生产 20t，24t 时，能取得最高产值，为 428 万元。

解法二(图解法)　要求 $P=7x+12y$ 的最大值，即求一次函数 $y=-7x/12+P/12$ 的纵截距的最大值。考虑到 4 个限制条件都表示一个半平面。在 xOy 平面上，这些条件围成一个阴影区域 S(四边形 $ABCD$，如图 2.4 所示)。因此，问题就转化为：*在区域 S 中找出一点，其坐标 (x,y) 恰使 $P/12$ 达到最大*。于是，只要作出直线 $y=-7x/12$，然后将它向上平移，则与区域 S 相交且与 y 轴交点位置最高的点 (x,y) 就是所求。

我们也可以这样看，因为直线 $P=7x+12y$ 上的每一点 (x,y) 都有相同的 P 值，而每一个 P 值都对应一条直线。所以，问题的关键在于从这些直线中，找出

一条与区域 S 相交并且有最大纵截距的直线。显然，与区域 S 相交且离坐标原点最远的直线，正是我们所要找的，即图 2.4 中过点 C 的直线。由于 C 点是两直线 $4x+5y=200$，$90x+300y=9000$ 的交点，可求得 $C(20,24)$，相应的 P 的最大值为 428 万元。

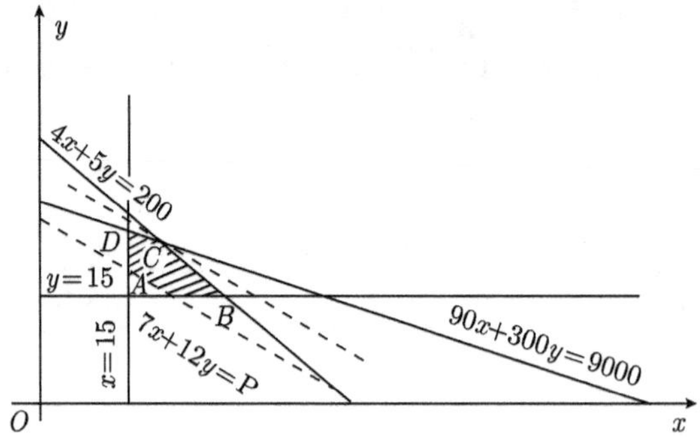

图 2.4

由上可见，用图解法求解线性规划模型分三步：

(1) 作出可行解区域，并求出顶点；

(2) 作出目标函数的等值线，一般首先作出过坐标原点的目标函数的等值线，然后将该直线平移，并始终保持与可行解区域有交点，得到一簇平行线；

(3) 找出临界等值线，得到最优解。在上一步作出的一簇平行线中找到一条仅与可行解区域的边界相交，且对应的目标值最优的直线，该直线即为临界等值线。临界等值线与可行解区域相交的点 (一定为可行解区域边界上的点，可以有多个点) 即为最优点。

3. 线性规划模型解的情况

线性规划模型的可行解区域可能为封闭区域，也可能为不封闭区域。线性规划模型可能有最优解，也可能无最优解。有最优解时可能有唯一的最优解，也可能有无穷多个最优解。当 P 点和 Q 点均为最优解时，则 PQ 线段上的任意一点也对应到最优解，因此线性规划模型有两个以上的最优解时一定有无穷多个最优解。线性规划模型无最优解时也有两种情况：一种是可行解区域为空集，即不存在一组变量满足所有的约束条件，约束条件相互矛盾；另一种情况为目标函数值无限大，此时可行解为不封闭区域。

线性规划模型如果有最优解，则必在可行解区域的某个顶点上达到。因此，可以将可行解区域所有顶点求出，然后分别计算出它们的目标函数值，哪一个最优，哪一个即为最优解。利用这一方法，结合图解法可省去作目标函数等值线的过程。这一方法虽然可行，但是当变量数或约束条件增加时，可行解区域的顶点数将指数增加，所以这个方法对于复杂的线性规划模型是不实用的。

对于一般线性规划模型，通常采用单纯形法。单纯形法被称为 20 世纪数学发展的五大定理之一，其基本思想是：首先找一个基可行解，然后判别它是否为最优解；若不是，则找另一个基可行解，保证新的基可行解对应的目标值优于前面的基可行解，直到找到最优解或判别出无最优解。单纯形法的几何意义在于：从可行解区域的一个顶点出发，沿着边界走到另一个更好的顶点，直至最优的顶点。因此单纯形法的原理非常直观形象，丹捷格又天才地将其表格化，通过类似矩阵的变换，即可求得最优解。

尽管人们还在不断研究求解线性规划模型的新方法，但目前单纯形法仍是一个被广泛应用的算法，基于该算法的 LINDO 软件和 MATLAB 程序，其计算能力是十分惊人的。

2.4.2 下料问题

在生产中，我们常常需要把较大的原材料截成较小的。在下料过程中，往往会产生一些残料，尽最大可能提高原材料的利用率是我们所努力寻求的。

例 15 将长度为 500cm 的条材截成长度分别为 98cm 和 78cm 的两种毛胚，要求共截出长度为 98cm 的毛胚 10 000 根，78cm 的毛胚 20 000 根，问怎样截可使用料最少？

分析 经计算可知，一根 500cm 的条材截成 98cm 和 78cm 两种短毛胚的方案见表 2.6。

表 2.6

截法 / 毛胚种类	A_1	A_2	A_3	A_4	A_5	A_6
98cm 的根数	5	4	3	2	1	0
78cm 的根数	0	1	2	3	5	6
料头 (余料) 长度/cm	10	30	50	70	12	32

首先设立决策变量。设按 A_i 方案进行截取的原条材有 x_i 根，$i=1,2,3,4,5,6$。

解法一 考虑“截出长度为 98cm，78cm 的毛胚恰好是 10 000 根、20 000 根”这一要求的基础上，要使用料最少，就是使总的余料长度之和最小。

因此，目标函数是

$$z_{\min}=10x_1+30x_2+50x_3+70x_4+12x_5+32x_6$$

这样，限制条件是：

(1) x_i 是非负整数，$i=1,2,3,4,5,6$；

(2) $5x_1+4x_2+3x_3+2x_4+x_5=10\,000$(98cm 毛胚的总根数)；

(3) $x_2+2x_3+3x_4+5x_5+6x_6=20\ 000$(78cm 毛胚的总根数)。

解法二　要使用料最少，可考虑用料总根数最少。当然，这时必须达到“截出长度为 98cm，78cm 的毛胚至少是 10 000 根、20 000 根”的要求。

因此，决策的目标函数是

$$z_{\min}=x_1+x_2+x_3+x_4+x_5+x_6$$

这时，限制条件是：

(1) x_i 是非负整数，$i=1,2,3,4,5,6$；

(2) $5x_1+4x_2+3x_3+2x_4+x_5\geqslant 10\ 000$(98cm 毛胚的总根数)；

(3) $x_2+2x_3+3x_4+5x_5+6x_6\geqslant 20\ 000$(78cm 毛胚的总根数)。

由于变量的取值都是整数，因此，上述问题是一个典型的多变元整数线性规划模型。对于它的求解，我们可以编一个穷举搜索程序，取 x_1 从 0 到 2000，x_2 从 0 到 2500，x_3 从 0 到 3333，x_4 从 0 到 5000，x_5 从 0 到 10 000，依次用多重循环计算出 z 的值，择小者保留，就可得出该模型的解。

当 $x_1=1200$，$x_5=4000$，$x_2=x_3=x_4=x_6=0$ 时，即按方案 A_1 截取 1200 根，方案 A_5 截取 4000 根，可以得到 98cm 长的毛胚 $1200\times5+4000\times1=10\ 000$(根)，78cm 长的毛胚 $1200\times0+4000\times5=20000$ 根。此时总余料 z 取得最小值：

$$z_{\min}=10\times1200+12\times4000=60\ 000\quad(\text{cm})$$

材料的利用率为

$$\frac{10\ 000\times98+20\ 000\times78}{10\ 000\times98+20\ 000\times78+60\ 000}\approx97.7\%$$

应该说，这种截法材料的利用率已经相当高了。

2.4.3　指派和分配问题

某些管理部门，有若干项任务需要完成，又有若干个对象能够完成其中的每项任务。由于每个对象的特点与能力不同，完成各项任务的效益也各不相同，再加上任务性质的要求和管理上的需要等原因，于是，就会常常碰到这样的问题：如何分配人员去完成任务，才能使完成各项任务的总效益最佳或费用最小。这类问题称为指派问题或分配问题。

例 16　某单位向社会公开招聘电器维修、图书管理和木工 3 种岗位的人员。经过面试和考核，挑选了甲、乙、丙 3 人，其考核成绩见表 2.7。问如何安排人员最合理？

分析　一种简单的安排方式是：按照总分的高低，安排丙到总体要求最高的电器维修岗位，安排乙到图书管理岗位，安排甲去干木工。然而，这种安排显然不合理，其最大缺陷是没有发挥个人的特长。

从所考核的三种门类来看,“电子学”与电器维修的关系最为密切,“语文”与图书管理直接相关,而“制图”显然与木工关系最大。这样,很自然地会想到选取某人担任某项工作,而以与该工作最为密切的课程考分的总和作为判断是否合理的标准。

表 2.7

	电子学	语文	制图	总分
甲	80	70	50	200
乙	80	60	70	210
丙	60	100	70	230

解 某人担任某项工作或某人不担任某项工作,其状态只有两种,因此可将某人担任某项工作设为 1,某人不担任某项工作设为 0。表 2.8 中出现的字母表示某人是否干某项工作,字母取值为 1(干) 或 0(不干)。

表 2.8

	电器维修	图书管理	木工
甲	x_{11}	x_{12}	x_{13}
乙	x_{21}	x_{22}	x_{23}
丙	x_{31}	x_{32}	x_{33}

由此,建立整数规划模型:决策的目标函数是总分 y 取得最大。

$$y = 80x_{11} + 70x_{12} + 50x_{13} + 80x_{21} + 60x_{22} + 70x_{23} + 60x_{31} + 100x_{32} + 70x_{33}$$

由于每个人只分配一项工作,而每项工作仅分配给一人,即表 2.8 中的每一行、每一列的三个数字都只有一个为 1,两个为 0。所以,限制条件为

$$x_{11} + x_{12} + x_{13} = 1,\ x_{21} + x_{22} + x_{23} = 1,\ x_{31} + x_{32} + x_{33} = 1$$

$$x_{11} + x_{21} + x_{31} = 1,\ x_{12} + x_{22} + x_{32} = 1,\ x_{13} + x_{23} + x_{33} = 1$$

其中 $x_{ij}(i = 1,\ 2,\ 3;\ j = 1,\ 2,\ 3)$ 均取 0 或 1。

求解上述模型,通常采用枚举法,这里不作介绍。

当然,由于本题数据比较简单,因此,可以采用观察法获解。首先,注意丙获得语文最高分 100 分,因此选丙去做图书管理;接着注意甲、乙电子学的最高分均为 80 分,同时考虑到乙获得了制图的最高分 70 分,所以,选甲电子学 80 分,乙制图 70 分,即甲去做电器维修,乙去做木工。这样安排,都选取了电子学、语文、制图的最高分,显然必是最优解。

现在考虑指派问题的一般情形。

对指派问题,可作如下假设:

(1) 被指派的人数与任务的数目相等，为 n；

(2) 每个被指派的人员只完成一项任务，而且每一个任务必有一人去完成；

(3) 第 i 个被指派的人去完成第 j 项任务的费用为 c_{ij}。

指派问题的数学模型为

$$(P)\qquad z_{\min}=\sum_{i=1}^{n}\sum_{j=1}^{m}c_{ij}x_{ij}$$

$$\text{s.t.}\quad \begin{cases}\sum_{j=1}^{m}x_{ij}=1,\ i=1,\ 2,\ \cdots,\ n\ (\text{每个人恰好做一件工作})\\ \sum_{i=1}^{n}x_{ij}=1,\ j=1,\ 2,\ \cdots,\ m\ (\text{每件工作恰好有一个人做})\\ x_{ij}=0\text{或}1\end{cases}$$

在这里，$\boldsymbol{C}=(c_{ij})$ 为 n 阶方阵，称为指派模型的效益矩阵。若 x_{ij}^0 为 (P) 的最优解，则 n 阶方阵 $\boldsymbol{X}=(x_{ij}^0)$ 称为 (P) 的最优解方阵。方阵 $\boldsymbol{X}$ 为置换方阵，即该矩阵中的每一行、每一列都只有一个“1”。

该模型解法称为匈牙利法，有兴趣的读者可参看有关线性规划的参考书。

例 17　一般的分配问题。

设有 m 个应聘岗位，人事部门想从 n 个应聘人员中招聘 m 个 $(n\geqslant m)$ 工人。要求每个岗位有一个工人，上岗人员每人做一件工作。经测试，第 i 个应聘人员做第 j 件工作的效率 (时间) 为 c_{ij}。试决定招聘哪些人员上岗，以及如何分配他们的岗位，才能使整体效益最大？

解　设 $x_{ij}=1$ 表示第 i 个应聘人员做第 j 件工作，$x_{ij}=0$ 表示第 i 个应聘人员不做第 j 件工作，其中 $i=1,2,\cdots,n$；$j=1,2,\cdots,m$。于是得线性规划模型

$$z_{\max}=\sum_{i=1}^{n}\sum_{j=1}^{m}c_{ij}x_{ij}$$

$$\text{s.t.}\quad \begin{cases}\sum_{j=1}^{m}x_{ij}\leqslant 1,\ i=1,2,\cdots,n\ (\text{每个人至多做一件工作})\\ \sum_{i=1}^{n}x_{ij}=1,\quad j=1,2,\cdots,m(\text{每件工作有一个人做})\\ x_{ij}=0\text{或}1\end{cases}$$

这里决策变量取值均为 0 或 1，所以也称该模型为 0-1 规划，是整数规划的特殊情况。

2.5 数列模型

数列是关于自然数集 (或其子集) 的特殊函数，很多离散数学的模型都可以用数列来描述。给出了一个数列的通项公式，就可以知道这个数列。但在实际应用中，建立数列模型往往用它的递推关系式给出。这是因为数列模型其相邻项 (或几项) 的关系往往容易获得，数列的前几项也容易知道，整个数列就可以确定下来了。这就好比有许多人排成一列，并确定了传递信息的路线，那么只要最前一个人 (或前几个人) 知道某种信息，那么就可以按信息路线一直将信息传递下去。这种刻画数列的思想称为递推思想。

数列中的递推关系式，往往是从某一项开始，其项用它的前若干项表示而得到的等式，这样的等式也称差分方程。例如，递推关系式 $x_{n+1} = kx_n + b$(其中 k 与 b 都是常数) 称为一阶线性差分方程。当 $k = 1$ 时，数列 $\{x_n\}$ 是等差数列，而当 $k \neq 1$ 时，方程 $x_{n+1} = kx_n + b$ 可变形为

$$x_{n+1} - b(1-k)^{-1} = k[x_n - b(1-k)^{-1}]$$

于是数列 $\{x_n - b(1-k)^{-1}\}$ 就是等比数列，由此可得数列 $\{x_n\}$ 的通项。

本节谈谈数列模型以及递推思想在实际中的应用。

2.5.1 银行贷款问题

储蓄与贷款是银行的两项主要业务，而银行中的这两项业务都与数学息息相关，我们将建立数学模型来说明。

例 18 如果一个人从银行得到买房贷款 $p = 15$ 万元，计划 15 年 (180 个月) 还清贷款。若是公积金贷款，按规定，贷款的年利率为 4.05%(折合月利率为 $r = 3.375$ ‰)。按银行规定，还贷一般从贷款的下一个月开始，而且，每月的还款数相同。经计算，这时贷款人的月均还款额应为 1114 元，由此可知，还款总额为 $1114 \times 180 = 20\,0520$ 元 $= 20.0520$ 万元，利息负担总和为 $20.052 - 15 = 5.052$ 万元；如果是商业按揭贷款，其月利率为 $r = 4.2$ ‰，此时贷款人的月均还款额为 1189.35 元。由此可看出，公积金是工薪阶层的一种福利待遇。

那么，月均还款额是怎么算出来的呢？也就是：*某人借了贷款 p 万元购房，月利率为 r，每月还款额相同，还款期限为 n 个月，试给出每月还款额的计算公式。*

分析 根据银行的规定，偿还款项以复利计息。为了避免坏账，借款人必须有稳定的经济收入，有足够的能力保证能按时偿还。为使问题更加明确，作如下假设。

(1) 借款人每月都能按时支付买房贷款所需的偿还款项；

(2) 贷款期限确定后，在贷款期内，贷款月利率保持不变。

上述贷款方式称为等额本息还款法，它是指借款人在借款期内每月以相等的月均还款额偿还银行贷款本金和利息。

模型建立与求解　设月均还款额为 x 万元，问题转化为建立关于 x 的方程。

解法一　考虑到在某一时刻，贷款人所得到的本利和与贷款人付给银行各期的本利和的总和相等。不妨以贷款后第 n 个月 (即还清贷款时) 为基准，得

$$p(1+r)^n = x(1+r)^{n-1} + x(1+r)^{n-2} + \cdots + x(1+r)^2 + x(1+r) + x$$

把上式右边求和，得

$$p(1+r)^n = x[(1+r)^n - 1]/r$$

所以

$$x = \frac{pr(1+r)^n}{(1+r)^n - 1}$$

即贷款人的月均还款额为 $\dfrac{pr(1+r)^n}{(1+r)^n-1}$ 万元。

类似地，若以刚贷时为基准计算，则有 $p = \dfrac{x}{1+r} + \dfrac{x}{(1+r)^2} + \cdots + \dfrac{x}{(1+x)^n}$，同样可以求得 x。

解法二　由于还款期限为 n 个月，也就是贷款人第 n 个月欠银行贷款为 0。于是只要考察欠银行各期贷款 (含利息) 构成的数列 $\{a_k\}$。

由 $a_0 = p$，$a_1 = p(1+r) - x$，$\cdots$，依此得，$a_k = a_{k-1}(1+r) - x$。经迭代，得

$$\begin{aligned} a_n &= a_{n-1}(1+r) - x = [a_{n-2}(1+r) - x](1+r) - x = (1+r)^2 a_{n-2} - x(1+r) - x \\ &= \cdots = (1+r)^n a_0 - x(1+r)^{n-1} - x(1+r)^{n-1} - \cdots - x(1+r) - x \end{aligned}$$

由 $a_n = 0$，求得

$$x = \frac{pr(1+r)^n}{(1+r)^n - 1}$$

讨论　关于买房贷款。根据中国人民银行颁布的《个人住房贷款管理办法》(第十一条)“借款人应和贷款银行制定还本付息计划，贷款期限在一年以上的，按月归还贷款本息”的规定，为方便贷款银行操作和选择，中国人民银行具体规定了个人住房贷款的两种按月还本付息的办法，允许借款人和贷款银行在双方商议的基础上做出选择。

第一种办法是等额本息还款法，前面已讨论过；第二种办法是等额本金还款法，指在贷款期间内，每月除了要还清当月贷款的利息外，还要以相等的额度偿还贷款的本金。如果这个贷款人选择了等额本金还款法，在 20 年内偿还他所借的 40 万元贷款，那么利息负担的总和为 22.413 万元，偿还本息总和为 62.413 万元，比前一种还款方法少支付 15.33% 的利息。

请读者思考，这两种方案哪种更好呢？

2.5.2 掌握程度问题

心理学指出，任何一种新技能的获得和提高都要通过一定时间的学习。在学习中，常会碰到这样的现象，这个学生学得快，掌握得深，而那个学生学得差，掌握得浅，这种现象能不能用数量来刻画呢？我们认为这是可以的，如将整个学习内容作为 100%，这样，掌握 80%以上，当然属于较好的了，而掌握 95%以上，则可以认为基本上掌握了。一般来说，每个人学习一次，能掌握一定数量的新内容，经过多次学习，才能基本掌握，达到要求。

例 19 假设每学习电脑一次，能掌握一定数量的新内容，设为 30%。记 b_0 为开始学习时掌握电脑的程度，b_n 为经 n 次学习后掌握电脑的程度，试探索数列 $\{b_n\}$ 的变化规律。

解 由题意可知，$1-b_0$ 是开始第一次学习时尚未掌握的新内容，经过一次学习后掌握的新内容为 $0.3(1-b_0)$，于是 $b_1-b_0=0.3(1-b_0)$。类似地有 $b_2-b_1=0.3(1-b_1)$。依此类推，有 $b_{n+1}-b_n=0.3(1-b_n),n=0,1,2,\cdots$，这一递推式刻画了邻近两次学习掌握电脑的程度的关系。

若开始学习时，对电脑一无所知，即 $b_0=0$，逐个代入计算，得表 2.9。

表 2.9 学习次数与掌握程度关系表

n	1	2	3	4	5	6	7	8	9	10	11
b_n	0.3	0.51	0.66	0.76	0.83	0.88	0.92	0.94	0.96	0.97	0.98

这样，所掌握的电脑程度随着学习次数的增加，越来越接近 100%。实际上，经过 10 次学习，掌握电脑的程度已达到 97%，可以认为基本上掌握了。

一般地，假设每次学习之后，掌握新内容的程度为常数 $A(0<A<1)$，开始学习时所掌握的程度为 $b_0(0\leqslant b_0\leqslant 1)$，$b_n$ 为经 n 次学习后所掌握的程度，那么有递推式

$$b_{n+1}-b_n=A(1-b_n),\quad n=0,1,2,\cdots,\quad \text{即 } b_{n+1}=(1-A)b_n+A$$

经迭代，得

$$\begin{aligned}b_n&=(1-A)b_{n-1}+A=(1-A)[(1-A)b_{n-2}+A]+A\\&=(1-A)^2b_{n-2}+(1-A)A+A\\&=\cdots=(1-A)^nb_0+(1-A)^{n-1}A+\cdots+(1-A)A+A=1-(1-b_0)(1-A)^n\end{aligned}$$

由 $b_n=1-(1-b_0)(1-a)^n(n=0,1,2,\cdots)$ 可看出，当学习次数 n 增大时，b_n 随之增大，且越来越接近 1(100%)，但不会达到 100%。这说明了学习中的一个道理：熟能生巧，学无止境。

实践表明，上述模型仅在学习的最初阶段和实际是比较相符的。但是，从理论上讲，一个人的技能不会无限制地增长，到一定阶段后，学习会受到人的体力、智力的制约。因此对上述模型可以进行如下的改进。

改进方案一 假设一个人技能的进步和现在的技能水平成正比，但其比例系数 k 与现在的技能水平有关。例如，设 $k = r(x - x_{n-1})$，其中 r 与 x 是常数，x 是由人的体力、智力决定的一个极限水平。设 x_n 是经过 n 次学习后所具有的知识量，则有递推方程

$$x_n - x_{n-1} = r(x - x_{n-1}) \cdot x_{n-1}$$

改进方案二 从另一个角度看，在学习过程中，一般要考虑两种机制：知识的获得和知识的遗忘。关于这两种机制，作如下假设。

(1) 新获得的知识和现有的知识成正比，且比例系数为常数 r。这个假设反映了一个人的知识越多，他学习新知识就越快；

(2) 遗忘的知识和现有的知识成正比，且比例系数 k 和现有的知识 x_{n-1} 有关，如设 $k = sx_{n-1}$，其中 s 为一个常数。这个假设反映了心理学关于“遗忘”的研究成果，即遗忘是人脑的一种自我保护的本能，这样得到关于数列 $\{x_n\}$ 的递推方程

$$x_n - x_{n-1} = rx_{n-1} - sx_{n-1} \cdot x_{n-1}$$

整理后，上述方程化为 S 型增长模型 $x_n = (1 + r - sx_{n-1}) \cdot x_{n-1}$。

这里的 S 型增长模型，通常出现在科学领域的文献中。当然学习过程的数学描述是极其复杂的，不同的数学模型取决于人们对它的不同假设。经过改进后得到的描述数列 $\{x_n\}$ 的两个递推方程，已经不再是一阶线性差分方程，它的通项公式很难用初等的方法得到。

2.5.3 兔子繁殖问题

《普通高中数学课程标准 (实验)》在新增加的“数学文化”中设置了“黄金分割引出的数学问题”专题，并在选修课程“优选法与试验设计初步”专题中提出了“了解斐波那契数列及其相关的应用”。本节主要介绍斐波那契数列及其应用。

中世纪西欧经济开始繁荣，西方商人到东方经商的逐渐增多，意大利数学家斐波那契 (Leonardo Fibonacci，1170~1250) 就是其中的一位。他在东方旅行之后，发表了著作《算盘书》(1202 年完成，1228 年修订)，算盘并不单指罗马算盘或沙盘，实际是指一般的计算。书中的“兔子繁殖问题”引起了后人的极大兴趣，并导致了一个重要的数列 —— 斐波那契数列的产生，它已经成为当今数学研究的热门话题。

例 20 如果每一对成兔每月生一对幼兔，幼兔经过二个月后成为成兔，即开始繁殖，问年初的一对幼兔经过一年后能繁殖成多少对兔子 (假定全过程中兔子不发生任何死亡)?

解 由题设可知，这个月底兔子的总对数 = 上月底兔子的总对数 + 这个月底幼兔的对数，而这个月底幼兔的对数 = 上上个月底兔子的总对数。所以，这个月底兔子的总对数 = 上月底兔子的总对数 + 上上个月底兔子的总对数。

若用 u_n 表示第 n 个月底兔子的总对数，那么

$$u_1 = 1, u_2 = 2, \cdots, u_{n+2} = u_{n+1} + u_n \tag{2.4}$$

由此可得 $u_{12} = 233$，即年末共有兔子 233 对。

数列 (2.4) 称斐波那契数列，它是由 A. Girard 在 1634 年推广“兔子繁殖问题”得到的，并由 F. E. A. Lucas 命名。为方便，往往补充定义 $u_0 = 1$。

下面我们推导斐波那契数列的通项公式。在式子 $u_{n+2} = u_{n+1} + u_n$ 中，有三个未知数，我们设法通过变形将它消元转化为二元方程。

设待定系数 a，b 满足 $u_{n+2} - au_{n+1} = b(u_{n+1} - au_n)$，即 $u_{n+2} = (a+b)u_{n+1} - abu_n$。与数列 (2.4) 比较，有 $a+b=1, ab=-1$，从而 a, b 是方程 $x^2-x-1=0$ 的两个根 $(1\pm\sqrt{5})/2$。

注意 a 与 b 的“对称性”，可得 $u_{n+2} - bu_{n+1} = a(u_{n+1} - bu_n)$。所以数列 $\{u_{n+2} - au_{n+1}\}$ 和 $\{u_{n+2} - bu_{n+1}\}$ 是分别以 b 和 a 为公比的等比数列。

于是，$u_{n+1} - au_n = b^n(u_1 - au_0) = b^n(1-a) = b^{n+1}$，$u_{n+1} - bu_n = a^n(u_1 - bu_0) = a^n(1-b) = a^{n+1}$，两式相减，即得斐波那契数列 $\{u_n\}$ 的代数表达式 ——Binet 公式，即

$$u_n = \frac{1}{\sqrt{5}}\left[\left(\frac{1+\sqrt{5}}{2}\right)^{n+1} - \left(\frac{1-\sqrt{5}}{2}\right)^{n+1}\right]$$

注 上述方法也称为特征根法，它适合于求解一般的二阶线性差分方程。即已知数列 $\{a_n\}$ 的前两项 a_1，a_2，且 $a_{n+2} = pa_{n+1} + qa_n$，求数列 $\{a_n\}$ 的通项公式。

例 21 走楼梯问题。

某人走一个有 n 个台阶的楼梯，每步可以向上走 1 个台阶或 2 个台阶。u_n 表示该人从地面走到第 n 个台阶时所有不同的走法种数，求 u_n。

解 (1) 初步探究。取 $n = 1, 2, 3, 4, 5, \cdots$，将走楼梯的所有走法列出，得表 2.10，其中 (211) 表示对于 4 个台阶的楼梯，第一步走 2 阶，第 2 步与第 3 步都走 1 阶，其他表示类同。

从表中发现，u_n 构成斐波那契数列。

(2) 证实发现。显然，$u_1 = 1$，$u_2 = 2$。以下按第一步的走法分类，有两类。第一类：如图 2.5 所示，第一步走 1 阶，则把第 1 阶当地面看，接下去的这一“步”楼梯还剩 $n-1$ 阶，由乘法原理，这一类有 u_{n-1} 种走法；第二类：如图 2.6 所示，第

一步走 2 阶，同第一类可得这一类有 u_{n-2} 种走法。所以，$u_n = u_{n-1} + u_{n-2}(n \geqslant 3)$，$u_1 = 1$，$u_2 = 2$。

表 2.10

n 个台阶	楼梯的所有走法	方法数 u_n
1	(1)	1
2	(11)，(2)	2
3	(111)，(21)，(12)	3
4	(1111)，(211)，(121)，(112)，(22)	5
5	(11111)，(2111)，(1211)，(1121)，(1112)，(221)，(212)，(122)	8
⋮		
n		

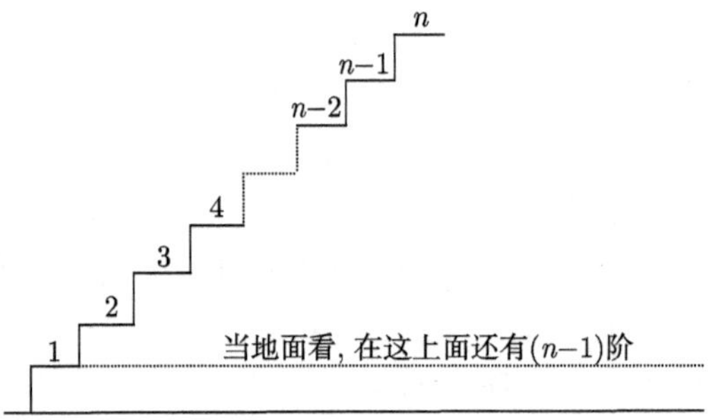

图 2.5

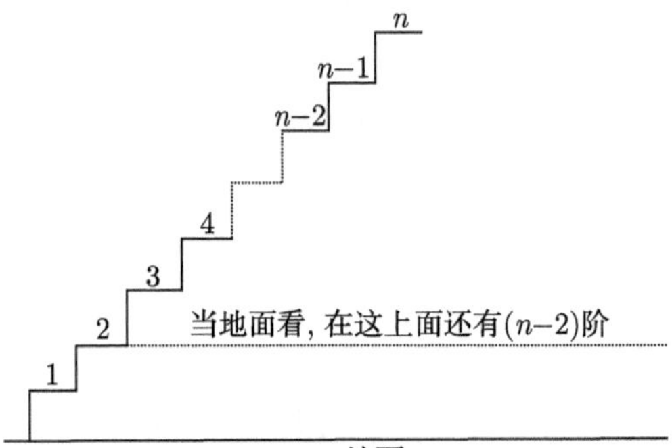

图 2.6

由此可知，走楼梯问题中的数列 $\{u_n\}$ 其实就是斐波那契数列。

(3) 获得斐波那契数列的组合表达式。

继续观察表 2.10，以 $n = 4$，$n = 5$ 为例，按走 2 阶的步数分类，从中归纳出 u_n 满足

$$u_n = \mathrm{C}_n^0 + \mathrm{C}_{n-1}^1 + \mathrm{C}_{n-2}^2 + \cdots + \mathrm{C}_{n-k}^k \quad (k = [n/2])$$

这是因为若有 $m(0\leqslant m\leqslant[n/2])$ 步走 2 阶，将走 2 阶的每一步“捆绑”在一起作为 1 阶，这时楼梯的“阶数”变为 $n-m$，那么这类的走法相当于从这 $n-m$ 阶 (位置) 中找出 m 阶 (位置) 放这个“捆绑”在一起的 m 步，因此有 C_{n-m}^{m} 种走法，其他同理。

由于这一表达式可由贾宪三角 (也称杨辉三角形) 推出，故称贾宪三角形表达式，它是由 E. Piccioli 于 1916 年提出的。回到“兔子繁殖问题”，可得其解

$$u_{12}=\mathrm{C}_{12}^{0}+\mathrm{C}_{11}^{1}+\mathrm{C}_{10}^{2}+\mathrm{C}_{9}^{3}+\mathrm{C}_{8}^{4}+\mathrm{C}_{7}^{5}+\mathrm{C}_{6}^{6}=1+11+45+84+70+21+1=233$$

这样，我们还得到了一个恒等式

$$\begin{aligned}&\mathrm{C}_{n}^{0}+\mathrm{C}_{n-1}^{1}+\mathrm{C}_{n-2}^{2}+\cdots\mathrm{C}_{n-k}^{k}\\&=\frac{1}{\sqrt{5}}\left[\left(\frac{1+\sqrt{5}}{2}\right)^{n+1}-\left(\frac{1-\sqrt{5}}{2}\right)^{n+1}\right]\quad(k=[n/2])\end{aligned}$$

我们对走楼梯问题作进一步拓展。设想走一个 $(m+n)$ 阶的楼梯，现把全部走法按是否到过第 m 阶进行分类。

如图 2.7 所示，若这种走法有到过第 m 阶，那么走完一个 $(m+n)$ 阶的楼梯相当于分成两大“步”，第一“大步”是从地面走到第 m 阶，有 u_m 种走法，第二大“步”是从第 m 阶走到第 $(m+n)$ 阶，有 u_n 种走法，由乘法原理得这类共有 $u_m\cdot u_n$ 种走法。

如图 2.8 所示，若这种走法没到过第 m 阶，完成走楼梯要分三步：先从地面到第 $m-1$ 阶，共 u_{m-1} 种走法；然后从第 $m-1$ 阶跨一步走 2 阶到第 $m+1$ 个，1 种走法；最后从第 $(m+1)$ 阶再向上走 $n-1$ 阶走到第 $m+n$ 阶，共 u_{n-1} 种走法，因此这一类走法数是 $u_{m-1}\cdot u_{n-1}$。

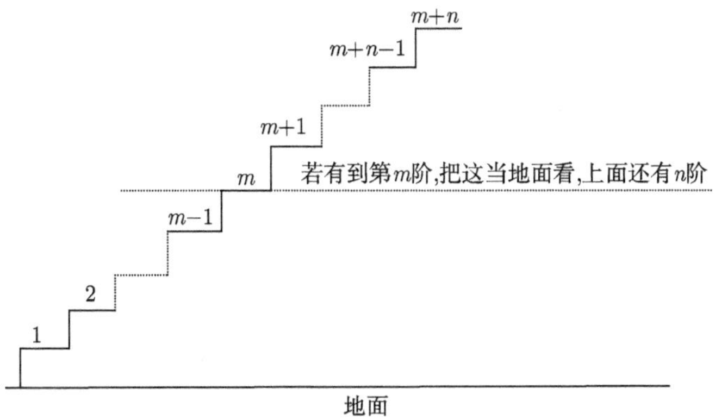

图 2.7

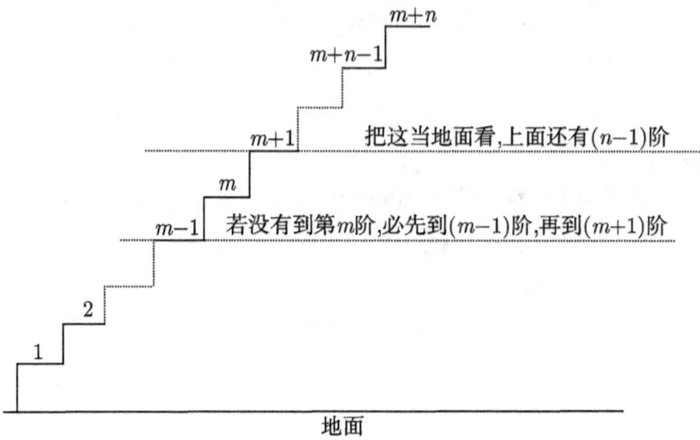

图 2.8

由此可得 $u_{m+n}=u_n\cdot u_m+u_{n-1}\cdot u_{m-1}$。这个递推关系式，深刻地刻画了斐波那契数列项之间的关系。特殊地，若取 $m=1$，即可得 $u_{n+1}=u_n+u_{n-1}$，这即是斐波那契数列的递推式，因此这一关系是斐波那契数列递推式的一个推广。若取 $m=n$，则 $u_{2n}=u_n^2+u_{n-1}^2$，这说明斐波那契数列相邻两项的平方和仍是斐波那契数列的一项。

另外，如果将上述走楼梯问题中的“每步向上走 1 阶或 2 阶”改为“每步向上走 1 阶或 3 阶”，那么，同理可得其不同的走法种数 u_n 满足递推关系式

$$u_n=u_{n-1}+u_{n-3}(n\geqslant 4),\quad u_1=1,u_2=1,u_3=2$$

同时，还可以根据一步走 3 阶的步数分类得到 u_n 的组合表达式

$$u_n=\mathrm{C}_n^0+\mathrm{C}_{n-2}^1+\mathrm{C}_{n-4}^2+\cdots+\mathrm{C}_{n-2k}^k+\cdots+\mathrm{C}_{n-2[n/3]}^{[n/3]}$$

进一步，如果把每步的走法改为“每步能向上走 1 阶、2 阶或 3 阶”，同理可得其不同的走法种数 u_n 满足递推关系式

$$u_n=u_{n-1}+u_{n-2}+u_{n-3}(n\geqslant 4),\quad u_1=1,u_2=2,u_3=4$$

类似地，还可以进一步把走楼梯问题拓展。

例 22　叫卖声录制问题。

“街头叫卖声”录制怎样操作？最佳的操作方案如何？

解　(1) 操作方案。操作时，需两台录音机，相互之间反复播音和录音。当一台播音时，另一台同时开始录音，如此反复进行。具体操作如下。

第 1 步：第一台录音机先直接录入一段人的叫卖声；

第 2 步：第一台录音机播放刚才录的那段声音，同时，第二台录音机录入这段声音；

第 3 步：第二台录音机播放刚才录的那段声音，同时，第一台录音机在上次录的磁道后，接着录入这段声音；

第 4 步：第一台录音机播放前两次录的两段声音，同时，第二台录音机在上次录的磁道后，接着录入这两段声音。

如此反复，直至录到需要的时间长度为止。

(2) 建立模型。设第 1 步录入的声音遍数记为 u_1，第 2 步录入的声音遍数记为 u_2，在第 3 步中，总录入的声音遍数记为 $u_3, \cdots$，在第 n 步中，总录入的声音遍数记为 u_n，则由上面的操作步骤，得

$$u_1 = 1, \quad u_2 = 1, \quad u_n = u_{n-1} + u_{n-2}(n \geqslant 3)$$

我们来解决一个具体的问题：*若吆喝一遍叫卖声，连同中间停顿共需 10s，如上操作方案，那么录制一盒时间长为 1h 的磁带只需操作几步？*

解 由题意，$u_n \geqslant 360$，而 $u_{13} = 233, u_{14} = 377$，即只要按上面的步骤，连续操作 14 次，就可录制一盒时间长为 1h 的磁带。

2.5.4 需求变化问题

例 23 某种产品国内的需求量每年增加 20%，但受同类进口产品的影响，每年国内产品需求会减少，减少的量是上一年进口量的 10%。进口产品的需求量每年增加 5%，国内产品需求的增加还会进一步促使进口需求的增加，其增加量是上一年国内需求量的 3%。试分析该产品国内需求和进口需求变化的趋势。

分析 在这个问题中，有两个变量，产品的国内需求量 x 和进口需求量 y，它们都是时间的函数，时间的函数可以是连续的，但在实际中，我们常常只考虑年度 n(单位：年) 的需求量。因此，我们把本例称为“*需求变化问题*”。

解 用 x_n, y_n 分别表示该产品第 n 年的国内需求量和进口需求量。由题设知，x_n 每年增加 20%，其数学表示是每年增加百分比 $\Delta x_n / x_n = 20\%$，这等价于

$$x_{n+1} = (1 + 20\%)x_n = 1.2x_n$$

但 x_n 还受进口需求的影响，减少量是上一年进口量的 10%，因此，有

$$x_{n+1} = 1.2x_n - 0.1y_n$$

类似地，进口需求量每年增加 5%，即 $y_{n+1} = 1.05y_n$。但国内需求会刺激进口需求，每年增加量是国内需求量的 3%。最后得到

$$\begin{cases} x_{n+1} = 1.2x_n - 0.1y_n \\ y_{n+1} = 0.03x_n + 1.05y_n \end{cases}$$

以下要讨论的是，对给定的 x_0, y_0，当 $n \to \infty$ 时，x_n, y_n 的变化趋势。

我们自然会想到把数列 $\{x_n\}$，$\{y_n\}$ 的通项求出来。由 $x_{n+1} = 1.2x_n - 0.1y_n$，得

$$x_{n+2} = 1.2x_{n+1} - 0.1y_{n+1}, \quad y_n = 12x_n - 10x_{n+1}$$

又

$$y_{n+1} = 0.03x_n + 1.05y_n = 0.03x_n + 1.05(12x_n - 10x_{n+1}) = 12.63x_n - 10.5x_{n+1}$$

所以

$$x_{n+2} = 1.2x_{n+1} - 0.1y_{n+1} = 1.2x_{n+1} - 0.1(12.63x_n - 10.5x_{n+1}) = 2.25x_{n+1} - 1.263x_n$$

由 $x_{n+2} = 2.25x_{n+1} - 1.263x_n$，可得 $x_n = ap^n + bq^n$，其中 p, q 是方程 $x^2 - 2.25x + 1.263 = 0$ 的两根，a, b 由初值 x_0, x_1(这里 x_1 由初值 x_0, y_0 可得) 得到。把数列 $\{x_n\}$ 的通项代入原方程组，就可得数列 $\{y_n\}$ 的通项。最后通过 $\{x_n\}$，$\{y_n\}$ 的通项来考察 x_n, y_n 的变化趋势。

上述求数列 $\{x_n\}$，$\{y_n\}$ 的通项不但过程复杂，其解的表达式一般来说也十分复杂，再说我们主要关心的是当 $n \to \infty$ 时，x_n, y_n 的变化趋势。因此，我们不必重点讨论方程组的通解公式，而是借助计算器或计算机的迭代功能来解决这类问题。首先把初值 x_0, y_0 代入方程，得到 x_1, y_1，再把 x_1, y_1 代入方程，得到 x_2, y_2。这样下去，得到方程组的若干组解 x_n, y_n，由此考察数列 $\{x_n\}$，$\{y_n\}$ 的变化趋势。

对于一般的一阶线性差分方程组

$$\begin{cases} x_{n+1} = ax_n + by_n + c \\ y_{n+1} = dx_n + ey_n + f \end{cases}$$

通过迭代法可得，其解有三种变化趋势：x_n, y_n 收敛于一个稳定值，或趋于无穷，或周期性的摆动。例如，不论方程组的初始值是什么，当 $n \to \infty$ 时，方程组

$$\begin{cases} x_{n+1} = x_n - 0.42y_n \\ y_{n+1} = 2x_n - y_n \end{cases}$$

的解趋于稳定的常数 0；而对于方程组

$$\begin{cases} x_{n+1} = 3x_n + 2y_n \\ y_{n+1} = -x_n + 6y_n \end{cases} \text{和} \begin{cases} x_{n+1} = x_n - y_n \\ y_{n+1} = 2x_n - y_n \end{cases}$$

若初始值不全为 0，则当 $n \to \infty$ 时其解分别是趋于无穷和呈周期性变化。

当然，若能给出一阶线性差分方程组

$$\begin{cases} x_{n+1} = ax_n + by_n + c \\ y_{n+1} = dx_n + ey_n + f \end{cases}$$

的通解公式，就能更好地掌握解的变化趋势。在此，我们可以先通过平移变换将它化为

$$\begin{cases} x_{n+1} = ax_n + by_n \\ y_{n+1} = dx_n + ey_n \end{cases}$$

的齐次形式，再将它转化为二阶线性差分方程 $x_{n+2} = ax_{n+1} + bx_n$，求出通解。但对于中学生而言，我们只要求他们通过大量迭代法的练习来认识到各种变化的趋势就可以了。

2.5.5 人口增长问题

1. 离散型阻滞增长模型

人口，正在成为我们这颗星球的沉重负担。人们不禁会思考这样一个问题：地球上的人口数是如何增长的？最终趋势究竟如何？

英国人口学家马尔萨斯 (Thomas Robert Malthus，1766~1834) 根据百余年的统计资料，在 1798 年提出了一种人口模型。这个模型的假设是：单位时间内人口的增长量与人口数成正比，即有递推式

$$N_{n+1} - N_n = AN_n, \quad n = 0, 1, 2, \cdots \tag{2.5}$$

其中 N_n 为 n 单位时间末的人口数，A 是增长的比例系数 (即出生系数与死亡系数的差)，这个模型称为马尔萨斯模型。

经迭代，得到

$$N_n = (1 + A)N_{n-1} = (1 + A)^2 N_{n-2} = \cdots = (1 + A)^n N_0, \quad n = 0, 1, 2, \cdots$$

其中 N_0 是开始的人口数。

由这个表达式可知人口数的增长是指数增长。其实不仅人口的增长模型是这样，动物的繁殖、细菌的繁殖等在一定的时间间隔内也都呈现为指数增长。

人们发现，在对实际数据进行检验时，递推式 (2.5) 与一段时期的人口统计数据较为吻合，但与后来较长一段时期的数据却有相当大的差异。造成这一差异的原因是什么呢？问题在于当人口数较大时，有限的生活场所、自然资源和食物等必然给人的生存带来极大的影响，也就是说，递推式 (2.5) 中的 A 往往不再是常数，而依赖于人口数本身。

假设 N^* 表示地球所能允许的最大人口数，人口的增长速度与现有人口数 N_n 成正比，而增长的比例系数 A 随着现有人口数 N_n 的增加而减少。

在此，一种简单的处理办法是把 A 换成 $A - BN_n(A > 0, B > 0)$，这样关于人口增长的马尔萨斯模型就变为

$$N_{n+1} - N_n = (A - BN_n)N_n, \quad n = 0, 1, 2, \cdots \tag{2.6}$$

由于当 $N_n = N^*$ 时，人口已不再增长，所以 $A - BN^* = 0$，即 $B = A/N^*$。代入式 (2.6)，得

$$N_{n+1} = N_n + A(1 - N_n/N^*)N_n$$

这个模型称为人口阻滞增长模型，它也适用于一般生物数量的增长。

下面我们用数据对阻滞增长模型进行检验。上述递推式中出现了二次项 $(N_n)^2$，这里的 B，一般来说比 A 小得多，如 $A = 0.4, B = 0.0002$，代入递推式 (2.6)，得

$$N_{n+1} = (1.4 - 0.0002N_n)N_n, \quad n = 0, 1, 2, \cdots$$

若开始时，某种生物的总数 N_0 为 1000，逐个代入计算，便得表 2.11。

表 2.11

n	1	2	3	4	5	6	7	8	9	10
N_n	1200	1392	1561	1698	1801	1873	1920	1951	1970	1982

从表 2.11 我们发现，随着时间的增加，生物总数也逐渐增加。然而，当生物总数较大时，单位时间内净增长数反而减少，如

$$N_9 - N_0 = 1970 - 1951 = 19, \quad N_{10} - N_9 = 1982 - 1970 = 12$$

显然，这是由于出现 BN_n 项的缘故，而且还可以看到 N_n 逐渐接近 2000，但总不可能达到。

其实递推式不只式 (2.6) 这一种模式，自然界形态万千，呈现了各种有趣的模式，先暂且不提。现让我们再来看一下递推式 (2.6)，看参数 A，B 对数列 N_n 会产生什么影响，从而会出现哪些不同的模式。

固定 $B = 0.0001$，让 A 由小变大，分别取 $0.5, 1.5, 4.0$。以 $N_0 = 1000$ 为初始条件，逐个代入计算，得到一系列数据。由这些数据可以看出：

当 $A = 0.5$ 时，随着时间的增加，生物总数 N_n 开始时迅速增长，经过一段时间之后，增长变得缓慢，然后逐渐接近某一界限 5000；

当 $A = 1.5$ 时，随着时间的增加，生物总数 N_n 迅速增长，然后在某一界限 15 000 上下振荡，而其振荡的幅度逐渐缩小；

当 $A = 4.0$ 时，随着时间的增加，生物总数 N_n 刚开始时迅猛增长，超过某一界限 60 000 之后又急剧下降，直至最后绝种。恐龙极有可能就是由于这种增长模式而最终从地球上消失的。

2. 连续型阻滞增长模型

设 $y(t)$ 表示 t 时刻某地区的人口数，则 $y(t)$ 的导数 $y'(t)$ 就表示人口数随时间 t 的变化率。人口增长率 (出生率和死亡率的差)，实际上是 t 时刻人口数 $y(t)$ 的函数 $k(y)$。

按照前面的分析，$k(y)$ 应是 y 的减函数。一个最简单的假定是设 $k(y)$ 为 y 的线性函数：$k(y)=k-sy,\ k$，$s>0$，k 相当于 $y=0$ 时的增长率。为了确定系数 s，引入自然资源和环境条件所能容纳的最大人口数量 y_m。当 $y=y_m$ 时，增长率应为零，即 $k(y_m)=0$，由此确定出 $s=k/y_m$，这样人口增长率函数 $k(y)$ 可以表为 $k(y)=k(1-y/y_m)$，这里因子 $k(1-y/y_m)$ 体现了对人口增长的阻滞作用。它的另一种解释是，增长率 $k(y)$ 与人口尚未实现部分 (对最大容量 y_m 而言) 的比例成正比，比例系数为 k。这样，就得到了连续型的人口阻滞增长模型

$$\begin{cases} \mathrm{d}y/\mathrm{d}t=k(1-y/y_m)y \\ y(0)=y_0 \end{cases} \tag{2.7}$$

将它变形为 $\left(\dfrac{1}{y_m-y}+\dfrac{1}{y}\right)y = k\mathrm{d}t$，两端积分，可得 $\ln\left|\dfrac{y}{y_m-y}\right| = kt+c$，即 $\dfrac{y}{y_m-y}=A\mathrm{e}^{kt}$，其中 A 为待定常数。

将 $y(0)=y_0$，代入上式，可得模型 (2.7) 的解为

$$y(t)=\frac{y_m}{1+(y_m/y_0-1)\mathrm{e}^{-kt}}$$

20 世纪初，人们曾用这个模型预报过美国的人口。计算显示，从 19 世纪 20 年代直到 1930 年，计算结果都能与实际数据较好地拟合。但后来的误差越来越大，一个明显的原因是，到 1960 年美国的实际人口已经突破了用过去数据确定的最大人口容量 y_m。由此看来，这个模型的缺点之一就是，y_m 不容易准确地得到。事实上，随着生产力的发展和人们认识能力的改变，y_m 也是可以改变的。

3. 逻辑斯蒂方程

再来考察递推式

$$N_{n+1}-N_n=(A-BN_n)N_n,\ n=0,1,2,\cdots \tag{2.6}$$

把式 (2.6) 变形得 $N_{n+1}=(1+A-BN_n)N_n$ ，令 $x_n=\dfrac{B}{1+A}N_n$，$k=1+A$，则式 (2.6) 即为

$$x_{n+1}=kx_n(1-x_n),\ 0\leqslant x_n\leqslant 1$$

一阶差分方程 $x_{n+1}=kx_n(1-x_n)$ 是一个典型的非线性差分方程，它其实是二次函数 $y=f(x)=kx(1-x)$ 迭代的结果，由二次函数所实现的映射通常称为逻辑斯蒂映射，故差分方程 $x_{n+1}=kx_n(1-x_n)$ 也称为逻辑斯蒂方程，它是生物种群指数增长模型 (如马尔萨斯人口模型) 的一个修正，人口阻滞增长模型只不过是逻辑斯蒂方程的特例。

从数学上看，逻辑斯蒂映射是简单的，但它却是产生混沌的一个范例。

下面我们用迭代法分别取 k 的一些特殊值，如 $0 < k \leqslant 3$，$k = 3.4$，$k = 3.55$，$k = 3.7$ 的情形来讨论它的变化，来初步了解非线性问题的复杂性。

先看二次函数 $y = kx(1-x)$, 它的图像是开口向下的抛物线，其对称轴为直线 $x = 1/2$.

下面我们假定 k 是 0 到 4 间的常数，x 在区间 $(0,1)$ 上取值。则对给定的 k，逻辑斯蒂映射以不均匀的方式拉长或压缩区间 $[0,1]$。不同的 k 值会使逻辑斯蒂映射呈现出不同的性态：定态、周期循环和混沌。

1) 定态

当 $k \in (0,3)$ 时，是个定态区域。当 $k = 2$ 时，$y = 2x(1-x)$。取 $x_0 = 0.1$，反复迭代得

$$x_0 = 0.1,\ x_1 = 0.18,\ x_2 = 0.2952,\ x_3 = 0.4161,\ x_4 = 0.4859,\ x_5 = 0.4996$$

$$x_6 = 0.4999,\ x_7 = 0.5,\ x_8 = 0.5,\ x_9 = 0.5$$

从 x_7 后，迭代就停止在 0.5。

取其他的初始值，如 $x_0 = 0.2, 0.3, 0.6$ 等，作迭代运算，所得结果也一样，总以 0.5 告终。所以，在 $x_0 = 0.5$ 处是一个稳定的状态，称为定态。

2) 周期循环

当 $k > 3$ 时，逻辑斯蒂映射迭代的结果会很不一样。

(1) 取 $k = 3.4$，这时 $y = 3.4x(1-x)$。取 $x_0 = 0.2$，反复迭代，得 (取两位小数)

$$x_1 = 0.57, x_2 = 0.84, x_3 = 0.46, x_4 = 0.84, x_5 = 0.46, x_6 = 0.84, x_7 = 0.46, x_8 = 0.84$$

由数值迭代过程可知 x_k 的值在两个近似为 0.46 和 0.84 的值之间上下振荡，这种振荡称为周期 2 循环。

(2) 取 $k = 3.55$，这时 $y = 3.55x(1-x)$。取 $x_0 = 0.2$，反复迭代，得 (取两位小数)

$$x_1 = 0.57, x_2 = 0.87, x_3 = 0.40, x_4 = 0.85, x_5 = 0.45, x_6 = 0.88$$
$$x_7 = 0.37, x_8 = 0.83, x_9 = 0.50, x_{10} = 0.88, x_{11} = 0.37, x_{12} = 0.83$$
$$x_{13} = 0.50, x_{14} = 0.88, x_{15} = 0.37, x_{16} = 0.83$$

由数值迭代过程可知 x_k 的值在四个近似为 0.50，0.88，0.37 和 0.83 的值之间上下振荡，这种振荡称为周期 4 循环。

3) 混沌

取 $k = 3.7$，经过迭代，x_n 的值都无法出现倍周期循环，而出现了混沌的现象。

一般地，一阶非线性差分方程 $x_{n+1}=kx_n(1-x_n)$，对于不同的 k 值，x_n 的变化出现不同的趋势。即有：当 $0<k\leqslant 1$ 时，对任意的 x_0，当 $n\to\infty$ 时, 有 $x_n\to 0$；当 $1<k<3$ 时，对任意的 $x_0\neq 0$，当 $n\to\infty$ 时, 有 $x_n\to 1-1/k$；当 $3\leqslant k<1+\sqrt{6}$ 时，x_n 是周期为 2 的数列；当 $1+\sqrt{6}\leqslant k<3.7$ 时，x_n 是周期为 2^2 的数列；随着 k 的增大，x_n 是周期为 $2^3,2^4,\cdots$ 的数列。直到 $k\geqslant 3.7$，此时将无法看出 x_n 的任何周期。

当 k 变化时，数列 $\{x_n\}$ 从有单个稳定平衡点到周期 2 振荡，再从周期 2 振荡到周期 $2^2,2^3,\cdots$ 振荡，以致无法看出 $\{x_n\}$ 的任何周期，这种现象称为分形。

思考与练习 2

1. 某一班级共 45 人，要到离校 7.7km 的风景区去旅游。学校派了一辆可坐 12 人的校车接送，为了尽快到达目的地，校车分段分批接送同学们。已知校车速度是 70km/h，同学们步行的速度是 5km/h。如果上午 7 : 00 出发，问最快什么时间全班同时到达目的地 (班长作为联系人要始终跟车，结果精确到 0.001)?

2. 三户邻居甲、乙、丙每家都有一菜园，在各自的菜园内甲种番茄，乙种黄瓜，丙种茄子，三种蔬菜的产量恰好相同。他们同意按照下表比例分享各家的收获：

	番茄	黄瓜	茄子
甲得比例	1/2	1/3	1/4
乙得比例	1/3	1/3	1/4
丙得比例	1/6	1/3	1/2

假定三种蔬菜价格中最低的是 1.20 元，而且按照市场价格计算，三家人家收支各自平衡。问三种蔬菜的价格各是多少?

3. 有一片牧场的草，如果放牧 27 头牛，则 6 个星期可以把草吃光；如果放牧 23 头牛，则 9 个星期可以把草吃光；如果放牧 21 头牛，几个星期可以把草吃光?

4. (1) 要将浓度为 $a\%$ 的 A 溶液与浓度为 $b\%$ 的 A 溶液配制成浓度为 $c\%$ 的 A 溶液 $u$kg$(a>c>b)$, 问此时浓度 $a\%$ 的 A 溶液与浓度为 $b\%$ 的 A 溶液的用量之比为多少?

(2) 今有浓度为 5%, 8%, 9% 的酒精溶液分别为 60g，60g，47g，要配置浓度为 7% 酒精溶液 100g，问最少需要 5% 酒精溶液多少克? 最多需要 5% 的酒精溶液多少克?

(3) 现有含盐 15% 的盐水 20g，含盐 40% 的盐水 15g，另有足够多的纯盐和水，要配置含盐 20% 的盐水 30g。如果要求尽可能多地使用现有盐水，应怎样设计配置方案?

5. 一幢 33 层的大楼有一部电梯停在第一层，它一次最多能容纳 32 人，而且只能在第 2 层至第 33 层中的某一层停一次。对于每个人来说，他往下走一层楼梯感到 1 分不满意，往上走一层楼梯感到 3 分不满意。现在有 32 个人在第一层，并且每个人分别住在第 2 至第 33 层的某一层。问：电梯停在哪一层，可以使得这 32 个人不满意的总分达到最小？最小值是多少 (有些人可以不乘电梯而直接从楼梯上楼)？

6. 某人为锻炼身体，每天早晨 $5:00 \sim 5:30$ 坚持晨跑。其中，$A \to B$ 是上坡路 800m，$B \to C$ 是平路 1000m。假设：①上坡时的速度保持不变，平路时的速度也不变；②在路中不倒退或休息；③每天开始的状态 (精神、体力等) 一样；④疲劳度与速度相关 (成正比)。平路时疲劳度为 p，上坡时为 $\lambda p(\lambda > 0, p$ 为常数)。问在 30min 内 $A \to C$ 进行跑步锻炼时，上坡的速度与平路的速度各是多少时，锻炼的效果最佳 (即在 30min 内总疲劳度为最低)？

7. 甲、乙二人分食一块厚薄均匀的正三角形蛋糕，切一刀，每人吃其中一块。乙说蛋糕要由他切，而且还要由他先挑。聪明的甲说同意，但要乙答应一个条件，条件是乙切蛋糕时刀刃必须经过甲指定的某一点。试问：

(1) 甲指定的点在何处能使贪嘴的乙少占便宜？

(2) 按照上述切法，什么形状的蛋糕乙占不着便宜？

(3) 有无一种形状的蛋糕，乙能得到比整个蛋糕的 3/4 还多的部分？

8. 建筑学规定，民用住宅的窗户面积必须小于地板面积，但按采光标准，窗户面积与地板面积的比应不小于 10%，并且这个比越大，住宅的采光条件越好，问同时增加相等的窗户面积与地板面积，住宅的采光是变好了还是变坏了？

9. 小王和小李既是同学，又是邻居。在每一个月里，他们总是相约到一家小铺里去买若干次白糖。假设白糖的价格是变化的，而他们的购买方式又不一样。小王每一次总是买一公斤白糖，小李每一次只拿 1 元钱来买白糖，而不管买多少，试问这两种买糖的方式哪一种合算？

10. 消费者购买的某种大宗商品 (如计算机、汽车、房子等)，一般要用若干年后才被废弃。例如，我们买某种汽车，购车时总费用 (包括缴税) 为 5 万元，每年应交保险费、养路费及汽油费合计 6000 元；汽车的维修费平均为：第一年 1000 元，第二年 2000 元，第三年 3000 元，依等差数列逐年递增。问：这种汽车使用多少年报废最合算 (提示：汽车使用多少年报废最合算，可以从使用多少年的年平均费用最少去考虑)？

11. 某中学分配到优职教师名额共 18 名。现已知全校 85 名教师分到语文组、数学组、英语组、自然组、体艺组、后勤组共六个组，各组人数分别为：语文组 17 人、数学组 18 人、英语组 13 人、自然组 21 人、体艺组 11 人、后勤组 5 人。问应如何分配名额较合理？

12. 若需在长为 4000mm 的圆钢上，截出长为 698mm 和 518mm 的两种毛胚，问怎样截取才能使残料最少？

13. A 市、B 市和 C 市分别有某种机器 10 台、10 台和 8 台。现在决定把这些机器支援给 D 市 18 台，E 市 10 台。已知：从 A 市调运一台机器到 D 市、E 市的运费分别为 200 元和 800 元；从 B 市调运一台机器到 D 市、E 市的运费分别为 300 元和 700 元；从 C 市调运一台机器到 D 市、E 市的运费分别为 400 元和 500 元。设从 A 市调 x 台到 D 市，B 市调 y 台到 D 市，当 28 台机器全部调运完毕后，求总运费 W(元) 的最小值和最大值。

14. 某工厂生产某种产品，其成本为每公斤 27 元，售价为每公斤 50 元。在生产产品的同时，每公斤产品产生出 0.3m^3 的污水。污水有两种排放方式：其一是输送到污水处理厂，经处理 (假设污水处理率为 85%) 后排入河流；其二是直接排入河流。若污水处理厂每小时最大处理能力是 0.9m^3 污水，处理成本是每立方米污水 5 元；环保部门对排入河流的污水收费标准是每立方米污水 17.6 元，根据环保要求该车间每小时最多允许排入河流中的污水是 0.225m^3。问该车间应选择怎样的生产与排污方案，才能使其净收益最大？

15. 某公司拟在市东、西、南三区建立门市部。拟议中 7 个位置 $A_i(i=1,2,\cdots,7)$ 可供选择：东区 A_1,A_2,A_3 三个点中至多选两个；西区 A_4,A_5 两个点中至少选一个；南区 A_6,A_7 两个点中至少选一个。如选用 A_i 点，设备投资估计为 b_i 元，每年可获利润为 c_i 元，但投资总额不能超过 B 元。试建立数学模型，说明选择哪几个点可使年利润为最大。

16. 有一个个体户，一月初向银行贷款 10 000 元作为启动资金开店，每月月底获得的利润是该月月初投入资金的 20%，每月月底需要交纳所得税为该月利润的 10%，每月的生活费开支为 300 元，余额作为资金全部投入下个月的经营，如此继续，问到这年年底这个个体户有多少资金？假设贷款的年利息为 8%，问这个个体户还清银行贷款后纯收入多少元？

17. 给出等额本金还款法的每月还款额、还款总额和利息负担总和的计算公式，并进一步分析贷款人还款多少个月后他每个月的还款负担将低于等额本息还款法的还款负担。

18. 学校餐厅每天供应 500 名学生用餐，每星期一有 A,B 两种菜可供选择。调查资料表明，凡是在这星期一选 A 种菜的，下星期一会有 20%改选 B 种菜；而选 B 种菜的，下星期一会有 30%改选 A 种菜。用 a_n,b_n 分别表示在第 n 个星期选 A 的人数和选 B 的人数，如果 $a_1=200$，求 a_n,b_n，并说明它们的变化趋势。

19. C 县是长江下游的一个岛屿。该县某出租汽车公司仅在 A, B 两镇各设有一个营业点。开始时 A 镇营业点有 $a_o=240$ 辆汽车，B 镇营业点有 $b_0=240$ 辆汽车。根据统计规律，每天 A 镇营业点的车有 10%被租用开往 B 镇，而 B 镇营业点的车有 12%被租用开往 A 镇。试分析 A, B 两镇营业点汽车数量的变化趋势。

20. 有人走楼梯。(1) 若这个楼梯有 8 阶台阶，某人每一步可以走 1 阶、2 阶或 3 阶。问这个人走完该楼梯所有不同的走法数有多少种?

(2) 若这个楼梯的台阶数为 $3n$(n 为正整数)，该人每一步可以走 1 阶或 3 阶，写出该人走完这个楼梯所有不同的走法数 f_{3n} 的一个组合形式的表达式。

21. 一枚均匀的硬币掷 10 次。问：不接连出现正面的可能情形共有多少种?

第 3 章　初等几何模型

空间形式是数学研究的重要方面。几何模型体现了数学在空间形式方面的广泛应用。在日常生活中，有许多几何问题需要处理；我们描述宇宙，需要各种各样的几何框架。例如，欧几里得几何学是现实空间最简单最粗略的近似，它为牛顿的绝对时空准备了数学模型；笛卡儿给欧氏几何装上了坐标架，使数形结合，诞生了解析几何，用三维的空间解析几何学来描写宇宙，由于增加了数的手段，描写宇宙的数学模型将更加精确。本章通过测量、等周、最优柱体及制作、费马点和镶嵌等问题的讨论，展示经典的几何应用问题，了解几何方法解决实际问题的一些技巧。

3.1　测 量 问 题

在我国古代有嫦娥奔月的神话故事。明月高悬，我们仰望夜空，会有无尽遐想，不禁会问，遥不可及的月亮离地球究竟有多远呢？早在 1671 年，两个法国天文学家就测出了地球与月球之间的距离大约为 385 400km，他们是怎样测出两者之间的距离呢？尽管，今日的激光测距代替了钢尺丈量，计算机代替了手算和三角函数表。更有甚者，航天技术的进步使人们能即时在仪表上读出所在位置的经度、纬度、高程，并达到惊人的精度。但是，从纯测量学理论看，从徒手直接测量到运用数学知识，经过计算、以近驭远的间接测量才是一次飞跃。人们要从实测中解脱出来，就得借助于数学知识。反过来测量的需要又成为数学来自外部世界的重要源泉之一。本节着重介绍几个经典的测量问题。

3.1.1　经典测量问题

间接测量肇源于远古，可以追溯到几千年之前。古希腊几何学的鼻祖泰勒斯 (Thales，约公元前 625～ 前 547) 年轻时游历埃及，测得金字塔的高度 (图 3.1)；当人们为无法确切得知轮船到海岸的距离而苦恼时，也是泰勒斯设计了一个测量方案 (图 3.2)，解决了这个问题，你知道他是怎么设计的呢？

我国古代，也收集了许多测量问题。例如，如图 3.3 所示，今有井径五尺，不知其深。立五尺木于井上，从木末望水岸，入径四寸。问井深几何？魏晋时期数学家刘徽在注解《九章算术》一书中，用相似三角形知识圆满地解决了这些问题。

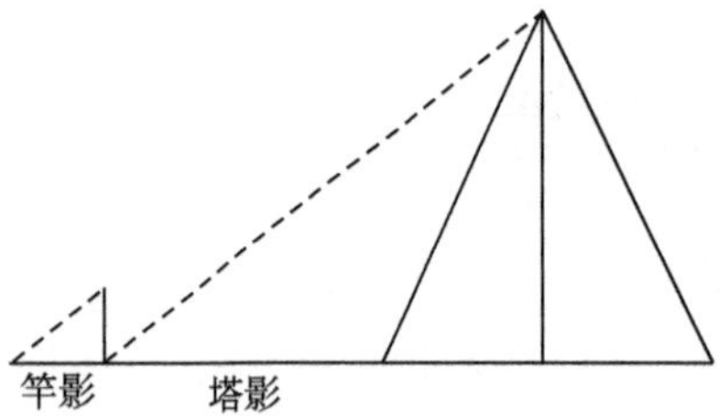

图 3.1

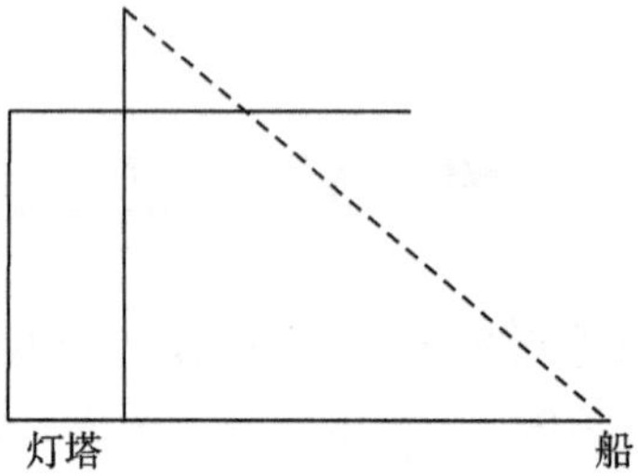

图 3.2

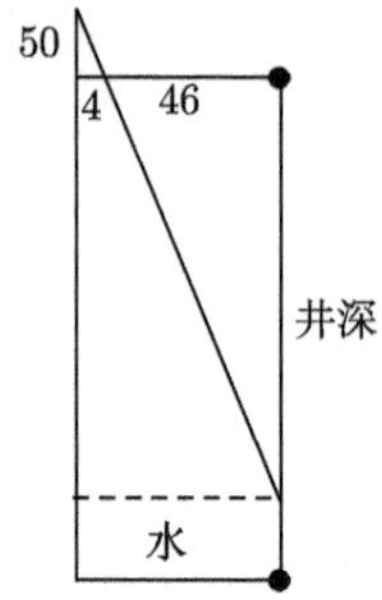

图 3.3

1. 测量地球周长

伟大领袖毛泽东主席 (1893~1976)《送瘟神》中有这样的诗句，“坐地日行八万里，巡天遥看一千河。”意思是，每个人坐在地上不动，随着地球一昼夜旋转，实际上已经走了八万里路程了！也就是说，地球的周长大约是 40 000km。诗歌中的数字往往带有夸张，但这里的数字却与实际基本吻合。这涉及一个古老的难题，如何测量地球的周长。

地球周长的计算，一直引发人类的思考。中国古代对天地形状的看法受天圆地方说影响，地不是球，就不存在求其半径的问题。西方古时对天体位置的看法是地心说，地静日动。但西方很早就认为地是球，并设想如何求其半径。

早在公元前 240 年，古希腊数学家埃拉托赛尼就进行过尝试。他先选好两个测量点。一个在亚历山大港，一个在该港东南 500mi 处的辛尼。辛尼是个奇怪的地方，夏至的中午阳光直射头顶，一切物体都没有影子。那天中午，当辛尼的阳光正好射到一口枯井的底部时，埃拉托赛尼在亚历山大港测得标杆与阳光的夹角是 7.2°(图 3.4)。

设地球周长为 C，则 $C{:}500 = 360°{:}7.2°$，解得 $C = 500\times 360\div 7.2 = 25\,000$(mi)。因为 1mi≈ 1.6km，所以地球的周长为 $1.6 \times 25\,000 = 40\,000$(km)。

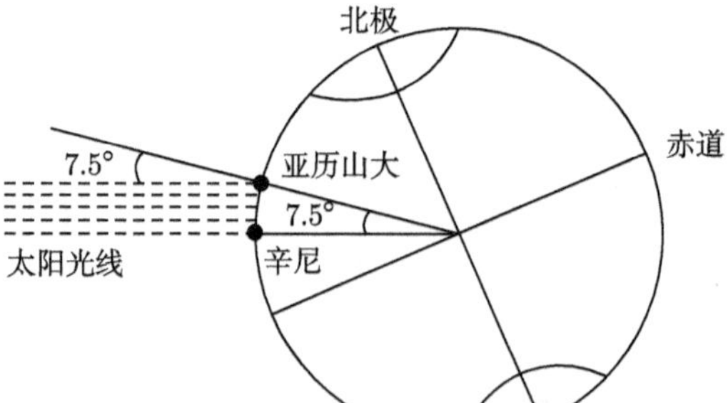

图 3.4

现在用先进的仪器，已经测得地球是个椭圆形，它的赤道半径是 6378.164km，周长是 40075.696km。地球的平均周长是 40 030.3km。2200 多年前的埃拉托赛尼测量的数据与此相比误差不到 5 ‰。

2. 开掘直线穿山隧道

例 1 古希腊第八大岛屿 —— 萨默斯岛上有一条修建于公元前 6 世纪的供水隧道，现称欧帕里诺斯隧道。该隧道长 1036m，横截面宽和高均为 1.8m，笔直地穿过了一座小山。为了缩短建成时间，设计者欧帕里诺斯 (Eupalinos，前 6 世纪) 让工程队从小山两边同时开始挖掘，两队在山体中间必须会合。试想，在 2500 多年前，没有任何现代化仪器，如何保证两支工程队不偏不倚正好在山中的某处相遇？令人惊叹的是，欧帕里诺斯做到了，隧道一线贯通，两支工程队会合得天衣无缝。那么，他是怎么做到的呢？

分析 图 3.5 是隧道平面的横截面，要在 A，B 点挖直线隧道，就要设法找到标记 M，P，使得 M，B，A，P 在同一直线上。这样，从 B 点开始挖，只要以 M 为参照点，使 M，B 始终在同一直线上即可。同理，从 A 点开始挖，则以 P 点为参照点。

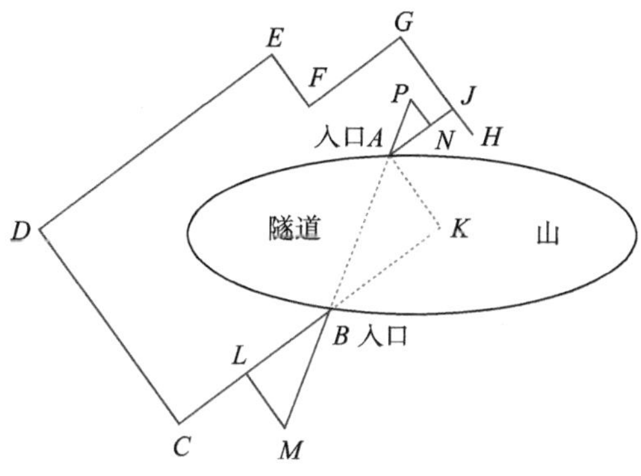

图 3.5

方案 先任意确定一点 L，量出 BL 的长；绕着小山隧道的水平横截面，从隧道一个入口 B 出发，构造直角转弯道路，一直到另一个隧道入口 A，测量直角转弯的道路长

$$BC，CD，DE，EF，FG，GJ，JA$$

计算

$$BK = DE + FG - BC - AJ$$

$$AK = CD - EF - GJ$$

根据 $\triangle LMB$ 与 $\triangle KAB$ 相似，求出 LM 的长，从而确定 M 点的位置，这样就保证了 A，B，M 三点共线。同理，可确定 P 点的位置。

欧帕里诺斯聪明地运用了相似三角形知识，保证了四点共线，创造了一个水利工程的奇迹。

3.1.2　高程测量问题

建筑物高度的测量，是一个极为普遍的问题。对于顶部可以到达的建筑物高度的测量，只要用一条绳子从顶部下垂到底部，用皮尺量出绳子的长度就可以了。这相当于直接测量。

对于被测建筑物顶部不能到达而底部可以到达的问题，我们可以用“照相法”来测，即让甲站在建筑物旁，另一人将甲与建筑物同时用照相机拍下来，测得照片中甲与建筑物的高分别为 a 与 b，甲的实际身高为 c，建筑物的实际高度为 x，则 $x = bc/a$。还有，也可以像泰勒斯测量金字塔的高度一样，用太阳影子测法。即先在建筑物旁边立一根长为 a 的木杆，然后，在同一时刻，测得建筑物与木杆在太阳下的影子长分别为 b 和 c，设建筑物高为 x。则根据相似三角形对应边成比例，得 $x = ab/c$。

以下我们重点讨论，被测建筑物底部不能到达时，如何测量其高的问题。如在上海黄浦江的西岸测量东方明珠电视塔的高，就是这类典型的问题。

例 2　试给出楼高测量的方法。

解法一　楼 MN 底部 N 虽不能到达，但测量仪器放置地点与被测建筑物之间，无其他障碍物阻挡 (图 3.6)。可在楼底 N 所在水平面上选取 A，B 两点，使 A，B，N 共线。若测角仪高为 m，在 A，B 两点测得 $\angle MA'P = \alpha, \angle MB'P = \beta, A'B' = a$，则

$$MP = (a + B'P)\tan\alpha, \quad MP = BP'\tan\beta$$

消去 $B'P$ 得

$$MP = \frac{a\tan\alpha\tan\beta}{\tan\beta - \tan\alpha}$$

所以

$$MN = MP + PN = \frac{a\tan\alpha\tan\beta}{\tan\beta - \tan\alpha} + m$$

解法二　若在测量地有其他建筑物可利用，则可在与水平面垂直的方向上设置两个测量点 (图 3.7)。第一测量点测角器位于与 N 同一垂直平面上，$AB = NP = m$；第二测量点可置测角器于 AB 的垂直上方点 C。若测得 $BC = a$，$\angle MCC' = \beta$，$\angle MBP = \alpha$，则

$$MC' = CC'\tan\beta, \quad MP = MC' + a = BP\tan\alpha = CC'\tan\alpha$$

解得

$$CC' = \frac{a}{\tan\alpha - \tan\beta}$$

所以

$$MN = MP + PN = \frac{a\tan\alpha}{\tan\alpha - \tan\beta} + m$$

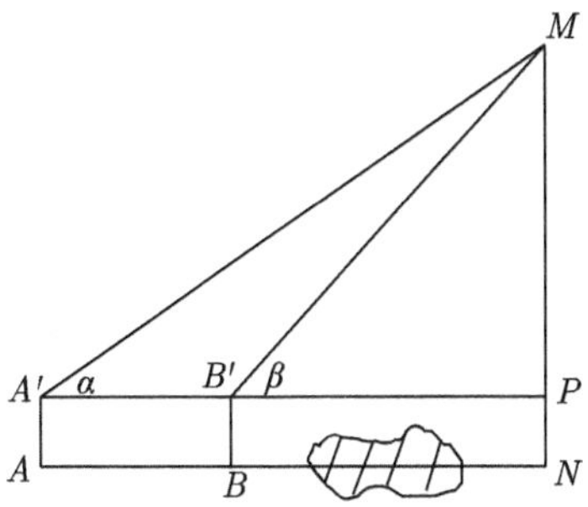

图 3.6

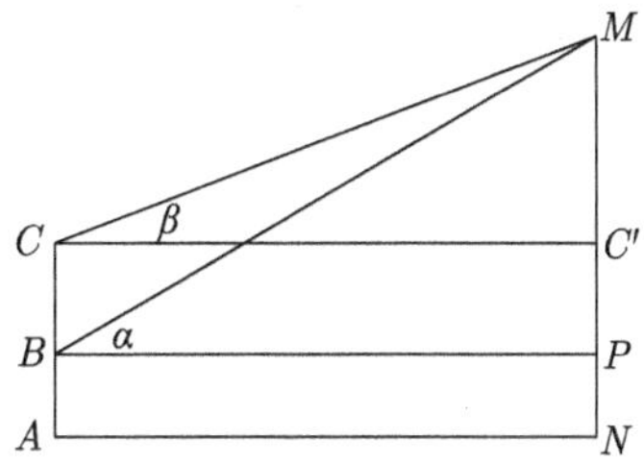

图 3.7

解法三 如图 3.8 所示，首先让甲匍匐在 A，眼睛看楼顶，乙在 AB 线上走动，当乙的头顶刚好在甲与楼顶的视线上时立定；丙用卷尺测量甲、乙之间的距离为 am；其次让甲退后 cm，同样的方法测量甲、乙两人的距离为 bm；最后测得乙的身高为 hm。设楼高为 xm，第一次乙与楼间的距离为 dm，根据相似三角形的性质，得

$$\frac{h}{x} = \frac{a}{a+d}, \quad \frac{h}{x} = \frac{b}{c+a+d}$$

解得 $x = \dfrac{hc}{b-a}$，即楼高为 $\dfrac{hc}{b-a}$m。

解法四 如图 3.9 所示，将平面镜置于平地上，后退至从镜中看到房顶，测出人到镜的距离 a_1m；再将平面镜退后 am，测法同上，测出人到镜的距离 a_2m；已知人身高为 bm，设建筑物高为 xm，镜到建筑物的距离为 cm。由相似三角形性质，得

$$\frac{b}{x} = \frac{a_1}{c}, \quad \frac{b}{x} = \frac{a_2}{a+c}$$

解得 $x = \dfrac{ab}{a_2-a_1}$，即楼高为 $\dfrac{ab}{a_2-a_1}$m。

解法五 如图 3.10 所示，在地面上作基线 CD，测 $CD=a$；在点 C 测仰角 $\angle ACB = \alpha$，以及水平张角 $\angle BCD = \beta$；在 D 点测 $\angle BDC = \gamma$(CB，DB 均为水平线)，则

$$AB = a\sin\gamma\tan\alpha/\sin(\beta+\gamma)$$

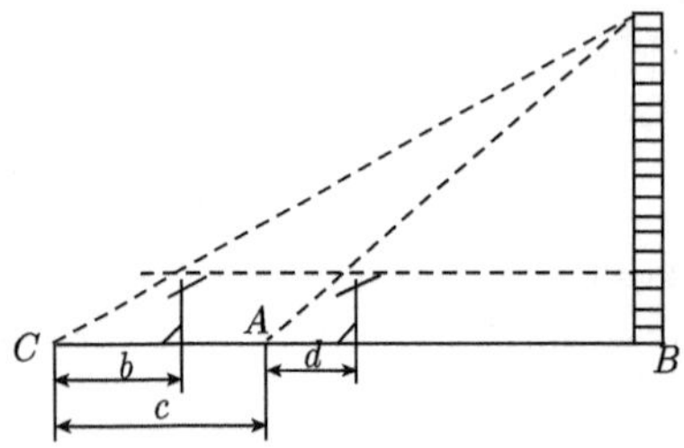

图 3.8

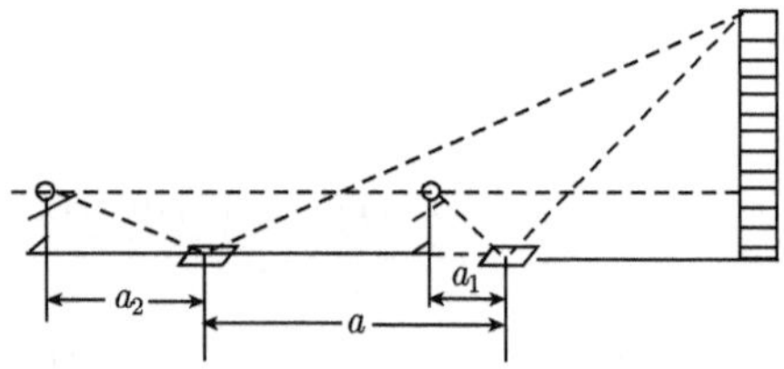

图 3.9

解法六 若被测楼较庞大，楼底被遮挡难以确定时，可在被测对象前的适当位置，楼的底部所在水平面上任取同一直线上的三点 A，B，C，使 B 为 AC 中点(图 3.11)。测得 $\angle MC_1P=\alpha$，$\angle MB_1P=\beta$，$\angle MA_1P=\gamma$，$AB=BC=a$。

设 $PC_1=b$，$PB_1=c$，$PA_1=d$，$MP=x$，则

$$b^2+a^2=2(c^2+a^2),\quad b\tan\alpha=c\tan\beta=d\tan\gamma=x$$

代入得

$$x^2(\cot^2\alpha+\cot^2\gamma-2\cot^2\beta)=2a^2$$

且 $PN=AA_1=m$(测角器高)，所以

$$MN=x+m=\sqrt{\frac{2a^2}{\cot^2\alpha+\cot^2\gamma-2\cot^2\beta}}+m$$

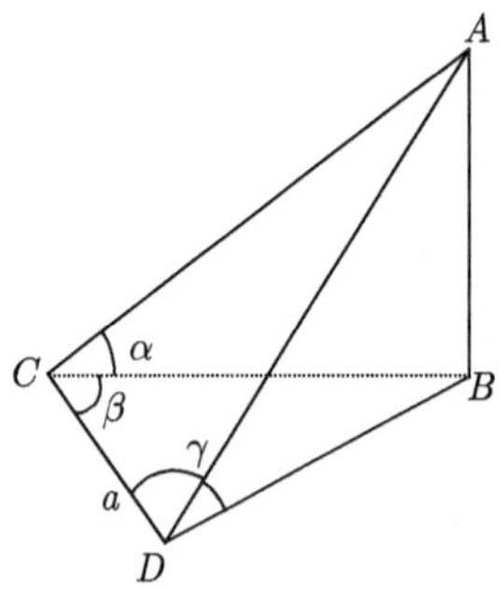

图 3.10

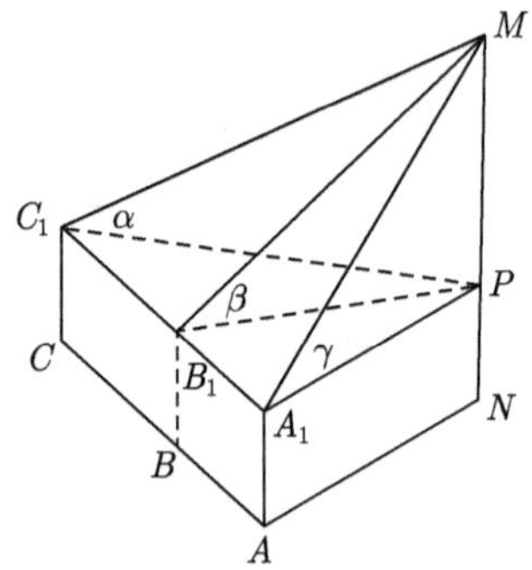

图 3.11

实际情况千变万化，在高程测量中，用何种测量方法必须灵活对待。上述的解法一至解法五，都要求楼底能够看到，以便测出有关的视角。而解法六，只要楼顶能看到，不管楼底是否看到，都是可以实施的，所以这种方法更具普遍性。当然，设计测量方法时必须考虑选取测量数据最少者，这样既可节省测量时间，又可减少计算量。

3.1.3 球面测量基本问题

如果说平面三角形是地面测量工作的最重要的基础之一，那么球面三角形是球面上的测量问题，如航海、航空工作最重要的基础之一。

1. 球面三角形基本知识

平面上的三角形拓展到球面上，成为球面三角形后，原来平面三角形的属性有些保留，有些部分保留，有些改变条件后保留，有些完全消失。

球面上三个确定的点，如 A，B，C(图 3.12) 两两分别与球心确定为三个平面，各自与球面相交成为三个大圆，记各自直径为 I-I，II-II，III-III，A，B，C 两两间圆弧称为球面 $\triangle ABC$ 的边，记为 a，b，c，A，B，C 称为顶点。在顶点 A 分别引相邻的切线 AT_1，AT_2，两者的夹角定义为 $\angle A$。类似地，定义 $\angle B$，$\angle C$。

在平面上三边是直线段，在球面上三边是以球半径为半径的弧，习惯上以 a，b，c 所对应圆心角大小量度。在图 3.12 中，

$$a = \angle COB, b = \angle AOC, c = \angle AOB$$

平面上 A，B 间以线段 AB 为最短距离，球面上则以 A，B 两点间大圆弧 AB 为最短距离，称为短程线。

在平面上 $\angle A + \angle B + \angle C = 180°$，在球面上 $180° < \angle A + \angle B + \angle C < 540°$。

平面三角形中的正弦定理，对于球面 $\triangle ABC$ 来说略有改变：

$$\sin a/\sin A = \sin b/\sin B = \sin c/\sin C$$

但是余弦定理在球面 $\triangle ABC$ 中完全变了，有两种余弦定理，其一，边的余弦定理：

$$\cos a = \cos b\cos c + \sin b\sin c\cos A$$

$$\cos b = \cos c\cos a + \sin c\sin a\cos B$$

$$\cos c = \cos a\cos b + \sin a\sin b\cos C$$

其二，角的余弦定理：

$$\cos A = -\cos B\cos C + \sin B\sin C\cos a$$

$$\cos B = -\cos C\cos A + \sin C\sin A\cos b$$

$$\cos C = -\cos A\cos B + \sin A\sin B\cos c$$

2. 球面上两点的距离和方位

球面三角形是航海、航空工作最重要的基础之一。我们以飞机首航为例。尽管飞机首航前需要考虑的问题很多，但必须要考虑与测量有关的两个基本问题：①起点到终点之间有多少距离 (短程线)？②应该循什么方位飞行 (与正北方向的夹角)？

地面测量时，往往两端彼此还可以看得到；航线起点、终点，如北京、纽约，相距万里，从何测起？我们知道，用球面三角方法求地表定点间量距测角问题先得查阅或用仪器检测各点的地理经度、纬度。地表定点的经度和纬度是以零经度线 (通过英国格林尼治和零纬度线 (赤道) 为纵、横坐标轴的坐标。

如图 3.13 所示，飞机从北京 $A(39°57'\text{N}, 116°57'\text{E})$ 直飞美国纽约 $B(40°42'\text{N}, 74°00'\text{W})$，设北极点为 N，从两地经纬度可以计算球面 $\triangle ANB$ 的二边、一夹角的值：

$$NA:\ 90° - 39°57' = 50°03'$$

$$NB: 90° - 40°42' = 49°18'$$

$$\angle ANB = 180° - 116°27' + 180° - 74°00' = 169°33'$$

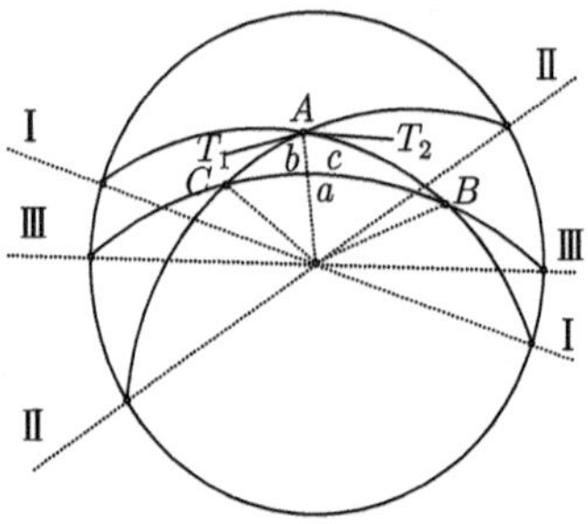

图 3.12

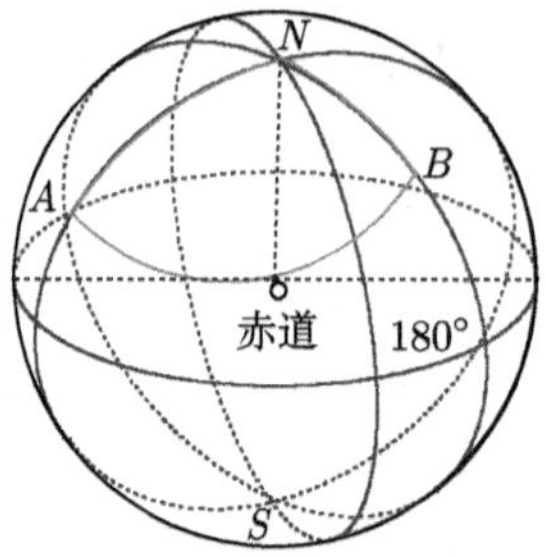

图 3.13

有了这三项数据后，弧 AB 的弧度数可以用边的余弦公式

$$\cos AB = \cos NA \cos NB + \sin NA \sin NB \cos \angle ANB$$

算出，则两地 A，B 间距离等于 AB 的弧度数乘以地球的半径。当球面 $\triangle NAB$ 的三边都为已知，那么所求飞机的飞行方位正是 $\angle NAB$，它可以由正弦公式

$$\sin \angle NAB = \sin \angle NOB \cdot \sin \angle ANB / \sin \angle AOB$$

算得。真是运筹帷幄之中，决胜何止千里之外了。

3.2 等 周 问 题

日常生活中，我们看到大量的圆和球，它们除了留给人们极其对称的美感之外，还蕴涵着深刻的最优化因素。难怪意大利诗人但丁 (Dante Alighieri，1265~1321) 说：“圆是最完美的图形。”有关圆的最优化问题，就是我们在这节要研究的等周问题。

等周问题是 1696 年瑞士数学家约翰 · 贝努利所注意的很多问题中的一个，也是 17 世纪数学家感兴趣的问题之一。它在数学发展史上占有重要地位，对变分法的产生和发展起了重要作用。我国数学家苏步青 (1902~2003) 认为，中学数学教师应该对于基础数学的精要有更进一层的理解与认识，而等周问题恰是人类理性文明中，既精要又美妙的一个古典几何问题，是教师的一个理想的进修课题。

3.2.1 等周定理的发现

1. 自然现象

夏秋清晨，你散步绕过荷塘，你会惊讶地发现，荷叶上的露珠晶莹剔透，这般美景也许会引发你的联想：太阳、地球、月亮、行星，都自然地形成球形或近似于球形。大自然如此偏爱球形，这是为什么？

如果你懂得一些物理知识，就会用表面张力予以解释。再看看人或哺乳动物，头盖骨都近于球形。寒夜，一只猫钻进干草垛，把自己的身体尽量地蜷伏成球形，它是为了减少散热面，以保持体温。

面对这些自然现象，容易使人们想到表面积和体积。人们不禁会问，当体积一定时，球的表面积最小吗？当表面积一定时，球的体积最大吗？

同样，大自然也偏爱圆形，当我们用柔软的细绳捆一束细杆时，这捆细杆的横截面总近于圆形；向日葵的籽盘，千万种美丽的花朵，还有生活中的许多用品，都是圆形或近似于圆形。

2. 泡沫实验

17 世纪，各种泡沫实验在数学家中风靡一时，实验的目的是从中获取数学猜想。有这样一个泡沫实验：把铅丝围成的方框在皂液里浸一下，使它蒙上一层泡沫。然后将一条柔软的细线两端连接起来，围成一个任意形状的封闭曲线，并把它轻轻地放在泡沫上，把一根针烧热，并刺破曲线内的薄膜。这时，这条曲线立即变成了一个圆。

这种现象是由物理学中液体的表面张力引起的。具体地说，当曲线内部的膜消失以后，受外部膜的表面张力的收缩作用影响，曲线内部压力变大，使曲线扩张，并最终变成了圆。

泡沫实验表明，圆的面积比原先的任意封闭曲线的面积要大。约翰 · 贝努利把这个实验结果数学化，便得到一个数学猜想：*周长一定的封闭曲线中，圆的面积最大；或者说，面积一定的封闭图形中，圆的周长最小。*

3. 数据验证

早在 17 世纪，笛卡儿 (Rene Descartes，1596~1650) 就注意到了这个现象，并通过计算获得了丰富的数据资料。他列出了面积为 1 的一些图形的周长 (表 3.1)，和周长为 1 的一些图形的面积 (表 3.2)，通过比较得到了等周定理：在所有等周的平面封闭图形中，圆面积最大。笛卡儿还说：“*这个简短的表强烈地暗示出等周定理，因为再在表中增加几个图形，也增加不了多少启发性。*”

实际上，表 3.1 与表 3.2 的数据是可以换算的。换算的方法是：设图形的面积和周长分别为 S 和 L，则 $S=kL^2$(k 为正常数)。如果 $S=1$，则 $L=1/\sqrt{k}$。记表 3.1 中的数 L_0 为 $1/\sqrt{k}$，则 $k=L_0^{-2}$，代入 $S=k\cdot 1^2$，即得 $S=L_0^{-2}$。

表 3.1　面积为 1 的图形的周长

图形	周长
圆	3.55
正方形	4
90° 的扇形	4.03
矩形 (3:2)	4.08
半圆	4.10
等边扇形	4.21
矩形 (2:1)	4.24
等边三角形	4.56
矩形 (3:1)	4.64
等腰直角三角形	4.84

表 3.2　周长为 1 的图形的面积

图形	面积
圆	0.0793
正方形	0.0625
90° 的扇形	0.0616
矩形 (3:2)	0.0601
半圆	0.0595
等边扇形	0.0564
矩形 (2:1)	0.0556
等边三角形	0.0481
矩形 (3:1)	0.0464
等腰直角三角形	0.0427

3.2.2　等周定理的证明

等周定理如何证明让许多数学家伤透了脑筋，因为平面上周长相等的封闭曲线千千万万，要证明其中以圆的面积为最大，这太困难了。但数学家们终于找到了许多种证法。以下是瑞士几何学家施坦纳 (J. Steiner, 1796~1863) 给出的一种证法。

等周定理　*在所有等周的平面封闭图形中，圆面积最大。*

证明　设 $\varPhi$ 是周长为定值 p 且面积最大的平面封闭图形，以下只要证 $\varPhi$ 是圆即可。

首先，证明 $\varPhi$ 是凸图形。如图 3.14，假设 $\varPhi$ 是一个凹图形，那么在 $\varPhi$ 上可找到两点 A,B，其连线段落在 $\varPhi$ 的外部。以 AB 为轴，把曲线 AmB 对称到另一侧，得到曲线 $Am'B$。此时图形 $Am'BC$ 的周长仍为 p，但其面积显然比 $\varPhi$ 大，这与假设矛盾。故 $\varPhi$ 是凸图形。

其次，证明平分 $\varPhi$ 的周长的弦一定平分 $\varPhi$ 的面积。如图 3.15 所示，设弦 AB 平分 $\varPhi$ 的周长，因为已证 $\varPhi$ 是凸图形，所以弦 AB 必在 $\varPhi$ 的内部，故弦 AB 把 $\varPhi$ 分成两部分 $\varSigma_1$，$\varSigma_2$。若这两部分的面积 $\varSigma_1\neq\varSigma_2$，不妨设 $\varSigma_1>\varSigma_2$，以 AB 为轴把 ACB 对称到另一侧 $AC'B$ 处，则曲线 $ACBC'A$ 的周长仍等于 p，但面积 $ACBC'A>\varPhi$ 的面积，与 $\varPhi$ 为面积最大矛盾。所以，平分 $\varPhi$ 的周长的弦 AB 也一定平分其面积。

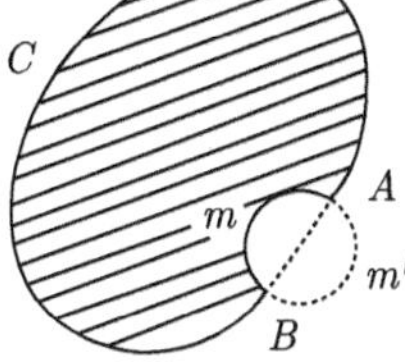

图 3.14

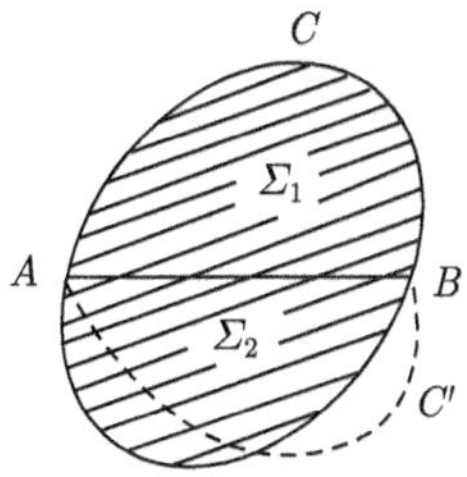

图 3.15

最后，证明平分 Φ 的周长与面积的弦 AB 必为直径。在 Φ 的边界上任取一点 C，只需证 $\angle ACB$ 为直角。若不然，$\angle ACB \neq 90°$，将图 3.16 中的 Σ_1，Σ_2 剪下来，贴成另一个图形 (图 3.17)，其中 $A'C' = AC$，$B'C' = BC$，$\angle A'C'B' = 90°$. 于是曲线 $A'B'C'$ 的长等于 $p/2$，把它关于 $A'B'$ 对称得到的封闭图形其周长为 p，但其面积比 Φ 大，矛盾。故 ACB 是以 AB 为直径的半圆，从而 Φ 是圆。等周定理得证。

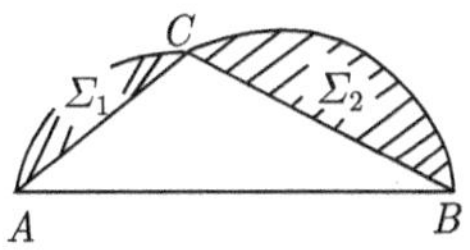

图 3.16

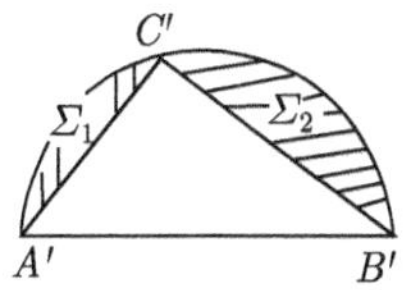

图 3.17

上述证明过程中，把证“面积最大的图形 Φ 是圆”分解为“Φ 是凸图形”、“平分 Φ 周长的弦 AB 必平分其面积”和“弦 AB 必是 Φ 的直径”这层层递进的三步。在每步证明中，都是先给出猜测“Φ 是什么图形？”，然后给出证明。由于“Φ 面积最大”这一条件不便直接运用，因此采用反证法。即当 Φ 不是这样的图形时，我们利用对称、割补等方法构造出与 Φ 周长相等但面积更大的图形，从而导致矛盾。这给予我们一个启示，在解决最优化问题时，可以首先猜测符合条件的最优图形为 P，然后用反证法证明：如果最优的不是 P，那么构造 R(R 与 P 满足同样的条件)，而且 R 比 P 更优，得到矛盾。这是解决最优化问题的一种重要的思维方法。

当然，上述证明在一开始就出现了破绽，这个破绽利用了一个潜在的假设：*在周长一定的一切封闭曲线中存在一个面积最大的图形 Φ*。不过，在肯定存在的前提下，施坦纳的证法仍然是极其巧妙和值得借鉴的初等方法！随着数学的发展，人们利用微积分手段，已经圆满地解决了这一存在性问题。

由等周定理可以推出一个与其对偶的定理，即等周定理的对偶形式：*在所有等面积的平面封闭图形中，以圆的周长为最大*。也就是下面的问题：*已知 Σ 是面积为 A 的圆，其周长为 p，P 是面积为 A 的非圆闭曲线，其周长为 q，求证 $p < q$*。

证明 用反证法。假设 $p \geqslant q$。作 Σ 的同心圆 Σ'，使其周长为 q，于是由 $p \geqslant q$

知，圆 Σ' 必在圆 Σ 的内部，圆 Σ' 的面积 $A' \leqslant A$。但另一方面，由于 Σ' 和 p 有相同的周长，据等周定理，应有 $A' > A$，这就产生了矛盾。所以必有 $p < q$。因此，在所有等面积的平面封闭图形中，以圆的周长为最大。

利用等周定理，我们还可以得到多边形等周定理：①在周长为定值 l 的一切 $n(n \geqslant 3)$ 边形中，正 n 边形面积最大；②在面积为定值 s 的一切 $n(n \geqslant 3)$ 边形中，正 n 边形周长最小。同样，在三维空间中，等周定理也有类似的结论。

3.2.3 等周定理的应用

1. 纪塔娜问题

例 3 纪塔娜是神话中的人物，传说古代非洲北部沿海地区某部落酋长曾答应给纪塔娜一块“由灰鼠皮能包住”的土地。一块灰鼠皮能围多大的土地呢？聪明而美丽的纪塔娜想出了一个巧妙的办法。她把灰鼠皮剪成很细很细的线，再把这些线结成一条长带，用这条长带在海岸边划出了一块意想不到的、非常大的土地。这块土地是一个半圆，海岸线 (近似地看成直线) 的一段是它的直径。试证：纪塔娜所围的半圆形土地面积最大。

证明 设带长为 l，以海岸线为轴作半圆的对称图形，得周长为 $2l$ 的圆。再用海岸线与带长围成任一图形 (不是半圆)，同样沿海岸线作轴对称，得周长为 $2l$ 的封闭图形。由等周定理可知，周长为 $2l$ 的圆的面积不小于周长为 $2l$ 的封闭图形的面积。所以，纪塔娜所围的半圆形土地的面积最大。

2. 海角问题

将纪塔娜问题稍作推广，改为“在一个半岛”(假定半岛由一个角构成，即所谓“海角”)，那么问题变为：*给定一个角，求已知长度的一条线和角的两边所围出的最大面积*。即已知角 (海角) 为 $\angle XMY$，线长为 l，要使曲边三角形 XMY 面积达到最大，X，Y 的位置和曲线 XY 的形状如何？

先来看几个特殊情形。若 $\angle M = 180°$，则回到纪塔娜问题。又如，$\angle M = 90°$，则仍可用镜面反射来求解：首先关于一边，然后再关于另一边作镜面反射，这时，曲线连同它的镜像一起，构成了长为 $4l$ 的封闭曲线。按等周定理，要求的面积最大的图形是圆。这个圆有两条给定的对称轴 XY' 和 YY'，圆心在两轴的交点 M 处，两轴把圆面积和圆周同时分成四等分。因此，原问题的解就是象限角形：圆心在已知角顶点的 $1/4$ 圆。

我们的解法是把 4 个直角拼成一个周角，相应的曲线接成了封闭曲线。容易想到，有无穷多种适合于用此种解法的特殊情形。例如，对 $\angle M = 360°/n$(n 为大于 1 的自然数) 的“海角”，就可以反复用轴反射，把给定长为 l 的曲线 XY 变成周长为 nl 的封闭曲线，从而“海角问题”变为等周问题。等周问题的解是圆，因此，海角问题的解就是一个以角的顶点为圆心、圆心角为已知角、弧长为已知线长的扇形。

很自然，我们还会想到这样一个问题：对于给定的角 $\angle M(0^\circ < \angle M < 180^\circ)$，在用定长为 l 的线围 $\angle M$ 的所有曲边三角形中，什么图形面积最大？问题的解也是以 M 为圆心，给定长度的一条线所围成的一段圆弧。有兴趣的读者可以用逐步调整法尝试证明。

上述讨论表明，从最优化的角度来看，扇形是用定长的线围已知角围出的曲边三角形中面积最大的图形。

3. 棍子和绳子问题

例 4 已知一条棍子和一条绳子 (绳子比棍子长)，绳子的两端分别固定在棍子的两端上，用此装置怎样才能围成面积最大的图形？

解 假设符合要求的图形为 P，构造以线段 AB 为弦且弧长为 l 的弓形 Q，并用另一弓形 Σ 将它补成一个圆 (图 3.18)。这时，在图形 P 上添上弓形 Σ 得图 3.19，由等周定理得图 3.19 的面积不大于图 3.18 中圆的面积。从图 3.18 和图 3.19 中同时减去弓形 Σ，得图形 P 的面积不大于图形 Q 的面积，所以弓形 Q 是符合题意的面积最大的图形。

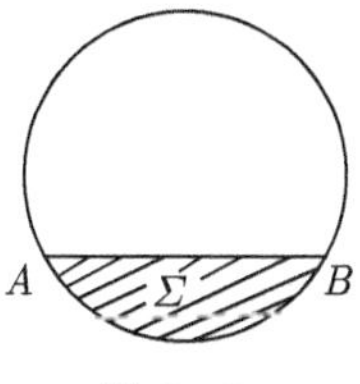

图 3.18

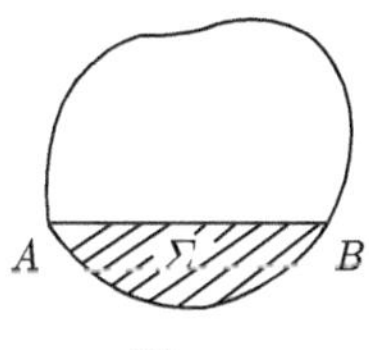

图 3.19

由此可知，弓形是由一段边界为定长线段的所有等周的平面封闭图形中面积最大的图形。

上述的棍子和绳子问题还可以推广，即有两根棍子 AB 和 CD，两条定长的绳子 BC 和 AD，用它们结成一个曲边四边形 $ABCD$，何时面积最大？

其结论是：当绳子 BC 和 AD 是以棍子 AB 和 CD 为弦的同一圆的圆弧时，曲边四边形 $ABCD$ 面积最大。请读者自己证证看。

3.2.4 故事中的等周问题

19 世纪末俄国最伟大的文学家托尔斯泰 (Lev Nikolayevich Tolstoy，1828~1910) 的小说《一个人需要很多的地吗？》中有这样一个情节，富商巴和姆向巴斯基尔人买土地。

“…… 那么，什么价钱呢？”巴和姆问。

“我们的价钱说一不二，每天 1000 卢布。”

巴和姆没有听懂。

“每天？这是一个怎样的度量单位啊？一天等于多少俄顷①？”

“我们，”那人说，“是不会计算这些的，我们只论天来卖，一天你能够围起多少地方，那些地方的土地就都是你的了。价钱呢，就是 1000 卢布。”

第二日，日出时分，巴和姆准时来到约定地点。巴斯基尔的长者将狐皮帽子放在地上作为起点。巴和姆奋力向前跑去 …… 他先向前跑了 10 俄里 (1 俄里 ≈ 1066.8 米) 才开始向左直拐，又跑了许多路再向左拐第二个直弯，已到中午，巴和姆又跑了 2 俄里，此时离起点还有 15 俄里。眼看太阳就将落山，他踉踉跄跄地走向起点，他必须在太阳落山前回到起点，不然 1000 卢布就白扔了。就在太阳要在地平线上消失的那一刻，他倒下了，伸手摸到了长者的狐皮帽子。巴和姆终于围成了一块土地。但是他再也没有起来，他死了，累死的。

下面我们从数学的角度来分析。根据托尔斯泰的描述，巴和姆共走了 40 俄里，围成两底分别为 2 俄里和 10 俄里，斜腰为 15 俄里的直角梯形，面积约为 78 平方俄里。如果巴和姆事先计算一下他一天能够走多少路程：如果平均每小时可以走 v 俄里，一天 (日出至日落) 有效走路时间为 th，那么一天能走的路长就是 $s = vt$。设计一个围地方案，如走一个长是 a，宽是 b 的矩形，使得 $a + b = s/2$，并且将 a 和 b 转换成步数，那么，他至少不再会累死了。

如果想进一步，巴和姆就需要有一位数学顾问，这时数学顾问就会设计使得走的路程 s 能围出最大的面积来。此时不但可以保证围到土地，而且可以围到更多的土地。

如果想再进一步，数学顾问会告诉巴和姆说：这是著名的数学问题，称为等周问题，等周问题的解是圆。然后数学顾问就应该协助巴和姆想出办法使得巴和姆走的轨迹是一个圆。在这种方案下，要围起同样大的土地，他只要走 31.3 俄里，以日出到日落为 12 小时计，巴和姆就可以提前 2.6 个小时回到起点。他就能在中午花一小时饱餐一顿，再小憩一小时，然后从从容容地回到起点。当然，走出一个圆的轨迹是不容易的。为此，如果数学顾问还告诉他多边形等周定理，那么，他就可以设计出一些简便的走法。例如，以一天能走 40 俄里计，巴和姆走的轨迹若是一个边长为 10 俄里的正方形，那他就可以围出 100 平方俄里的地来；如果他走的轨迹是正六边形 (此时边长为 20/3)，那么他就可以围出

$$6 \times \frac{\sqrt{3}}{4} \times \left(\frac{20}{3}\right)^2 \approx 115.5$$

平方俄里的地来。可见，等周定理可以帮助我们设计出许多更优的方案。

① 俄顷是俄国古时的土地面积单位，1 俄顷等于 10 930m^2。

托尔斯泰通过这个小说想告诫世人的是：人不能贪得无厌，宝贵的是生命，重要的是人的智慧。这里的智慧就是人们要知道一些数学常识，如等周问题这样一些重要的数学问题。其实，等周问题能不断启迪我们提出新的问题，正如美籍匈牙利数学家波利亚 (George Polya，1887~1985) 所说，它的根深扎于我们的经验直觉之中，它是灵感的不竭源泉。

3.3 最优柱体问题

日常生活中，我们经常看到许多无盖或有盖的柱体 (含棱柱与圆柱) 容器。对于柱体，我们希望在一定的条件下，其体积或表面积达到最优 (最大或最小)，我们把这类柱体称作最优柱体。关于最优柱体，主要有两类问题，一是在柱体表面积为定值的情况下，体积最大的柱体其形状与大小如何；二是在体积为定值的情况下，表面积最小的柱体其形状与大小如何。另外，从制作的角度来看，给定一平面封闭图形，是否可以在尺规作图，即通常所说的图形割补的情况下，制作最优柱体呢？

3.3.1 最优柱体的形状与大小

数学上的柱体，是指两个底面既全等又平行，且任意平行于底面的截面均与底面全等的封闭的空间图形。我们主要研究：表面积为定值体积最大的柱体 (包括棱柱、一般柱体以及无盖的柱体) 形状与大小如何呢？体积一定的柱体其表面积又如何呢？

对于表面积为定值 s 的柱体，由空间等周定理“在所有等表面积的空间封闭图形中以球的体积为最大”，知该柱体体积的上界不会超过与其表面积相等的球的体积。另外，我们可以构造一个底面积无限趋近于 $s/2$ 的柱体，此时该柱体的高将无限趋近于 0，因此其体积无限趋于 0。同理，构造一个侧面积无限趋近于 s 的柱体，此时该柱体的底面积将无限趋近于 0，但其高有界，因此其体积也无限趋于 0。由此可知，当柱体的底面积从最大 (为 $s/2$) 连续变到 0 的时候，体积经历了从 0 开始逐步增大，然后逐步减少，最终又趋于 0 的变化过程。由连续函数性质可知，表面积为定值而体积最大的柱体是存在的。

1. 体积最大的柱体的形状

首先，我们证明：表面积为定值 s 体积最大的柱体 C 必是直柱体 (即侧棱垂直于底面的柱体)。

用反证法证明。假设柱体 C 不是直柱体，那么柱体 C 的侧面展开图必是一个非矩形的平行四边形。构造一个底面与柱体 C 的底面全等且表面积仍为 s 的直柱体 A，则直柱体 A 的侧面积与柱体 C 的侧面积相等。由于柱体的侧面展开图是两边分别为底面周长和侧棱长的平行四边形，而直柱体 A 的侧面展开图是矩形，因此直柱体 A 的侧棱长 (即 A 的高) 与柱体 C 的斜高相等。由假设柱体 C 不是直柱体，可知其高小于其斜高，所以直柱体 A 的高大于柱体 C 的高，从而 A 的体积大于柱体 C 的体积，与假设矛盾。所以柱体 C 必是直柱体。

其次证明：表面积为定值 s 体积最大的 n 棱柱 C(底面是 n 边形，且 $n \geqslant 3$) 必是正 n 棱柱。

仍用反证法证明。假设棱柱 C 的底面 n 边形 P 不是正 n 边形的直棱柱，将底面 n 边形 P 改成与其等面积的正 n 边形 Q，则由等周定理可知，正 n 边形 Q 的周长比 n 边形 P 周长小。作一个正棱柱 B，其表面积为 s，底为正 n 边形 Q，则棱柱 B 与棱柱 C 的侧面积相等，于是正棱柱 B 的高大于棱柱 C 的高，故正棱柱 B 的体积大于棱柱 C 的体积，与假设矛盾。所以，表面积为定值一切 n 棱柱中，正 n 棱柱体积最大。

同理可证，表面积为定值的一切柱体中，圆柱的体积最大。

2. 最优柱体的大小

我们首先研究，表面积为定值体积最大的 n 棱柱的大小。设表面积为定值 s 且体积最大的 n 棱柱是正 n 棱柱 C，其底面边长为 a，高为 h，体积为 v。由底面积

$$s_{底} = \frac{1}{4}na^2 \cot\frac{\pi}{n} = k_1 a^2 (k_1 = \frac{1}{4}n\cot\frac{\pi}{n}, \text{为正常数})$$

体积 $v = s_{底}h = \left(\frac{1}{4}n\cot\frac{\pi}{n}\right)a^2 h = k_2 a^2 h (k_2 = \frac{1}{4}n\cot\frac{\pi}{n}$, 为正常数)。因为

$$s = s_{侧} + 2s_{底} = nah + 2k_1a^2 = \frac{1}{2}nah + \frac{1}{2}nah + 2k_1a^2$$

且 $\left(\frac{1}{2}nah\right)\cdot\left(\frac{1}{2}nah\right)\cdot(2k_1a^2) = k_3v^2 (k_3 = \frac{n^2k_1}{2k_2^2}$，为正常数)，由算术–几何平均值不等式可知，当 $\frac{1}{2}nah = 2k_1a^2$，即 $s_{侧} = 4s_{底}$ 时，正 n 棱柱 C 的体积最大。

也就是说，表面积为定值 s 体积最大的正 n 棱柱 C，其底面积为 $s/6$，侧面积为 $2s/3$，即侧面积是底面积的 4 倍。

然后，我们来看体积最大的圆柱的大小。设圆柱 C 的底半径为 r，高为 h，则其体积 $v = \pi r^2 h$，表面积 $s = 2\pi r^2 + 2\pi rh$。由算术–几何平均值不等式，得

$$s = 2\pi r^2 + 2\pi rh = 2\pi r^2 + \pi rh + \pi rh \geqslant 3\sqrt[3]{(2\pi r^2)(\pi rh)(\pi rh)} = 3\sqrt[3]{2\pi v^2}$$

当且仅当 $2\pi r^2 = \pi rh$，即 $h = 2r$ 时取等号，此时圆柱 C 的体积 v 最大。

由于 $2\pi r^2 + 2\pi rh = 6\pi r^2 = s$，得圆柱 C 的底面积 $s/6$，侧面积为 $2s/3$。

综上所述，高和底面直径相等的圆柱 (此时侧面积是底面积的 4 倍) 是所有表面积为定值的柱体中体积最大的。

3. 进一步讨论

对于体积为定值的柱体，其表面积最小的 n 棱柱或一般柱体形状与大小如何呢？类似于表面积为定值体积最大的柱体形状，可以证明：

体积为定值且表面积最小的 n 棱柱和一般柱体分别为正 n 棱柱和圆柱。

由于正 n 棱柱和圆柱的体积 v 与侧面积 $s_{侧}$、底面积 $s_{底}$ 和表面积 s 有如下关系：$s=s_{底}+2s_{底}$，而 $(s_{侧}/2)\cdot(s_{侧}/2_{底})\cdot(2s_{底})=kv^2$(其中 k 是常数)。因此，当 v 为定值时，由算术 - 几何平均值不等式，可得当且仅当 $s_{侧}/2=2s_{底}$ 时，其表面积 s 最小。即当该柱体的侧面积是底面积 4 倍时，表面积最小。

进一步，对于表面积为定值 s 的无盖柱体 (有一个底面开着)，我们可用这样两个相同的柱体，沿无盖的一面拼成一个表面积是 $2s$ 的封闭柱体。由上述讨论可知，当表面积是定值 $2s$ 时，体积最大的 n 棱柱是底面积为 $(1/6)\times 2s=s/3$，侧面积为 $(1/3)\times 4s=4s/3$ 的正 n 棱柱；体积最大的一般柱体是底面积为 $s/3$，侧面积为 $4s/3$ 的圆柱。因此，表面积为定值而体积最大的无盖 n 棱柱 (正 n 棱柱) 和无盖柱体 (圆柱)，它们的侧面积均是底面积的 2 倍。

对于体积为定值而表面积最小的无盖柱体，也可以用类似的方法转化为封闭柱体，得到类似的结论。

4. 生活中的柱形桶

例 5 实际生活中，对于体积一定的某种柱体形桶的容器 (有盖)，有时桶底和桶壁材料费用不同。这时，若从桶的制作成本来看，“最好”的桶应当使得桶底和桶壁材料的费用总和最小。试求“最好”的桶形状及大小。

解 用类似的方法，可证“最好的”的柱体形桶仍为圆柱。

设圆柱形桶的体积为 V，底面半径为 r，高为 h，桶底材料费用为 m 元/平方单位，桶壁的材料费用为 n 元/平方单位，总费用为 W 元，则

$$
\begin{aligned}
W&=2\pi r^2m+2\pi rhn=2\pi mr^2+2\pi nr\frac{V}{\pi r^2}\\
&=2\pi r^2m+\frac{2nV}{r}=2\pi mr^2+\frac{nV}{r}+\frac{nV}{r}\geqslant 3\sqrt[3]{2\pi mn^2V^2}
\end{aligned}
$$

当且仅当 $2\pi r^2m=\dfrac{nV}{r}$，即 $r=\sqrt[3]{\dfrac{nV}{2\pi m}}$ 时取等号，此时 $h=\dfrac{V}{\pi r^2}=\dfrac{2m}{n}r$，即当圆桶的高是底面直径的 m/n 倍时，总费用 W 最小。

所以，对于体积一定的柱体形桶，当该桶是一个高和底面直径与其桶壁和桶底材料费用成反比的圆柱时，材料总费用最少。

3.3.2　最优柱体的制作

有这样一个问题：**怎样用一张长 $2a$、宽 $2b$ 的矩形纸板制作一个体积最大的无盖长方体纸盒？**

这个问题很多人是这样解决的：把已知矩形纸板的 4 个角剪掉边长为 x 的四个小正方形，再折成一个无盖长方体纸盒，此时它的体积 $V = x(2a-2x)(2b-2x)$。对上式求导，就可求得最大值点。

显然，上述方法的出发点主要是先考虑无盖长方体纸盒的制作方便。但是由于剪掉了 4 个角，浪费了材料，这种做法明显不是最优的做法。要使制作的无盖长方体纸盒体积最大，当然不能浪费材料。这样原问题其实就是：**如何用长 $2a$、宽 $2b$ 的矩形纸板制作表面积为 $4ab$ 且体积最大的无盖长方体？**

将上述问题一般化，就是：**如何制作表面积与一已知平面封闭图形面积相等且体积最大的柱体。**由上述讨论我们已经知道体积最大的 n 柱体和一般柱体的形状与大小，因此该问题其实就是：**如何将平面图形 P 借助于直尺圆规剪拼成体积最大的柱体的表面展开图 Q。**这里，我们把这样的两个平面图形 P 与 Q 称为“组成相等”。

1. 波尔约-盖尔文定理

显然，两个组成相等的平面图形面积相等。那么它的逆命题“任意两个面积相等的平面封闭图形组成相等”成立吗？由于平面封闭图形范围太宽泛，我们很容易举出其逆命题的一个反例：等面积的圆与正方形不能组成相等。因为这实际上是人们熟知的三大平面几何尺规作图不能问题之一 —— 化圆为方。但是，如果对平面图形作些限制，就可以得到一个非常著名的定理，这就是由匈牙利数学家波尔约 (Jámos Bolyai，1802~1860) 与德国数学爱好者盖尔文几乎同时发现的一个命题 —— 波尔约-盖尔文定理：**任意两个面积相等的多边形组成相等。**

我们先证：**任意一个多边形与其面积相等的正方形组成相等。**

证明　对于任意一个多边形，可先把它分割成若干个互不重叠的三角形。显然，每个三角形均可容易地割补重拼为一个矩形。

考虑一个矩形。如图 3.20 所示，设矩形的两边长分别为 a，b，用尺规作出线段 $\sqrt{ab}$，再作出边长为 $\sqrt{ab}$ 的正方形，并把三角形 $p1$，$p2$ 分别平移到 $p1'$，$p2'$，这样该矩形就可以通过尺规作图变形为与之面积相等的正方形。于是，一个三角形可以割补重拼成一个正方形。而对于两个正方形，如图 3.21 所示，可以把它们割补重拼为一个正方形，依此，若干个正方形可割补重拼为一个正方形。因此，任意一个多边形与其面积相等的正方形组成相等。

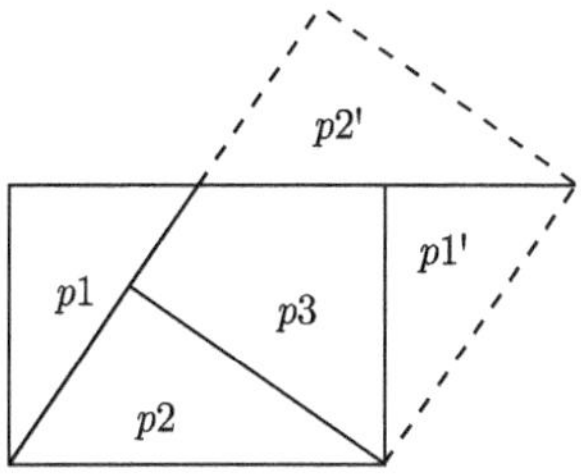

图 3.20

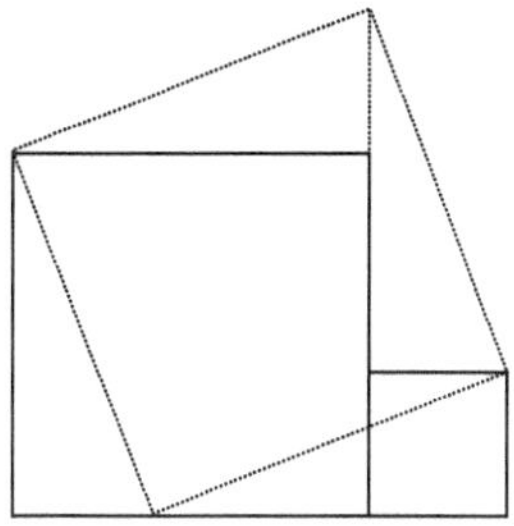

图 3.21

由于两个图形的组成相等具有对称性 (若图形 A 和 B 组成相等，则若图形 B 和 A 也组成相等) 和传递性 (若图形 A 和 B 组成相等，图形 B 和 C 组成相等，则图形 A 和 C 也组成相等)，因此，任意两个面积相等的多边形都与同一个正方形组成相等，所以，它们也组成相等。波尔约–盖尔文定理得证。

2. 最优无盖长方体的制作

上述讨论表明，给定一块面积为 s 的多边形材料，用尺规一定可以制作一个体积最大的 n 棱柱，它是底面积为 $s/6$，侧面积为 $2s/3$ 的正 n 棱柱。具体制作过程是：先将原多边形面积三等分，取其中的一份，制成一个 (无盖的) 或两个 (有盖的) 正 n 边形作为底，再用其他两份制成一边长为底面周长且面积为 $2s/3$ 的长方形，将它作为侧面，最后折合制成一个体积最大的正 n 棱柱。

例 6 给你一张面积为 48 的长方形纸板，要求制作一个无盖长方体纸盒，问无盖长方体纸盒体积最大是多少？并说明从已知长方形纸板制作该长方体纸盒的过程。

解 设无盖长方体纸盒的边长分别为 x, y, z。由于 $48 = xy + 2yz + 2zx$，且 $(xy)\times(2yz)\times(2zx) = 4v^2$，故当 $xy = 2yz = 2zx$，即 $x = y = 2z = 4$ 时，$v_{\max} = 32$。

利用割补，将原长方形纸板等分为 3 个面积均为 16 的长方形，将它们制作成边长为 4 的 3 个正方形。把其中两个正方形一分为二作为无盖长方体的侧面，另一个正方形作为底，就可做成体积最大的无盖长方体纸盒。

但是，要用给定的面积为 s 的多边形材料，仅借助尺规制成一个体积最大的柱体 —— 圆柱，这是不可能做到的。因为这相当于用面积为 $s/3$ 的多边形制成一个正方形，然后用这个正方形制成一个面积为 $s/3$ 的圆，而这正是“化圆为方”尺规不能问题。因此，从尺规作图的角度来看，制作体积最大的圆柱是不可能的。

3. “综合与实践”选题 —— 包装盒中的数学

(1) 让学生分组收集一些商品的空包装纸盒，请大家分别计算出他们的体积和表面积。

(2) 请学生将这些盒子拆开，看一看它们是怎样裁剪和粘接出来的。

(3) 给一个矩形纸板 (如 A4 纸大小)，让学生根据上面的发现，裁剪、折叠出一个无盖长方体的盒子，并计算出它的体积。

(4) 同组学生之间比较结果，分析谁的体积比较大？分析怎样能做一个体积更大 (最大) 的盒子？(初中阶段只是实验、比较，高中阶段可要求证明)

(5) 结合一种具体的待包装物体 (如 5 本书或 2 个茶杯) 设计一个包装盒，使这个盒子恰能包容它们，如有可能实际做出这个盒子。

说明 这是一个过程比较长的活动，可以引导学生体验一个比较完整的问题解决过程。让学生收集包装盒、拆开观察是一个很有益的过程，能很好地启发学生如何寻求解决后面问题的思路。问题 (5) 是一个实际应用，它的结果不唯一，可以交流展示学生的成果，请学生说明制作过程中的关键数据是如何得到的和裁剪方案是如何形成的。

3.3.3 易拉罐的形状

例 7 雪碧、可口可乐是人们经常喝的饮料，尤其是夏天用来消暑的常用产品，因此人们对易拉罐的形状并不陌生。工厂在生产易拉罐时当然是越省材料越好。我们经常看到易拉罐上所标饮料的净含量是一定的，即 355mL。为方便起见，我们把研究问题转化为当所盛饮料净含量一定时，怎样才会使饮料罐的用料最少。我们知道等体积的情况下，球的表面积最小，即用料最省。但球形不易摆放和运输，也不方便抓握。因此，考虑各方面原因，制作成现在人们所使用的易拉罐的形状。

图 3.22

为了解决问题，我们找一个雪碧饮料罐，具体测量一下，它的顶盖直径和从顶盖到底部的高分别约为 6cm 和 12cm。中间胖的部分的直径约为 6.6cm，胖的部分高约为 10.2cm。可口可乐饮料罐上，标明的净含量为 355mL。那么，它们的形状为什么是这样的？

模型假设 (1) 易拉罐近似看成一个正圆柱。

(2) 饮料罐的形状是如图 3.22 所示平面图形绕其中轴线旋转而成的立体图形。

模型建立 设易拉罐的半径为 r，高为 h，罐内体积为 V，除顶盖外的材料厚度为 b，顶盖的厚度为 αb(α 越大，顶盖就能感觉到越硬)，其中 r，h 是自变量，所用材料的体积 SV 是因变量，而 b 和 V 是固定参数，α 是待定参数。那么易拉罐侧面所用材料的体积为

$$
\begin{aligned}
&[\pi(r+b)^2-\pi r^2][h+(1+\alpha)b]=(2\pi rb+\pi b^2)[h+(1+\alpha)]\\
=&\,2\pi rbh+2\pi r(1+\alpha)b^2+h\pi b^2+\pi(1+\alpha)b^3
\end{aligned}
$$

而所用材料的体积 = 顶盖和底部所用材料 + 侧面所用材料的体积，所以

$$SV(r,h) = 2\pi rhb + (1+\alpha)\pi r^2 b + 2\pi r(1+\alpha)b^2 + h\pi b^2 + \pi(1+\alpha)b^3$$

罐内体积

$$V(r,h) = \pi r^2 h$$

因为 $b \ll r$，所以带 b^2，b^3 的项可以忽略，所以

$$SV(r,h) \approx S(r,h) = 2\pi rhb + (1+\alpha)\pi r^2 b, \quad g(r,h) = \pi r^2 h - V$$

所以，目标函数是

$$\min SV(r,h), \quad \text{s.t. } r>0, h>0, g(r,h)=0$$

即在体积一定的条件下，求易拉罐罐所用材料的体积最小的 r,h 和 α。这是一个条件极值问题。

模型求解 从约束条件中解出一个变量，化条件极值问题为求一元函数的无条件极值问题。

由 $g(r,h) = \pi r^2 h - V = 0$，得 $h = V/(\pi r^2)$。这样原问题就化为：求 r，h_1 使 $S(r,h(r)) = b[2V/r + \pi(1+\alpha)r^2]$ 最小。

求函数 $S(r,h(r))$ 的临界点。令其导数为零，得

$$\mathrm{d}S/\mathrm{d}r = 2b[(1+\alpha)\pi r - Vr^{-2}] = 2br^{-2}[(1+\alpha)\pi r^3 - V] = 0$$

所以

$$r = \sqrt[3]{V(1+\alpha)^{-1}\pi^{-1}}, \quad h = V/(\pi r^2) = (1+\alpha r^2) = (1+\alpha)d/2$$

经测量，得数据 $\alpha = 3$(通过千分尺可测得)，即 $1+\alpha = 4$。故易拉罐直径和高的比为 1/2。这与实际测量的结果基本一致。

模型检验 实际上，可以把饮料罐的体积看成两部分，一部分是上底半径为 3cm，下底半径为 3.3cm，高为 1cm 的圆台，另一部分是半径为 3.3cm，高为 10.2cm 的圆柱体。经计算，它们的体积分别为 31.2cm^3 和 349cm^3，总共 380.2cm^3。

测量结果为：未打开的雪碧易拉罐的质量为 370g，倒出来的可乐确实质量为 355g，空的易拉罐饮料罐质量为 15g，装满水的饮料罐质量为 380g。这和我们的计算 380.2cm^3 十分接近! 饮料罐不能装满饮料 (365g)，而是留有 10cm^3 的空间余量。

此外，诸如易拉罐底部和顶盖实际上也不是平面的。顶盖略有上拱，是由半径为 $3+0.4+0.2=3.6$(cm) 的材料冲压而成的。从顶盖到胖的部分的斜率为 0.3，这些要求保证了易拉罐薄的部分的焊接黏合，使其牢固、耐压。

3.4　费马点问题

在生产与生活实际中，我们经常遇到选择最佳位置方案的优选问题。例如，确定一个新仓库的位置 P，使它供应处于不同地点 $P_i(i=1,2,\cdots,n)$ 的车间需要，已知各车间的需求量为 $W_i(i=1,2,\cdots,n)$，问如何选择 P 点位置，使得总运费达到最小？

诸如此类最优场址选择问题，我国著名数学家华罗庚 (1910~1985) 把它形象地称为集散点问题，为了讨论方便，我们统一把这类问题称为费马点问题，把所求的最优点 P 称为费马点。

3.4.1　一般费马点问题

一般费马点问题的数学模型是：求 $P(x,y)$ 使总运费 $C(x,y)$ 达到最小，即目标函数是

$$\min C(x,y)=\min\sum_{i=1}^{n}W_i\sqrt{(x_i-x)^2+(y_i-y)^2}$$

解决这个数学模型，从外形上来看，似乎不太复杂，但模型是非线性规划，要求最优解却不容易。因此，可采用物理模拟法：如图 3.23 所示，做一个带有坐标刻度的板面，在相应车间所在的坐标位置 (按一定的比例做成) 处钻洞，通过每一个洞穿过一条细绳，一端垂在板下并吊一个砝码，其质量 W_i 与车间用料需求量相对应 (取一个比例数即可)，另一端都在板面上，且与同一个小环相连，最后小环停下来的平衡位置就是使总运费最小的那个位置 P。

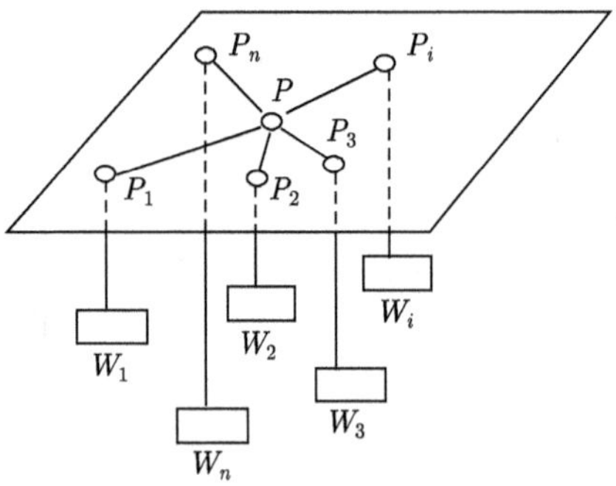

图 3.23

物理模拟法的数学依据是：总运费的函数解析式为

$$C(x,y)=\sum_{i=1}^{n}W_i\sqrt{(x_i-x)^2+(y_i-y)^2}$$

对 $C(x,y)$ 求偏导数得点 $P(x,y)$ 满足

$$\frac{\partial C}{\partial x}=\sum_{i=1}^{n}W_i\frac{(x-x_i)}{\sqrt{(x_i-x)^2+(y_i-y)^2}}=0 \tag{3.1}$$

$$\frac{\partial C}{\partial y}=\sum_{i=1}^{n}W_i\frac{(y-y_i)}{\sqrt{(x_i-x)^2+(y_i-y)^2}}=0 \tag{3.2}$$

令

$$\overrightarrow{e_i}=\left(\frac{x-x_i}{\sqrt{(x_i-x)^2+(y_i-y)^2}},\ \frac{y-y_i}{\sqrt{(x_i-x)^2+(y_i-y)^2}}\right)(i=1,2,\cdots,n)$$

联立式 (3.1) 和式 (3.2)，得方程 $\sum\limits_{i=1}^{n}W_i\overrightarrow{e_i}=\overrightarrow{0}$。这就是这 n 个力的平衡方程，也就是上述物理模拟法的理论根据。

用数学方法找出一般费马点问题的费马点往往是困难的。但对于点的个数较少或点的位置分布比较特殊的一些费马点问题，可用数学方法求得其精确的费马点。

3.4.2 特殊费马点问题

1. 点分布在同一直线上的费马点问题

例 8 已知一条笔直的流水线上有 n 个物资储存站 $B_i(i=1,2,\cdots,n)$，它们分别有物资 $a_1,a_2,\cdots,a_n(\mathrm{t})$。现要在这条流水线上设置一个物资供应站点 X，使得各储存站点到供应站点 X 的运输费用 (t·km) 总和最小，问供应站点 X 应设在哪里？

解 设这条笔直的流水线为一数轴，点 $B_i(i=1,2,\cdots,n)$ 的坐标分别为 b_i，则各储存站点到供应站点 X 的运输费用总和

$$y=\sum_{i=1}^{n}a_i\,|x-b_i|,\quad a_i\in\mathbf{R}_+,b_i\in\mathbf{R},i=1,2,\cdots,b_1<b_2<\cdots<b_n$$

该函数图像是由若干折线段和两条射线构成，且自左向右先递减后递增。因此，先计算 $S=a_1+a_2+\cdots+a_n$，再计算 $S_k=a_1+a_2+\cdots+a_k$，若 $S_k=S/2$，则当 $x\in[b_k,b_{k+1}]$ 时，y 取最小值；若 $S_k<S/2$，但 $S_{k+1}>S/2$，则当 $x=b_{k+1}$ 时，y 取最小值。把 $x=b_{k+1}$ 代入即可求得 y 的最小值。

本例还可以用几何方法来解，读者不妨一试。

2. 权重为 1 的三角形费马点问题

17 世纪法国数学家费马 (Pierre de Fermat，1601~1665) 曾提出了三角形中的费马点问题:“已知 $\triangle ABC$, 试求点 S, 使它到 A, B, C 三点的距离之和最小。”(这里的点 S 就是费马点) 这个问题在费马提出后不久就解决了。

定理　已知在 $\triangle ABC$ 中，$\angle A$ 为其最大角。求证:

(1) 当 $\angle A < 120°$ 时，费马点 S 满足 $\angle ASB = \angle BSC = \angle CSA = 120°$;

(2) 当 $\angle A \geqslant 120°$ 时，费马点 S 为点 A。

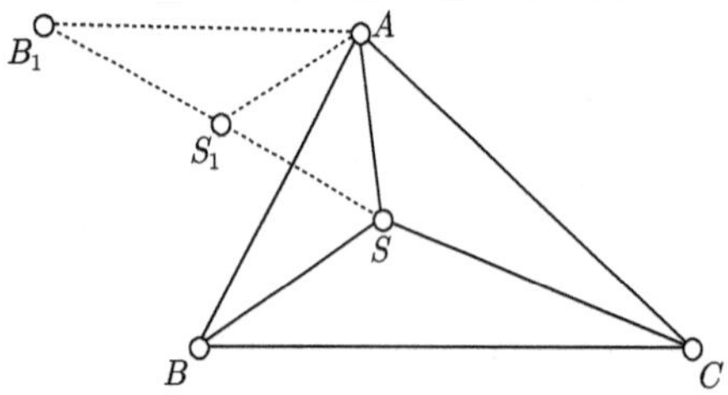

图 3.24

证明　如图 3.24 所示，将 $\triangle ABS$ 绕点 A 逆时针旋转 60°，得 $\triangle AB_1S_1$，连接 S_1S，则 $\triangle AS_1S$ 为正三角形。于是 $AS + BS + CS = SS_1 + B_1S_1 + CS$，即折线 B_1C，那么当 B_1，S_1，S，C 四点成一直线，即 $\angle ASB = \angle BSC = \angle CSA = 120°$ 时，$SA+SB+SC$ 最小，最小值为 B_1C。类似地，可以证明 $\angle A \geqslant 120°$ 时的情形。

另外，对于最大角 $\angle A < 120°$ 时的情形，还可以用物理模拟法来证明。在由 A，B，C 三点引出的绳子上均挂上 1 个单位的重物，所求的费马点 S 就是三个力的平衡点。由于作用在点 S 的三个相等的力合力为零，由向量和的平行四边形法则，可知三个力两两夹角均为 120°，即点 S 满足 $\angle ASB = \angle BSC = \angle CSA = 120°$。

例 9　设 A，B，C 三个工厂，它们的距离分别是 $AB = 13\text{km}$，$BC = 14\text{km}$，$CA = 15\text{km}$。要求寻找一个供应站点 H，使该点到三个工厂的距离之和 $HA + HB + HC$ 为最短，并求出这最短距离。

解　本题就是求三点权重均为 1 的费马点问题，所以，所选的供应站点 H 应满足 $\angle AHB = \angle BHC = \angle CHA = 120°$。以 $\triangle ABC$ 的三边向外作正三角形 $\triangle ABC'$,$\triangle BCA'$,$\Delta CAB'$，那么 AA',BB',CC' 三线的交点就是所求的费马点 H。最短距离就是 CC'，由余弦定理可得最短距离为 $\sqrt{295 + 168\sqrt{3}} \approx 24.2(\text{km})$。

3. 一般的三角形费马点问题

波兰数学家史坦因豪斯在他的名著《数学万花筒》中提到一个问题：三个乡村 A，B，C 要办一个学校 P，它们分别有 50，70，90 个小孩子，问如何选定学校的位置，使得所有孩子到校路程 (或耗费时间) 的总和最少?

分析　本题即找 P 点，使距离总和 $y = 50PA + 70PB + 90PC$ 最小。更一般的，就是如下的一般的三角形费马点问题。

例 10　已知 $\triangle ABC$，使 $y = q_1PA + q_2PB + q_3PC$(其中 q_1, q_2, q_3 是正常数) 最小的点 P 满足

$$\frac{\sin\angle BPC}{q_1}=\frac{\sin\angle CPA}{q_2}=\frac{\sin\angle APB}{q_3}\tag{3.3}$$

时，$q_1PA+q_2PB+q_3PC$ 最小。

证明 若点 P 满足式 (3.3)，如图 3.25 所示，过 A，B，C 三点分别作 PA，PB，PC 的垂线，构成 $\triangle DEF$。考虑角的互补，显然有

$$\sin\angle D=\sin\angle BPC,\sin\angle E=\sin\angle CPA,$$
$$\sin\angle F=\sin\angle APB$$

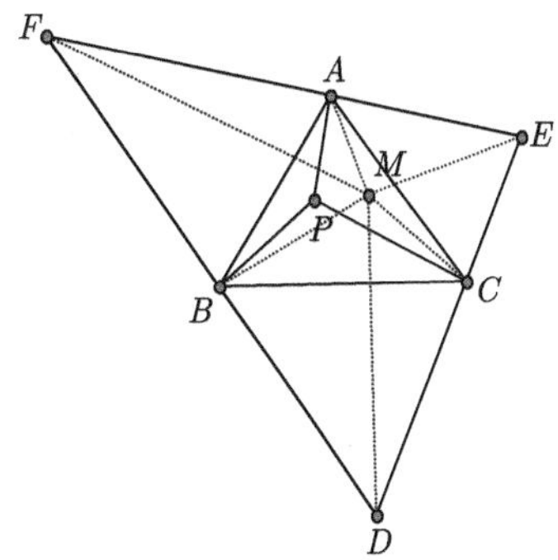

图 3.25

又在 $\triangle DEF$ 中，由正弦定理得

$$\frac{EF}{\sin\angle D}=\frac{FD}{\sin\angle E}=\frac{DE}{\sin\angle F}=2R(2R\text{为}\Delta DEF\text{外接圆的直径})$$

则

$$\sin\angle BPC=\frac{EF}{2R},\ \sin\angle CPA=\frac{FD}{2R},\sin\angle APB=\frac{DE}{2R}$$

代入式 (3.3)，得

$$\frac{EF}{q_1}=\frac{FD}{q_2}=\frac{DE}{q_3}=k(k\text{为常数})$$

又

$$\begin{aligned}S_{\triangle DEF}&=S_{\triangle EPF}+S_{\triangle FPD}+S_{\triangle DPE}\\&=(EF\cdot PA+FD\cdot PB+DE\cdot PC)/2\\&=k(q_1PA+q_2PB+q_3PC)/2\end{aligned}$$

若点 M 为 $\triangle ABC$ 内的任一点，显然有

$$\begin{aligned}k(q_1MA+q_2MB+q_3MC)/2&=(EF\cdot MA+FD\cdot MB+DE\cdot MC)/2\\&\geqslant S_{\triangle MEF}+S_{\triangle MDF}+S_{\triangle MDE}=S_{\triangle DEF}\end{aligned}$$

因此

$$k\left(q_1PA+q_2PB+q_3PC\right)/2\leqslant k\left(q_1MA+q_2MB+q_3MC\right)/2$$

即

$$q_1PA+q_2PB+q_3PC=q_1r_1+q_2r_2+q_3r_3\leqslant q_1MA+q_2MB+q_3MC$$

所以 $q_1PA+q_2PB+q_3PC$ 最小。得证。

4. 四个点权重均为 1 的费马点问题

对于不共线的权重均为 1 的四点的费马点问题，当这四点构成凸四边形时，利用“两点之间线段最短”，可得其费马点为两对角线的交点。

当四点构成凹四边形 (含三点在同一直线上的情形) 时，则费马点为四边形的凹顶点。

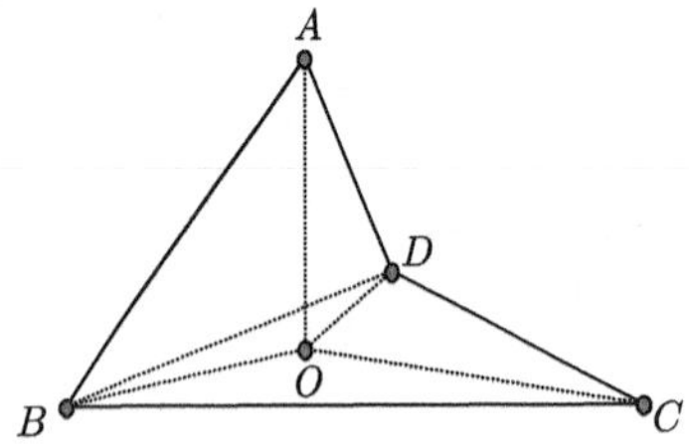

图 3.26

证明 如图 3.26 所示，设 D 是凹四边形 $ABCD$ 的凹顶点，O 是平面上任一点。

若点 O 为四边形内任一点，则在 $\triangle AOC$ 中，有 $\angle AOC < \angle ADC$，所以 $OA+OC > AD+CD$。又因为 $OB+OD \geqslant BD$，所以

$$OA + OB + OC + OD > AD + CD + BD$$

同理可证点 O 为四边形外任一点以及在边上任一点的情形。

综上，凹四边形的费马点为四边形的凹顶点。

5. n 个点构成正 n 边形的费马点问题

例 11 在平面上的 n 个点若构成正 n 边形，则到这 n 个点距离之和最小的点 (即费马点) 为该正 n 边形的中心 O。

证法一(向量法) 以正 n 边形的中心 O 为原点，OA_n 为正半轴建立直角坐标系，在单位圆内画正 n 边形 $A_1A_2\cdots A_n$，那么每一边所对的圆心角 $\alpha = 2\pi/n$。因为 $A_1(\cos\alpha, \sin\alpha)$，$A_2(\cos 2\alpha, \sin 2\alpha)$，$\cdots$，$A_n(\cos n\alpha, \sin n\alpha)$，所以

$$\overrightarrow{OA_1} + \overrightarrow{OA_2} + \cdots + \overrightarrow{OA_n} = (\cos\alpha + \cos 2\alpha + \cdots \cos n\alpha,\ \sin\alpha + \sin 2 + \cdots + \sin n\alpha)$$

又因为

$$\cos\theta + \cos 2\theta + \cdots + \cos n\theta = \frac{\sin\dfrac{n\theta}{2}\cos\dfrac{(n+1)\theta}{2}}{\sin\dfrac{\theta}{2}}$$

$$\sin\theta + \sin 2\theta + \cdots + \sin n\theta = \frac{\sin\dfrac{n\theta}{2}\sin\dfrac{(n+1)\theta}{2}}{\sin\dfrac{\theta}{2}}$$

所以当 $\theta = \alpha = \dfrac{2\pi}{n}$ 时，

$$\begin{cases} \cos\alpha + \cos 2\alpha + \cdots + \cos n\alpha = 0 \\ \sin\alpha + \sin 2\alpha + \cdots + \sin n\alpha = 0 \end{cases}$$

即 $\overrightarrow{OA_1}+\overrightarrow{OA_2}+\cdots+\overrightarrow{OA_n}=(0,0)$。由物理模拟法可知，正 n 边形的中心 O 即为所求的费马点。

证法二 以正五边形为例。已知正五边形 $ABCDE$，求证：使 $SA+SB+SC+SD+SE$ 达到最小的点 S 为其中心。

分析 要证明中心到各顶点的距离之和最小，只要证明其对称轴上的点到各顶点的距离之和比非对称轴上的点到各顶点距离之和小即可。

证明 如图 3.27 所示，假设 S 不在对称轴上，过点 E 作正五边形 $ABCDE$ 的对称轴 l，再过点 S 作对称轴 l 的垂线，垂足为 S'，连接 $S'A$，$S'B$，$S'C$，$S'D$，$S'E$。以 B，C 为焦点，S' 为短轴顶点作椭圆。

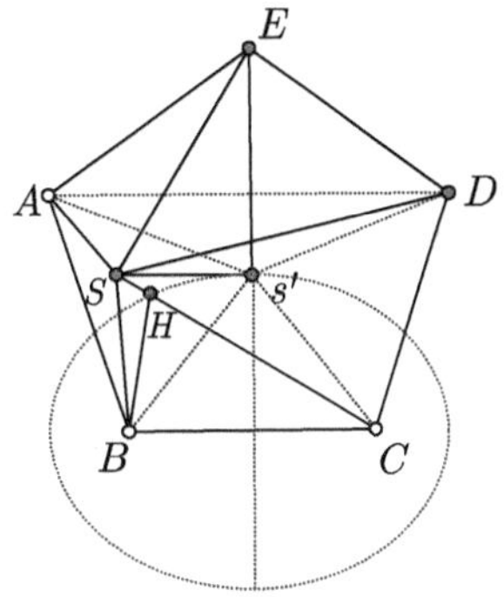

图 3.27

因为 $SS'\perp ES'$，所以 $SE\geqslant ES'$，又因为 SS' 垂直于椭圆的短轴，所以直线 SS' 是该椭圆的切线，所以 S 在椭圆外。因此，连接 SC，则必与椭圆交于 H，再连接 HB，根据椭圆定义知 $BS'+CS'=BH+HC$。又因为在 $\triangle SBH$ 中，$SH+SB>BH$，所以

$$SB+SC=SB+SH+HC>BH+HC=BS'+CS'$$

同理

$$SA+SD>S'A+S'D$$

综合得

$$SA+SB+SC+SD+SE>S'A+S'B+S'C+S'D+S'E$$

所以，到正五边形各顶点距离之和最小的点必在其对称轴上。因此，这样的点就是它的中心。

同理可证，任意一个正 n 边形的费马点必为其中心。

其实，对于正 $2n$ 边形还有一种更简便的几何证法。设正 $2n$ 边形 $A_1A_2\cdots A_{2n}$ 的中心为点 P，那么 P 正好是相对顶点连接的 n 条对角线的交点。设 P' 为平面上的任意点，那么 $P'A_1+P'A_{n+1}\geqslant A_1A_{n+1}$。又 $A_1A_{n+1}=PA_1+PA_{n+1}$，所以

$$P'A_1+P'A_{n+1}\geqslant PA_1+PA_{n+1}$$

因此 $P'A_1+P'A_2+\cdots+P'A_{2n}\geqslant PA_1+PA_2+\cdots+PA_{2n}$，即正 $2n$ 边形 $A_1A_2\cdots A_{2n}$ 的中心 P 到各顶点的距离之和最小。

3.4.3 光最短路径问题

光的传播遵循费马原理，即光以最短的时间从一点到达另一点。这是光学的一个重要原理，它在数学中有广泛的运用。

1. 光的折射

光线从一种介质射入另一种介质，如从空气射入水中时，会发生折射，也就是说，光不再沿直线传播，其传播路线要改变方向或偏斜，这就是折射现象。

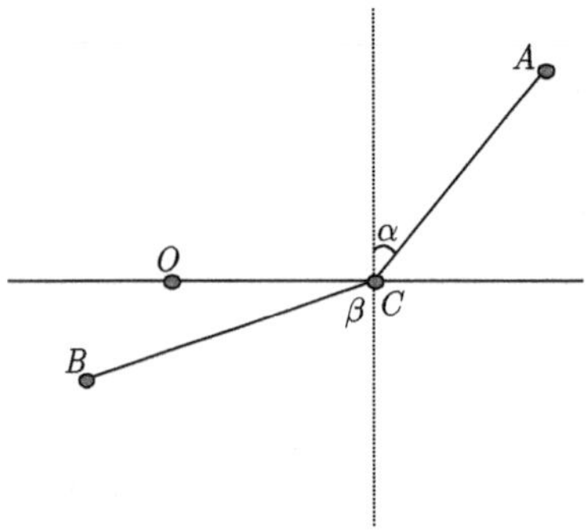

图 3.28

例 12 光在空气中以速度 v 行进，在点 C 进入水中以速度 u 到达 B 点，求最速路径。

解 如图 3.28 所示，取水平面上一点 O 作为原点，A，B，C 的坐标分别为 (a_1,a_2)，(b_1,b_2)，$(x,0)$，因此由点 A 到点 B 的时间

$$f(x)=\frac{\sqrt{(a_1-x)^2+a_2^2}}{v}+\frac{\sqrt{(b_1-x)^2+b_2^2}}{u}$$

求 $f(x)$ 的微商使之为 0，得

$$\frac{a_1-x}{v\sqrt{(a_1-x)^2+a_2^2}}+\frac{b_1-x}{u\sqrt{(b_1-x)^2+b_2^2}}=0$$

因此 $\dfrac{\sin\alpha}{v}=\dfrac{\sin\beta}{u}$，即折射定律。

折射定律是光学设计的主要物理根据。一个光学镜头 (如望远镜、照相机镜头等) 通常是由数片透镜组成。来自镜头前物面上的光线，按照折射定律依次通过各镜面，在镜头后成像。但这个像不一定是原物体的一个严格的几何相似形，而是有一定的偏差 (称为像差)。所谓光学设计，就是在某些约定条件下，通过选择这些透镜的镜面曲率、厚度、间隔、折射率等参数，使所产生的像差尽可能小一些。

2. 施瓦茨问题

法国数学家施瓦茨 (Hermann Amandus Schwarz，1843~1921) 证明了以下命题：*锐角三角形的内接三角形中周长最短者是它的垂足三角形*。这就是施瓦茨问题。

如图 3.29 所示，若在 BC 边 (平面镜) 上放一光源，经平面镜 AC，AB 反射回到原出发地 D 点，则 D，E，F 三点正好是三角形三高线的垂足。由于光路总选择捷径，可知 $\triangle DEF$ 为周长最短的内接三角形 (光路三角形)。

以下用逐步调整法来证明。

如图 3.30 所示，设 U 是 $\triangle ABC$ 边 BC 上的任一点，它分别以 AB，AC 为镜面成像于 U_1，U_2。那么，$\triangle ABC$ 的任意内接三角形 $\triangle UVW$ 的周长 $UV+VM+WU$ 即为折线 U_1WVU_2 的长。若 U 固定，则 U_1，U_2 也固定，这时改变 $\triangle UVW$ 的另两个顶点 V 和 W，可使其周长最小。设 U_1U_2 连线与 AB, AC 的交点为 M, N，则 $\triangle UNM$ 即为所求的周长最小的内接三角形。

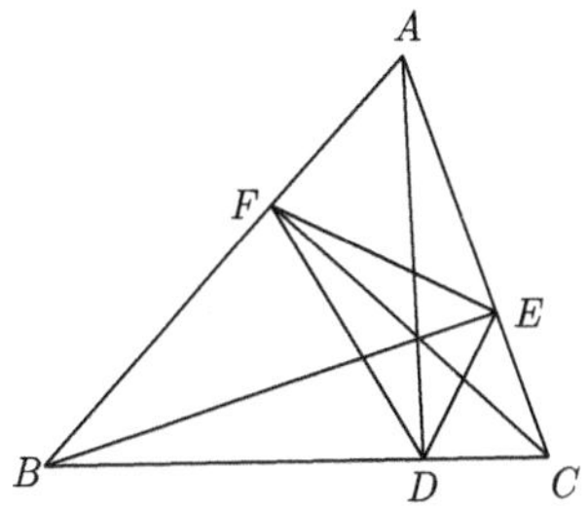

图 3.29

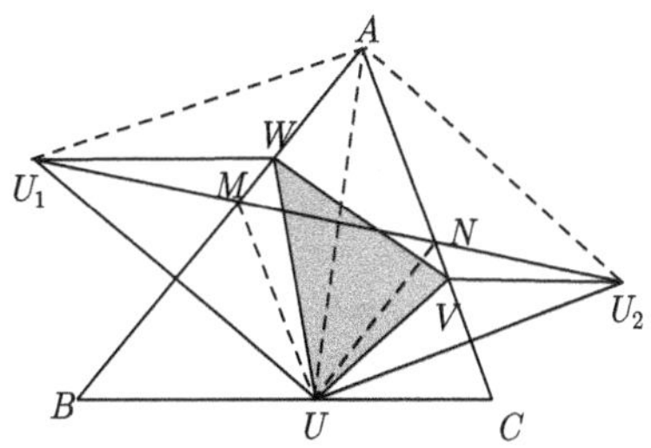

图 3.30

下面，再讨论如何确定 U，使得线段 U_1U_2 最短。注意到 $\triangle AU_1U_2$ 为等腰三角形 (因为 $AU_1 = AU = AU_2$)，又由于 $\angle U_1AU_2 = 2\angle BAC$，其顶角 $\angle U_1AU_2$ 的大小与 U 的位置无关，因此只需等腰 $\triangle AU_1U_2$ 的底尽可能小。因其顶角固定，故有最短底者必有最短的腰，但腰 AU_1，AU_2 都等于 AU，故只需 AU 最短，它显然是自 A 向 BC 所作的垂线段。

这样，自 A 向底 BC 作垂线 AE，垂足为 E，E 以 AC，AB 为镜面成像于 E_1，E_2(图 3.31)，则 E_1E_2 连线与 AB，AC 的交点 G，F 便是最小内接三角形的其他两个顶点。由于 E，F，G 具有相同的"地位"，故锐角 $\triangle ABC$ 的内接三角形中周长最短者就是它的垂足三角形 $\triangle EFG$.

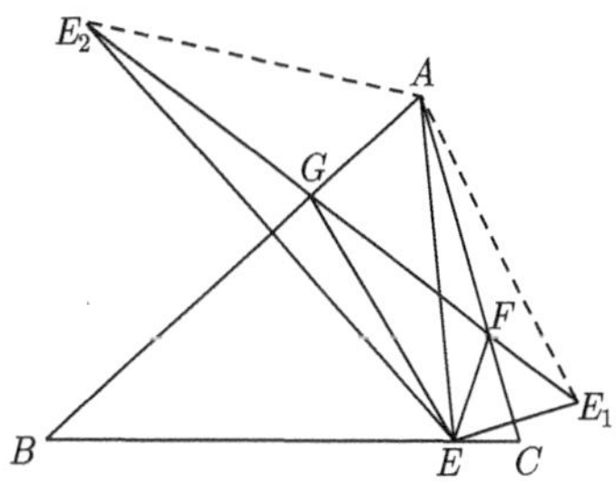

图 3.31

3.4.4 运输优化问题

例 13 有一条笔直的河流，仓库 A 到河岸所在直线 MN 的距离是 10km，$AC\perp MN$ 于 C，码头 B 到 C 为 30km，现有一批货物，要从 A 运到 B。已知货物走陆路时，单位里程的运价是水路的 2 倍，那么，应当选择什么样的路线，才能使总运价最低 (图 3.32)。

分析 不妨设单位行程水路运费为 1，则问题转化为：在线段 CB 上找点 D，使 $2AD+BD$ 最小。因此，这也可以说是一个特殊的费马点问题，只是费马点的位置限定在已知直线上。

解法一 结合费马点求解 (图 3.32)。考虑到 $2AD+BD=AD+AD+BD$，

作点 A 关于直线 MN 的对称点 A_1，连接 BA_1，AB，AD，A_1D，AA_1，则问题转化为在 $\triangle AA_1B$ 内求点 D，使得 $DA+DA_1+DB$ 最小。因为 $\triangle AA_1B$ 的 3 个内角都小于 $120°$，要使 $DA+DA_1+DB$ 的值最小，所找的点 D 应为 $\triangle AA_1B$ 的费马点。即 $\triangle ADA_1=120°$，由对称可得，点 D 在 BC 上，且 $\angle ADC=60°$. 又 $AC=10$，可求得 $CD=10\sqrt{3}/3$，由此便可确定 D 点的位置。

当然，该解法仅限于单位行程陆路的运费恰是水路运费的两倍这种特殊情形。

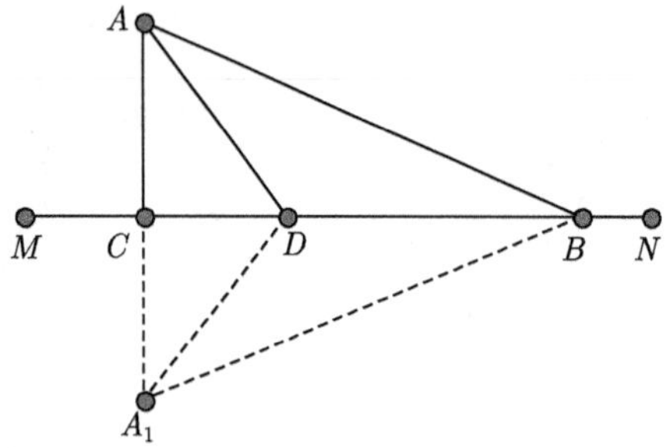

图 3.32

解法二 要求出 $2AD+BD$ 的最小值，只要求出 $AD+DB/2$ 的最小值。因此只要想办法将 $DB/2$ 用一条线段表示出来。

在直线 MN 的下方作 $\angle MBF=30°$，并以 BD 为斜边，作直角 $\triangle BDE$(图 3.33)，则 $DE=BD/2$。那么，当 $AE\perp BF$，即当 A，D，E 三点共线时，$AD+DE$ 最小。此时 $\angle ADC=\angle BDE=60°$，$CD=10\sqrt{3}/3$.

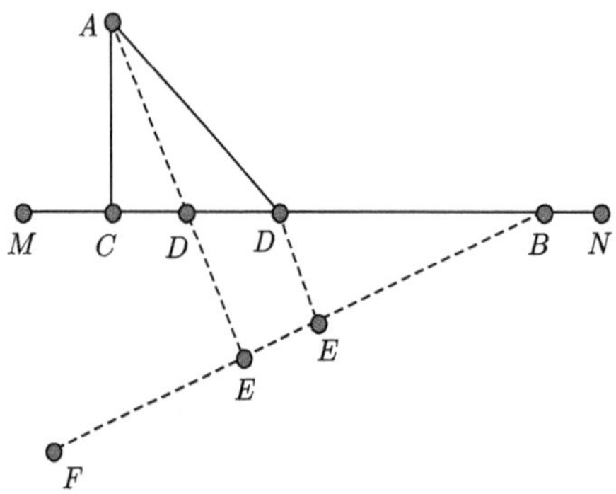

图 3.33

注 此法对于单位行程陆路的运费是水路运费的 k 倍也适用。只要所作 $\angle MBF=\alpha$ 满足 $\sin\alpha=1/k$ 即可。

解法三 由于 $2AD+BD=AD/0.5+BD/1$，若设 $u=0.5$，$v=1$，那么 $2AD+BD$ 就相当于某物由甲种介质 (陆路) 中的 A 点出发，穿过界面 (河岸) 进

入乙种介质 (水路) 并到达 B 点所用的时间。由折射定律，要使所用时间最短，须满足

$$u/v = \sin\alpha/\sin\beta$$

此时该物沿水平折射，故 $\beta = 90°$(图 3.34)，代入得 $\sin\alpha = 1/2$. 所以 $\alpha = 30°$，即当 $\angle ADC = 60°$ 时，$2AD + BD$ 的值最小。

除了上述方法外，本题还可以用函数、三角和解析几何知识求解。

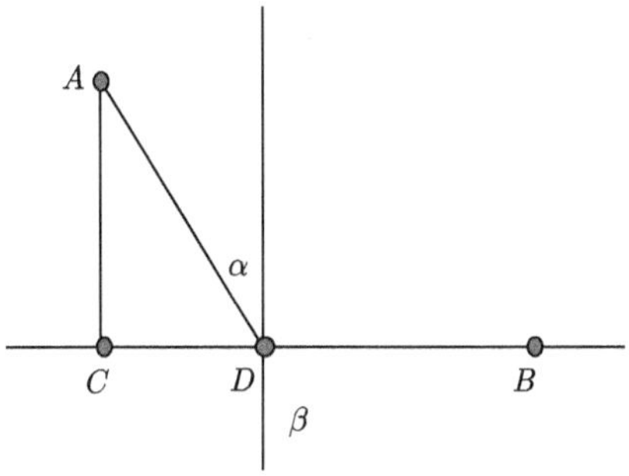

图 3.34

3.4.5 米勒问题

1471 年，德国数学家米勒向诺德尔教授提出如下有趣的问题：*一尊英雄塑像，高 Hm，塑像底座高 pm，一人从远处注视塑像朝它走去，此人眼离地面 hm，问此人走到哪一点观看塑像时，觉得塑像最大 (即视角最大)?* 最大视角问题是数学史上 100 个著名的极值问题中第一个极值问题而引人注目，数学史上称为"米勒问题"。从某种意义上来说，米勒问题也是一类特殊的费马点问题，只是所求的费马点在已知直线上，所求的最值为最小角。更一般的米勒问题如下：

已知点 A,B 是 $\angle MON$ 的边 ON 上的两个定点，点 C 是边 OM 上的动点，问当 C 在何处时，$\angle ACB$ 最大?

解 如图 3.35 所示，设过 A, B 的圆与边 OM 相切于点 C，C' 是边 OM 上不同于点 C 的任意一点，连接 $C'A$, $C'B$，因为 $\angle AC'B$ 是圆外角，$\angle ACB$ 是圆周角，易证 $\angle AC'B$ 小于 $\angle ACB$，故 $\angle ACB$ 最大。据切割线定理，有 $OC^2 = OA\cdot OB$，得 $OC = \sqrt{OA\cdot OB}$，所以当且仅当 $\triangle ABC$ 的外接圆与边 OM 相切于点 C 时，$\angle ACB$ 最大，且 $OC = \sqrt{OA\cdot OB}$。

例 14 如图 3.36 所示，上述米勒提出的英雄塑像问题，10/3m 高的塑像，安放于 13/3m 高的底座上，人眼高 5/3m，求最佳观点 D。

解 由于 $FD^2 = FB\times FA$，而 $FB = 13/3 - 5/3 = 8/3$，$FA = 13/3 + 10/3 - 5/3 = 6$，则 $FD = \sqrt{8/3\times 6} = 4(\mathrm{m})$，即人眼 D 与座底的水平距离为 4m 时，才使

得塑像看起来最大。

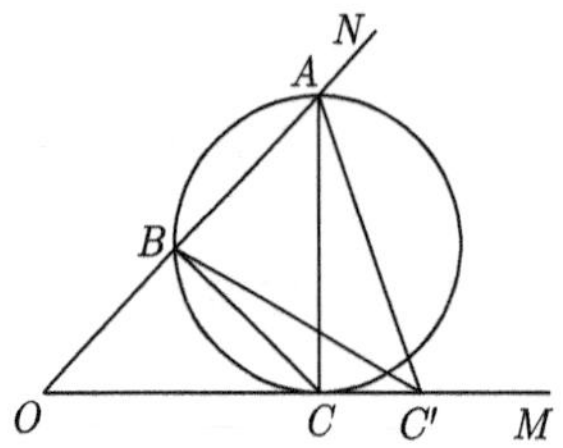

图 3.35

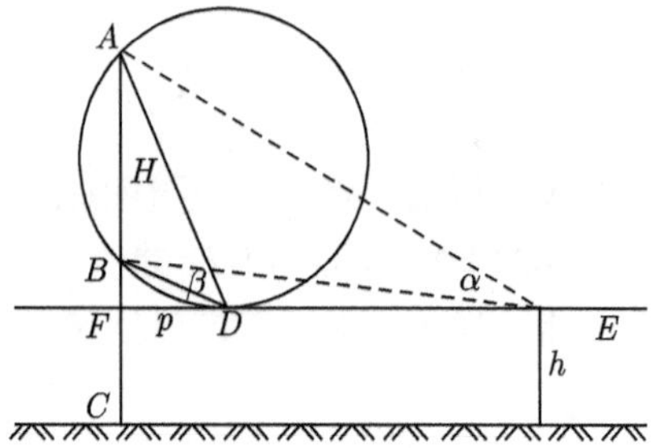

图 3.36

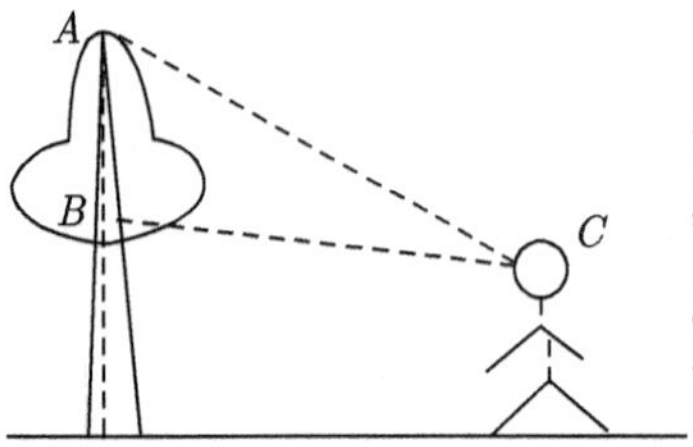

图 3.37

米勒问题的数学模型在现实中有很多应用，如欣赏一幅画的最佳角度、沿边线踢足球的最佳射门点等。《普通高中课程标准》教科书人教 A 版数学必修 5 习题 3.4B 组第 2 题：如图 3.37 所示，树顶 A 离地面 am，树上另一点 B 离地面 bm，在离地面的 C 处看此树，离此多远时视角最大？这类问题也都是米勒问题。在中考、高考中也多次出现此类问题。

例 15　(2005 年天津高考卷理 20 题) 某人在一山坡 P 处观看对面山顶上的一座铁塔，如图 3.38 所示，塔高 $BC = 80$m，塔所在的山高 $OB = 220$m，$OA = 200$m，图中所示的山坡可视为直线 l 且点 P 在直线 l 上，l 与水平地面的夹角为 α，$\tan\alpha = 1/2$，试问此人距离水平地面多高时，观看塔的视角 $\angle BPC$ 最大 (不计此人身高)？

分析　此题源于生活实际，富有生活气息，具有深厚的科学背景，来源于几何学史上著名的米勒问题。运用米勒问题的解决该题思路如下。

解　如图 3.39，作圆 M 过点 B，C 且与直线 l 相切，切点 P 的纵坐标即为所求。设直线 l 与 y 轴交于点 Q，则易得 $Q(0,\ -100)$。由圆幂定理得 $|QP|^2 = |QB|\cdot|QC| = 320\times 400$，得 $|QP| = 160\sqrt{5}$。又由 $\tan\alpha = 1/2$，可知 $\sin\alpha = 1/\sqrt{5}$。

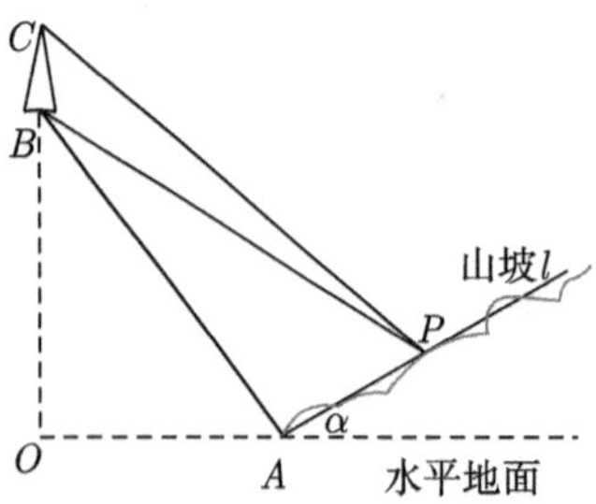

图 3.38

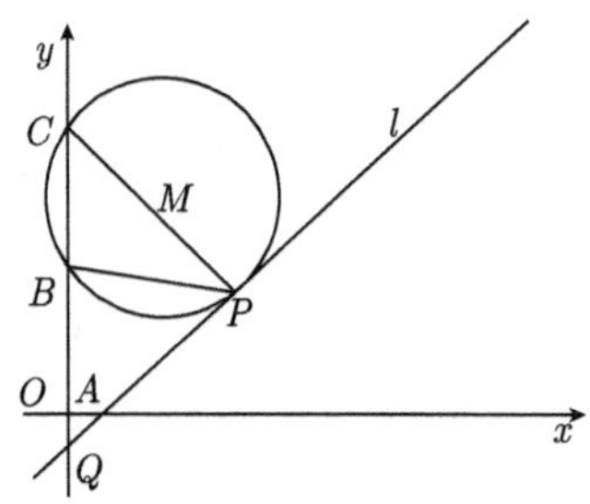

图 3.39

于是 $y_p + 100 = |QP| \sin\alpha = 160$，求得 $y_p = 60$，即此人距离水平地面 60m 高时，观看塔的视角 $\angle BPC$ 最大。

注 米勒问题除了用圆的性质来解决之外，还可以用算术–几何平均值不等式来处理。

3.5 镶嵌问题

我们的祖先早在用石头砌墙、铺地、筑路的时候，已经意识到了美，他们尽量设法使石头铺成美丽的图案。镶嵌图案的方法当然是多种多样的，但有一点是共同的，即要求石头或瓷砖正好严丝合缝地拼在一起，既不能留下空白，也不能出现重叠. 有许多镶嵌图案是由多边形，特别是正多边形构成的，这其中蕴涵着许多数学问题，许多是非常有趣的，也有一些是相当困难的。本节着重介绍平面均匀镶嵌问题，并在此基础上做些拓展。

3.5.1 平面均匀镶嵌

如果镶嵌图的每一个顶点都由相同结构的正多边形组成，则称这种镶嵌是均匀的。

例 16 把平面剖分成一种或多种正多边形，要求正多边形的各顶点聚在一起(即不允许一正多边形的顶点放在另一正多边形的边上)，而且各剖分点处正多边形的配置都是一样的，求所有可能的剖分方案。

作为这一问题的特殊情形：用同一种正多边形均匀镶嵌平面，问有哪几种正多边形可用？该问题早已被毕达哥拉斯所解决，因为当时毕达哥拉斯已经发现了三角形内角和定理，他借助整数整除的一些基本性质以及多边形的内角和解决了这一个问题。

设有 k 个正 n 边形均匀镶嵌地面，那么在聚合的这一点处，由于正 n 边形的 k 个内角组成一个周角，于是 $k\cdot(n-2)/n\times 180^\circ = 360^\circ$. 变形得 $(k-2)(n-2)=4$，故 $(n-2)$ 是 4 的正约数，即 $n-2=1$，2 或 4，所以 $n=3$，4 或 6。

这说明，用一批相同的正多边形均匀镶嵌地面，只有正三角形、正方形、正六边形可用。

如果不限于一种正多边形均匀镶嵌平面，那么有哪些正多边形可用呢？

解 设某一顶点是用 k 个正多边形聚合而成的，由于正 n 边形的每一个内角是 $(1/2-1/n)360^\circ$，所以可以均匀镶嵌的必要条件是：这 k 个正多边形所提供的内角的和为 360°，即

$$(1/2-1/n_1)+(1/2-1/n_2)+\cdots+(1/2-1/n_k)=1, n_1\leqslant n_2\leqslant\cdots\leqslant n_k \quad (3.4)$$

解方程 (3.4)，需要先对 k 的范围作出估计。为此，我们把方程 (3.4) 与正多边形的内角度数结合起来考虑。由于正多边形的内角从小到大依次排列分别为 $60°$，$90°$，$108°$，$120°$，$\cdots$，而一个顶点是用 k 个正多边形聚合而成的，因此 $3 \leqslant k \leqslant 6$.

当 $k=6$ 时，这六个正多边形均为正三角形，即 $n_1=n_2=\cdots=n_6=3$；

当 $k=5$ 时，由于五个角的和是 $360°$，因此至少有三个角为 $60°$，即 $n_1=n_2=n_3=3$。

此时方程 (3.4) 化为 $1/n_4+1/n_5=1/2$。变形得 $n_4n_5=2(n_4+n_5)$，即

$$(n_4-2)(n_5-2)=4$$

所以

$$n_4=3，n_5=6 \text{ 或 } n_4=4，n_5=4$$

当 $k=4$ 时，可按上面的方法考虑，先确定 n_1，其取值只能为 3 或 4，再分 $n_1=3$ 及 $n_1=4$ 分别讨论，然后确定 n_2，最后解出方程 (3.4)。

对 $k=3$ 的情形，由于这三个角的和是 $360°$，可知其最小角不能超过 $120°$，这样 n_1 只能取 3，4，5，6 这四个值。分别令 $n_1=3$，4，5，6，代入并解出方程 (3.4)，就可获解。

下面列出方程 (3.4) 全部的 17 个解 (括号内的数指的是边数)。

六个：(3，3，3，3，3，3)；

五个：(3，3，3，4，4), (3，3，3，3，6)；

四个：(3，3，6，6)，(3，3，4，12)，(3，4，4，6)，(4,4，4，4)；

三个：(3,7,42)，(3,8,24)，(3,9,18)，(3,10,15)，(3,12,12)，(4,8,8)，(4,6,12)，(4，5，20)，(5，5，10)，(6，6，6)。

由此可知，如果能用几种正多边形进行平面均匀镶嵌，则最多只能有 17 种情形。但要注意，这并不等于说这 17 种情形都是能够均匀镶嵌平面的。

对于 $n_1=3$，如图 3.40 所示，我们来考虑正 $\triangle ABC$ 的情形。设与 AB 边相邻的为正 n_2 边形，与 AC 边相邻的为正 n_3 边形，由于平面均匀镶嵌要求各剖分点处正多边形的配置相同，所以必须 $n_2=n_3$。也就是说，(3，7，42)，(3，8,24)，(3，9，18)，(3，10，15) 这四个解不能够均匀镶嵌平面。

同理，$(5,n_2,n_2)$ 的均匀镶嵌方案要存在，必须有 $n_2=n_3$，所以 (4，5，20)，(5，5，10) 也不能够均匀镶嵌平面。如图 3.41 所示就是 (5，5，10) 的情形。

另外，(3，3，4，12) 型剖分方案也是不存在的。事实上，若此方案存在，必然会出现如图 3.42 所示的情形，而此时环绕 F 点的正多边形配置不同。

这样，对于剩下的 10 种可能，通过画图不难发现，除 (3，3，3，4，4)，(3，3，6，6) 和 (3，4，4，6) 均有两种方案以外，其他 7 种都有一种方案，因此共有 13 种均匀

镶嵌平面的方案。

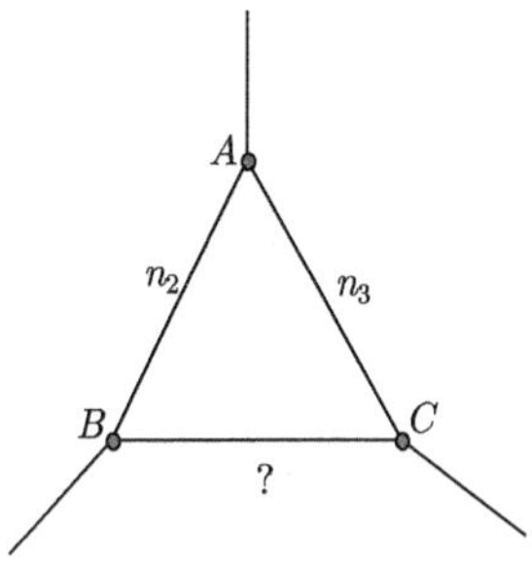

图 3.40

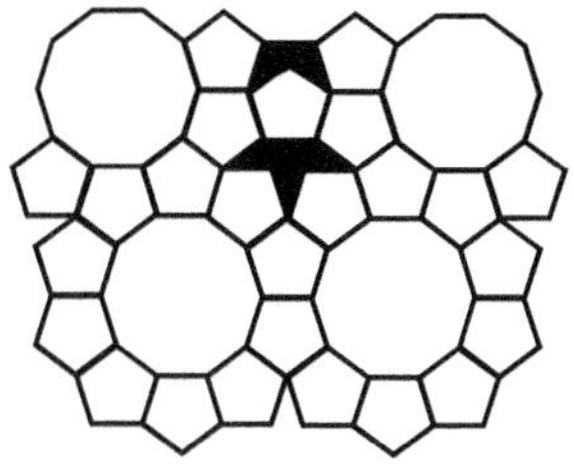

图 3.41

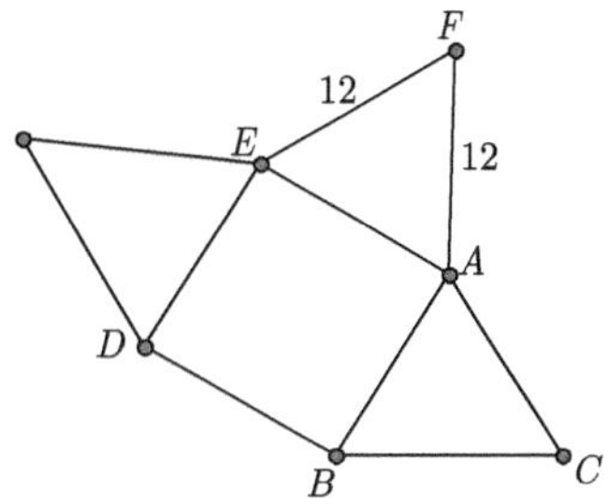

图 3.42

进一步，如果把条件放宽一些，如每一顶点的多边形配置可以不尽相同，那么，用一批不同的正多边形地砖来铺砌地面，其图案就变得种类繁多。例如，将 (3，3，4，12) 与 (3，12，12) 搭配，可得一种铺砌地面的方法。

3.5.2 多边形平面镶嵌

对于同种的多边形，任何三角形都可以镶嵌一个平面。任何形状的四边形 (包括凸的和凹的) 都能够通过旋转、反射、和平移来镶嵌一个平面。因为任何四边形的内角和为 360°，等于围绕每个顶点的角的度数总和，因此围绕一个顶点排布上四个四边形，每个角用一次，就正好完全拟合镶嵌一个平面。

对于一般的凸五边形或凸六边形，则要具体分析，只有特定的凸五边形和凸六边形可以镶嵌。例如，用一个五边形 $ABCDE$，其中

$$AB = BC = AE = ED, \angle ABC = \angle AED = 90°, \angle BCD = \angle EDC$$

按如图 3.43 所示的方式可以镶嵌整个平面。现在人们已经找到了 14 种用相同凸五边形镶嵌平面的方法，若有兴趣，你不妨尝试找出其中的一两个例子来。对于凸六边形，至今已证明只有 3 种可镶嵌整个平面，但多于六边的凸多边形是不可能镶嵌整个平面的。

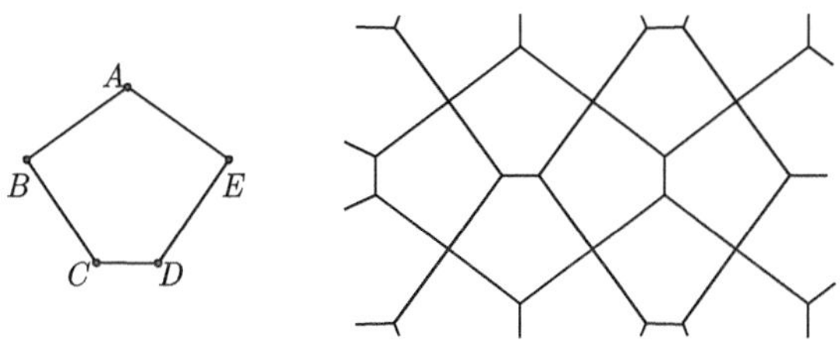

图 3.43

3.5.3 空间中的镶嵌

1. 正多面体

上面所介绍的镶嵌是在平面上进行的。同样，我们也可以在空间中用正多边形进行镶嵌，只不过这时镶嵌而成的图形是封闭的空间几何体。例如，可以用正三角形、正方形和正五边形在空间中分别镶嵌得到我们所熟悉的正四面体、正六面体、正八面体、正十二面体和正二十面体 (图 3.44)。其实，只用同一种正多边形在空间中进行镶嵌，也只有这 5 种情形。这就是被数学家们称为十大最优美数学定理之一的定理：正多面体只有 5 种。

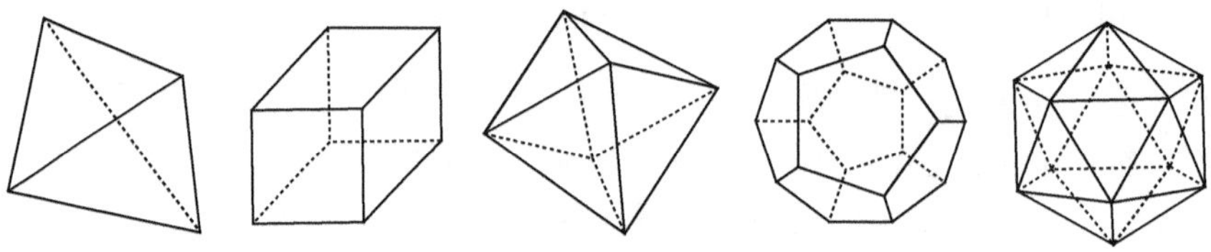

正四面体　正六面体　正八面体　正十二面体　正二十面体

图 3.44

关于正多面体的研究可追溯到古希腊时期。古希腊的毕达哥拉斯学派已经清楚所有五种正多面体的作图，他们称正多面体为“宇宙形”。柏拉图 (Plato，约公元前 427～ 前 347) 在他的哲学中把正多面体放到很重要的地位，因此正多面体又有“柏拉图体”之名。关于正多面体不能多于 5 种的证明，见于《几何原本》第 13 篇，该证明基于这样一个事实：“多面角的各个面角之和小于四个直角。”后来，笛卡儿从 5 种正多面体顶点数 V，面数 F 和边数 E 的关系的考察中，猜测出公式 $F+V-E=2$。

欧拉于 1750 年通过大量凸多面体的研究，又发现了这个公式，并于次年给出该公式的证明。因此，公式 $F+V-E=2$ 就被称为多面体欧拉公式。该公式换种说法就是：任意凸多面体的面数加顶点数都等于棱数加 2。

多面体欧拉公式有多种证法，我们着重介绍法国数学家柯西 (Augustin Louis Cauchy，1789～1857) 于 1811 年给出的证法。柯西证法的基本思想是利用降维把问题化归到平面网络上，再把平面网络问题归结为对三角形的研究。

如图 3.45 所示，设想多面体是空心的，其表面由薄橡皮做成，把它切掉一个面，再将剩下的表面进行形变，直至使它铺在一个平面上。由此产生的平面网络，其所包含的顶点数 V，棱数 E 与原来多面体所包含的数目相同，只是 F 少 1 且相应的面和棱可能要变形。于是，只需证明此网络中 $F+V-E=1$ 成立即可。

在此网络中，若多边形 (可能是曲面多边形) 的边数大于 3，则作三角剖分。由于每增加一条对角线，E，F 各增加 1，V 不变，所以 $F+V-E$ 不变。于是，可过某个顶点不断增加对角线，使多边形变成全由三角形 (可能是曲边三角形) 组成的网络。

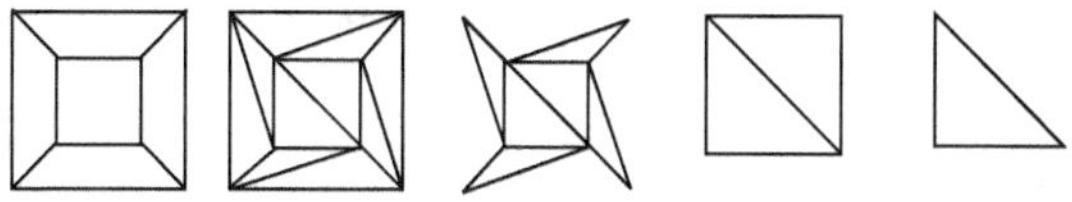

图 3.45

再看这些三角形网络，边缘上的三角形若有一条边不与其他三角形共边，则去掉这条边，此时 E 与 F 各减少 1 而 V 不变；若有两边不与其他三角形共边，则去掉这两边，F 与 V 各减少 1，E 减少 2。照这样，逐步把“周围”的三角形一一去掉，在这过程中 $F+V-E$ 始终保持不变，最后只剩下一个三角形，它满足 $F+V-E=1+3-3=1$，由此证明了

$$F+V-E=2$$

有了多面体欧拉公式，就可以来证明“正多面体只有 5 种”。

证 设其中的面是正 n 边形，多面角是 m 面角 (过一顶点有 m 条边)，则 $nF=2E$，$mV=2E$，代入欧拉公式得

$$1/m+1/n-1/2=1/E \tag{3.5}$$

又由 $m\geqslant 3$，$n\geqslant 3$，可得方程 (3.5) 所有的解，见表 3.3。

表 3.3

多面角面数 m	多边形边数 n	棱数 E	顶点数 V	面数 F	名称
3	3	6	4	4	正四面体
3	4	12	8	6	正六面体
4	3	12	6	8	正八面体
3	5	30	20	12	正十二面体
5	3	30	12	20	正二十面体

用作图可以验证，这 5 种正多面体确实存在。

2. 行星轨道模型

17 世纪初，德国天体物理学家开普勒 (J. Kepler，1571~1630) 提出行星的轨道模型与正多面体有关。他认为数学应是大自然的和谐体现，数学里的一些规律与物理学中的一些现象可以对应起来，据此给出了一个行星轨道模型。

在开普勒所在的时代，人们已经知道太阳系的行星有水星、金星、火星、木星、土星和地球。虽然那时已有哥白尼提出了日心说，但人们尚不知行星轨道是椭圆，而都认为行星轨道是圆。为了探求行星的轨道法则，开普勒在《神秘的宇宙》一书

中把行星轨道与五种正多面体联系起来。开普勒提出的轨道模型是，最外层是一个大球，内接一个正六面体，正六面体再包含一个内切球，第二个球再内接一个正四面体，正四面体再包含第三个内切球，这样下去共 6 个球，中间按不同顺序内接 5 个不同的正多面体。

开普勒的想法是：既然自然界不多不少只存在 5 种不同的正多面体，那么这 5 种正多面体就应该在其他的一些自然现象中表现出它们的必然性，这是大自然和谐的体现。由此，必定存在一个排列，使得所决定的 6 个球面恰好是 6 个行星的轨道球面。经过大量的观测和计算，开普勒选择了一种与行星实际轨道最符合的排列，据此提出了行星轨道模型。然而，开普勒最终放弃了行星轨道模型，而正确地发现了行星运动三定律及椭圆轨道法则，但这一方案是开普勒研究的出发点。

诚然，像开普勒那样，将数学里的一些规律与物理学中的现象对应起来多半是错误的。不过，如果偶然在许多错误之中发现了一个正确的方向，这个领域就可能会有一个飞跃。

3.5.4　足球的制作

同平面镶嵌一样，我们也可以用几种正多边形的组合在空间中进行镶嵌，如正方形与正三角形可镶嵌成正四棱锥。再如，由上所述，正五边形与正六边形的组合是无法在平面上均匀镶嵌的，但这种组合在空间中却可以进行镶嵌 (图 3.46)。其实我们所熟悉的足球就是具有这样结构的表面可膨胀的充气球体。那么，从数学原理来看，足球是如何构造的呢？

如图 3.47 所示，常见的足球是由若干块黑色和白色的两种皮缝制而成的。所有黑块可以近似地看成全等的正五边形，所有白块可以近似地看成全等的正六边形。这样，足球可以近似地看成一个多面体。

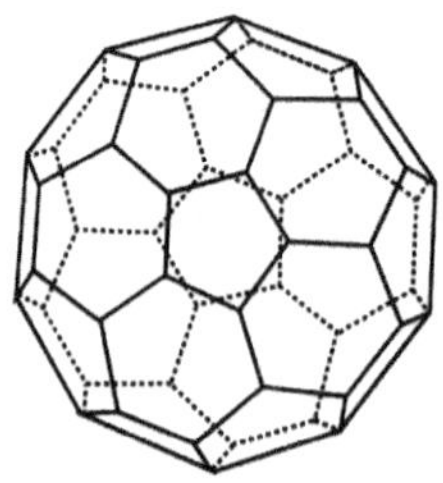

图 3.46

图 3.47

“足球”的特点是：每个黑块与 5 个白块相邻，每个白块与 3 个黑块及 3 个白块相邻 (黑白相间)，每个顶点与 3 条棱相关联，“足球”的每一个顶点恰好是一个黑块的一个顶点。

设“足球”的黑块数、白块数、面数、顶点数、棱数分别为 x, y, F, V, E，则 $x+y=F$，$5x=3y$，$3V=2E$，$V=5x$，代入多面体欧拉公式 $F+V-E=2$，解

得 x, y, F, V, E 分别为 12, 02, 32, 60, 90。也就是，“足球”是由 12 个黑块 (正五边形) 和 20 个白块 (正六边形) 组成的，有 32 个面，60 个顶点，90 条棱。

足球与正二十面体有密切的关系。如图 3.48 所示，正二十面体每个面都是正三角形，把每个正三角形的每条边三等分，顺次连接 6 个分点，把每个正三角形分成 1 个正六边形和 3 个小正三角形。这样，在正二十面体中，具有公共顶点的 5 个小正三角形构成一个正五棱锥的侧面，棱锥的顶点就是正二十面体的顶点，共有 12 个这种小正五棱锥。截去这 12 个小正五棱锥，保留底面正五边形，剩下的多面体就是“足球”。原二十面体所有面剩下的 20 个正六边形就是“足球”的白块，被截去的 12 个小正五棱锥的底面就是“足球”的黑块。

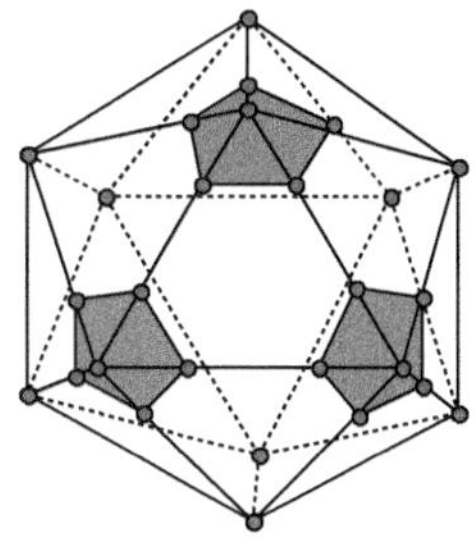

图 3.48

镶嵌是人们感兴趣的问题，许多中学用它来开展综合实践活动，取得了良好的教学效果。

思考与练习 3

1. 某人身高为 a，在黄浦江边测得东方明珠塔尖的仰角为 α，而在黄浦江的倒影中测得塔尖仰角为 β。求东方明珠电视塔高 h。如果测得 $\alpha = 75.5°$，$\beta = 75.6°$，$a = 1.77\text{m}$，那么塔高是多少 m(保留一位小数)？

2. (1) 试设计测量一座底部和顶部均不能到达的高楼高度的方案，并简要加以说明。(2) 有两座底部和顶部均不能到达的高楼，已知 A，B 是这两座高楼的顶部 (将其看作 1 点)。试设计测量 A，B 两者之间距离的方案，并简要说明理由。

3. (1) 怎样在航行中测出海上两个岛屿之间的距离？

(2) 怎样测量底部不可到达的建筑物的高度？

(3) 怎样在水平飞行的飞机测量飞机下方山顶的海拔高度？

(4) 怎样测出海上航行的轮船的航速和航向？

4. 已知 $\angle AOB = 60°$。要求用 $2\pi\text{cm}$ 长的线围出一个面积最大的曲边三角形 XOY，使得点 X 在 OA 边上、点 Y 在 OB 边上。求此时围出的曲边三角形 XOY 的最大面积。

5. 已知马口铁的宽度为 b，用它来制作水槽。由于水槽的截面愈大，水的流量就愈多，因此希望截面尽可能地大。

(1) 怎样利用马口铁的现有宽度，来满足水槽具有最大截面的要求？说明理由。

(2) 若要求水槽的截面为等腰梯形，那么如何设计水槽的底与腰长以及底角，才能使水槽中水的流量最大？若水槽的截面为五边形，又该如何设计？说明理由。

6. 设有一直角 O，试在直角的一边上找一点 A，在另一边上找一点 B，在直角内找一点 C，使 $BC+CA$ 等于定长 l，且使四边形 $ACBO$ 的面积最大。

7. 利用等周定理证明：在周长为定值 l 的一切 $n(n\geqslant 3)$ 边形中，正 n 边形的面积最大。

8. 用一块钢板制作一个容积为 4m^3 的无盖长方体水箱，可用的长方形钢板有四种不同的规格，若既要够用，又要所剩最少，则应选择的钢板规格 (单位：m) 是 (　　)。

A. 2×5　　B. 2×5.5　　C. 2×6.1　　D. 3×5

9. (1) 给出两块相同的正三角形纸片，要求用其中一块剪拼成一个正三棱锥模型，另一块剪拼成一个正三棱柱模型，使它们的全面积都与原三角形的面积相等，请设计一种剪拼方法，并作简要说明；

(2) 求出 (1) 中正三棱锥模型和正三棱柱模型的体积，并比较大小；

(3) 如果给出的是一块任意三角形的纸片，要求剪拼成一个直三棱柱模型，使它的全面积与原三角形的面积相等，请设计一种剪拼方法，并思考直三棱柱何时体积最大。

10. 在不浪费材料的情况下，如何用一张长 $2a$、宽 $2b$ 的长方形纸板制作一个体积最大的无盖长方体纸盒？

11. 在一条东西走向的公路上自左向右分布着 5 个点 A，B，C，D，E，这 5 个点上分别有要乘车的旅客 3 人、5 人、2 人、8 人和 1 人，问公交车应停在哪里，才能使这些旅客到公交车的路程总和最小？

12. 在平面上，已知椭圆内的点 A 和椭圆的一个焦点 F(长轴长为 $2a$)，试在椭圆上找一点 P，求 $PA+PF$ 的最大值和最小值。

13. 求函数 $f(x)=50\,|x|+|x-1|+|x-2|+|x-3|+\cdots+|x-100|$ 的最小值。

14. 已知足球场长 100m，宽 60m，球门长 7.2m，有一位左边锋欲射门，应在边 AB 的何处才使射门角度最大？

15. 已知平面 XOY 上三点 $O(0,0)$，$P(12,0)$，$Q(8,6)$，求 $W=5\,|RO|+4\,|RP|+3\,|RQ|$ 取最小值时点 R 的坐标。

16. C_{60} 是由 60 个碳原子构成的分子，它是如足球状的多面体，这个多面体有 60 个顶点，每个顶点处都有三条棱，面的形状只有五边形和六边形，计算 C_{60} 分子中五边形和六边形的数目。

17. 把平面剖分成一种或多种正多边形，假定各剖分点处正多边形的配置是一样的，且不允许正多边形的顶点放在另一正多边形的边上，每个顶点处由三个正多边形聚合而成，求所有可能的剖分方案，并给出其草图。

第 4 章　初等组合与概率统计模型

组合数学主要研究一组离散对象满足一定条件的安排，讨论的内容大致有存在性 (即有没有满足条件的安排)、计数 (满足条件的安排有多少种)、构造 (给出满足条件安排的具体构造) 和优化 (在众多满足要求的安排中，按一定的标准挑出最优的安排) 等四方面。概率与统计主要处理现实生活中的数据和客观世界中的随机现象。概率论是研究现实世界中某些事件发生可能性大小的一门学问，而统计学越来越成为通用方法论科学，特别是能够对观察和试验数据进行数学处理的数理统计方法，具有极其广泛的应用。

本章首先讨论计数模型，包括排列组合的基本问题、递归和容斥等计数基本方法，并通过错装信封、打包和称重等问题，综合运用组合计数方法解决问题；在概率方面，通过游泳方向等问题，介绍几何概率在生活实际中的灵活应用；而在统计方面，简介最小二乘法等数据建模的基本方法，以及估计、检验、随机试验、聚类分析等常见统计思想方法。

4.1　计 数 模 型

生活中的计数问题随处可见，排列组合是计数的基本模型，是组合数学的重要内容，也是学习和计算概率的基础。

4.1.1　排列组合问题

排列与组合的中心问题，是研究在某种条件下完成某件事的方法数，它是概率计算的基础。本节简要介绍计数的基本模型，包括两个原理、各种常见的排列组合及其应用。

1. 加法原理和乘法原理

加法原理　如果完成事件 A，必须且只需完成有关的事件 $A_1, A_2, \cdots, A_n$ 中的一个就算完成；设完成事件 $A_1, A_2, \cdots, A_n$ 的方法数分别为 $m_1, m_2, \cdots, m_n$，且其中任何两种方法都不相同，那么完成事件 A 的方法数为

$$m_1 + m_2 + \cdots + m_n$$

乘法原理　如果完成事件 A，必须且只需依次完成事件 (或步骤)$A_1, A_2, \cdots, A_n$ 后才算完成；设完成事件 $A_1, A_2, \cdots, A_n$ 的方法数分别为 $m_1, m_2, \cdots, m_n$，那

么完成事件 A 的方法数为

$$m_1 \cdot m_2 \cdot \cdots \cdot m_n$$

在运用加法原理和乘法原理解决问题时，要注意两者的区别。加法原理是将所研究的事件分解成 n 类互斥的简单事件，通过完成每一简单事件的任何一种方法都能单独完成这个事件；乘法原理是将所考察的事件 (或过程) 划分为若干个依次衔接的步骤，必须且只需按序完成每个步骤后才算完成这个事件，这两者之间的区别，可以与电学中的并联和串联作类比：适用加法原理的是“并联”事件，适用乘法原理的是“串联”事件。

2. 排列

1) 相异元素的不重复排列

从 n 个不同元素中，不重复地选取 $m(m \leqslant n)$ 个元素，按照一定的顺序排成一列，称为从 n 个不同元素中取出的 m 个元素的排列。这样取出的所有排列的个数，称为从 n 个不同元素中取出的 m 元排列数，用符号 P_n^m 表示。由乘法原理可得

$$\mathrm{P}_n^m = n(n-1)(n-2)\cdots(n-m+1) = n!/(n-m)!$$

例 1　今安排 5 列火车停在 5 条铁道上。如果甲车不许停在第一道，乙车不许停在第五道，问有几种排法？

解　先考虑乙车。如果乙车停在第一道上，其余四车的排列不受限制，因此有 P_4^4 种排法；如果乙车不停在第一道，则只能停在第二、三、四道，此时甲车也只有 3 条道可供选择，因此有 $\mathrm{P}_3^1 \cdot \mathrm{P}_3^1 \cdot \mathrm{P}_3^3$ 种排法。所以共有

$$\mathrm{P}_4^4 + \mathrm{P}_3^1 \cdot \mathrm{P}_3^1 \cdot \mathrm{P}_3^3 = 78\ (\text{种})$$

2) 相异元素的重复排列

从 n 个不同元素中，允许重复地任取 m 个按一定的顺序排成一列，称为从 n 个不同元素中取出的 m 元可重复排列 (简称重复排列)。这样取出的重复排列的个数，可用符号 R_n^m 表示。由乘法原理得，$\mathrm{R}_n^m = n^m$。

例 2　有 3 部车床的车间，接收 5 个不同零件的加工任务，每部车床都能单独完成零件的加工，问有多少种分配法？

解　每个零件可以分配到任一车床加工，因而车床可以重复地和零件搭配，所以分配法有 $R_3^5 = 3^5 = 243$(种).

3) 相异元素的环状排列

从 n 个不同元素中，不重复地选取 $m(m \leqslant n)$ 个元素，不分首尾地依次排成一个环状 (或一条封闭曲线)，称为从 n 个不同元素中取出 m 个元素的环状排列。这样取出的所有环状排列的个数称为从 n 个不同元素中取出的 m 元环状排列数。

从 n 个不同元素中取出的 m 元环状排列的种数是

$$\frac{\mathrm{P}_n^m}{m}=\frac{n!}{m(n-m)!}$$

4) 不尽相异元素的全排列

把 n 个不尽相异的元素按照一定的顺序排成一列，称为 n 个不尽相异元素的全排列。

如果在 n 个元素中，有 n_1 个 a_1，n_2 个 $a_2,\cdots,n_k$ 个 a_k，且 $n_1+n_2+\cdots+n_k=n$。那么这 n 个不尽相异元素的全排列数是 $\dfrac{n!}{n_1!n_2!\cdots n_k!}$。

例 3 今有一等奖品 1 个，相同的二等奖品 3 个，相同的三等奖品 5 个，发给 9 个学生，每人得 1 个，共有多少种可能的分配法?

解 让 9 位学生排成固定的一列，再将 9 个不尽相异的奖品作全排列

$$\frac{9!}{1!3!5!}=504\ (种)$$

使每种排列与学生的排列一一对应，即有 504 种分配法。

3. 组合

1) 相异元素的不重复组合

从 n 个不同元素中，不重复地选取 $m(m\leqslant n)$ 个元素并成一组，称为从 n 个不同元素中取出 m 个元素的组合 (简称 m 元组合)。这样取出的所有 m 元组合的个数，称为从 n 个不同元素中取出 m 元的组合数，用符号 C_n^m 表示。

据乘法原理和排列的有关知识，可得 $\mathrm{C}_n^m=\dfrac{\mathrm{P}_n^m}{m!}=\dfrac{n!}{m!(n-m)!}$。

2) 相异元素的重复组合

从 n 个不同元素中，允许重复地选取 m 个元素，不计顺序地并成一组，称为从 n 个不同元素中取出的 m 元可重复组合 (简称重复组合)。这样取出的 m 元重复组合的个数，可用 H_n^m 表示。以下推导 H_n^m 的公式。

设 $a_{i_1},a_{i_2},\cdots,a_{i_m}$ 是 A 的任一 m 元可重复组合，且 $1\leqslant i_1\leqslant i_2\leqslant\cdots\leqslant i_m\leqslant n$。现将这 m 个元素的下标依次加上 $0,1,2,\cdots,m-1$，则此 m 元可重复组合变为 $a_{i_1},a_{i_2+1},\cdots,a_{i_m+m-1}$，且它们的下标满足 $1\leqslant i_1<i_2+1<i_3+2<\cdots<i_m+m-1\leqslant n+m-1$，这表示 n 元集的一个 m 元可重复组合对应于 $n+m-1$ 元集的一个 m 元无重复组合。反之亦然，所以有

$$\mathrm{H}_n^m=\mathrm{C}_{n+m-1}^m$$

例 4 同时掷三粒骰子，会出现多少种不同的结果?

解 因为掷三粒骰子的问题，等同于从 1,2,3,4,5,6 六个数字中允许重复地选取三个数字的问题，所以出现不同结果的数目为

$$\mathrm{H}_6^3 = \mathrm{C}_{6+3-1}^3 = 56\ (种)$$

4.1.2 递归计数

递推关系是组合计数的有力工具，与 n 有关的计数问题，若直接求解 f_n 困难较大，可先建立 f_n 的递推关系，然后通过解递推关系求出 f_n，这种方法称为递归计数。

例 5 世界末日问题。

设有甲、乙、丙三根针，在甲针上插有从小到大的 n 个圆环，最大的一片在最下层 (呈塔形)。现要将这些圆环插到乙针上去，而一次仅能移动一环，且在每次移动过程中不能将大环置于小环之上，丙针可作辅助作用。设把甲针上的 n 片圆环全部移到乙针上所需的最少次数为 a_n，试求数列 $\{a_n\}$ 的通项公式。

分析 从最简单的开始，易知 $a_1 = 1$。当甲针上有 2 片圆环时，必须利用丙针过渡，即先将第一片移到丙针上，再将第二片移到乙针上，最后将丙针上的小圆环移到乙针上，因此 $a_2 = 3$。当甲针上有三片圆环时，由于必须一片一片地移，大的又不许压在小的上面，所以，想要移动甲针上最底下的一片圆环，就必须将上面两片小的先移到丙针上过渡 (这需要 $a_2 = 3$ 次)，这样一来，就可以将最大的第三片从甲针上移到乙针上 (又是 1 次)。最后，再将丙针上的两片通过甲针过渡移到乙针上 (又要 $a_2 = 3$ 次)，所以一共要 7 次，即

$$a_3 = a_2 + 1 + a_2 = 7$$

一般地，有 $a_n = a_{n-1}+1+a_{n-1} = 2a_{n-1}+1$，将它变形得 $a_n+1 = 2(a_{n-1}+1)$，于是 $a_n = 2^n - 1$。

注 上述问题称为世界末日问题。印度有一个古老的传说：相传在佛教圣地贝那勒斯的一个寺庙里有一块黄铜板，板上插着三根宝石针，第一根针上套着 64 片大小不等的金片，大的在下面，小的在上面。传说这是神在创世时留在那里的。不论白天黑夜，寺内都有一个僧人按照上面说的法则移动金片。神预言，当这 64 片金片都移到另一根针上时，世界末日就来临了。

根据上面的计算，$a_{64} = 2^{64} - 1$，当“世界末日”来临时，金片将被移动 $2^{64} - 1$ 次。如果移动一次需要 1s，那么 $(2^{64} - 1)$s 约等于 58 万亿年。现代科学家估计，太阳系的寿命不过 200 亿年，58 万亿年大大超过 200 亿年，因此，当这 64 片金片都移到另一个针上时，“世界末日”早就到来了。

例 6 空间分割问题。

切西瓜时，一刀切下去，西瓜分成了两块，再一刀切下去，原来的西瓜可能分

成三块，也可能分成了四块，这使我们想到这样一个问题：一个西瓜切了三刀、四刀、五刀等，最多可切出多少块来？

对该问题进行抽象：用 n 个平面可以把空间分割出的最多的部分数是多少？我们称它为“空间分割问题”。

空间分割问题的解决可以分解成两个小问题：

问题 1 当这 n 个平面将空间分割出最多部分数时，这些平面位置关系如何？

问题 2 n 个平面将一个空间分割，分割出的最多部分数是多少呢？

首先解决问题 1。直接解决相当困难，为此降维类比于平面问题：一个平面被 n 条直线分割，要使分割的部分数最多，这些直线的位置关系如何？

通过探索得：平面上的 n 条直线，当它们任何两条直线相交，没有任何三条直线过同一点时，这 n 条直线才可以把一个平面分割出最多的部分数。再把平面升一维“返回”到空间，通过考察：任何两个平面、任何三个平面、任何四个平面 …… 的位置关系如何？发现对于空间的 n 个平面，任何两个平面必须相交，任何三个平面不能交于同一条直线，它们的交线也不能相互平行，任何四个平面不能过同一点，否则，可以把其中的一个平面平行移动，得出的部分数将增加一个。这些条件都满足时，n 个平面才能把空间分割出最多的部分数。

对于问题 2，首先来看“直线分割平面部分数”的解法。1 条直线把平面分割成两部分。增加 1 条直线，由于第 2 条直线与第 1 条直线有 1 个交点，从而把第 2 条直线分成 2 段，而每一段把所在部分一分为二，于是增加了 2 部分，以此类推，第 n 条直线与前 $(n-1)$ 条直线有 $(n-1)$ 个交点，从而把第 n 条直线分成 n 段，而每一段把所在部分一分为二，于是增加了 n 个部分. 由此得 n 条直线分割平面部分数为 $2+2+3+\cdots+n=(n^2+n+2)/2$。

将上述方法类比到空间，只需考虑：若增加一个平面，可以把空间多分割出多少部分？

由于第 n 个平面与前 $(n-1)$ 个平面都相交，在第 n 个平面上有 $(n-1)$ 条交线，这些交线没有任何两条平行，也没有任何三条共点，由此可知第 n 个平面被 $(n-1)$ 条直线分成 $[(n-1)^2+(n-1)+2]/2=(n^2-n+2)/2$(块)。而每一块把所在的空间部分一分为二，于是增加了 $(n^2-n+2)/2$ 个部分。因此，n 个平面将空间分成的部分数为

$$1+[1+2+4+7+\cdots+(n^2-n+2)/2]=(n^3+5n+6)/6$$

再回到本节前面提出切西瓜问题，即可知：一个西瓜切了五刀，最多可切出

$$(5^3+5\times5+6)/6=26\ (块)$$

4.1.3 错装信封问题

有这样一个问题：某人写了 4 封信，并在信封上写下了对应的收信人的姓名

及地址，问把所有的信笺都装错的情况共有多少种？

这个问题可以用枚举法来解决。将信笺与信封分别用 1,2,3,4 编号，此时对于信笺 (1,2,3,4)，所有的信笺都装错的信封编号情况有如下 9 种情形：

$$(2,1,4,3);(2,3,4,1);(2,4,1,3);(3,1,4,2);(3,4,1,2);$$
$$(3,4,2,1);(4,1,2,3);(4,3,1,2);(4,3,2,1)$$

所以，信笺都装错的情况共有 9 种。

在 1961 年的波兰数学竞赛中，有一道 6 封信笺错装的问题，这时用枚举法来解决已经非常困难了。问题一般化后，就是“错装信封问题”。

例 7　某人写了几封信及几个写了相应收信人姓名及邮编、地址的信封，现把所有的信一一装到信封中去，求所有的信全都错装的装法总数。

这个问题就是通常所说的伯努利–欧拉错装信封问题。它最早由瑞士数学家约翰 · 贝努利 (Johann Bernoulli，1667～1748) 提出，后来欧拉 (Leonhard Euler，1707～1783) 对此产生了兴趣，把它称为“组合理论的一个妙题”，并在与伯努利毫无联系的情况下，独自解决了这道难题。

这个问题也称为乱序排列，即：对 n 个元素 $a_1,a_2,\cdots,a_n$ 进行排列，使每个元素都不在原来位置上的排列问题。

解法一　排除法。错装信封问题也可以这样叙述：编号为 $1,2,3,\cdots,n$ 的几个元素排成一列，若每个元素所处的位置的序号都与它的编号不同，则称这个排列为 n 个不同元素的一个错排，设它错排总数为 $f(n)$，求 $f(n)$。

解　将 $n\,(n\geqslant 2)$ 个编号元素放在 n 个编号格内，若无任何限制条件，则有 P_n^n 种方法；其中，任意一个元素恰好放在与自己编号相同的格内的方法有 $\mathrm{C}_n^1\mathrm{P}_{n-1}^{n-1}$ 种，不合题意，应从 P_n^n 中减去。但是，这样又多减了 n 个元素中有 2 个元素都放在恰与自己编号相同的格内的 $\mathrm{C}_n^2\mathrm{P}_{n-2}^{n-2}$ 种方法，因此应再加上 $\mathrm{C}_n^2\mathrm{P}_{n-2}^{n-2}$。然而，这样又多加了其中有 3 个元素都放在与自己编号相同的格内的 $\mathrm{C}_n^3\mathrm{P}_{n-3}^{n-3}$ 种方法，应再减去 $\mathrm{C}_n^3\mathrm{P}_{n-3}^{n-3}$，$\cdots$。如此继续。

因此，将 n 个元素放入与自己编号不同的 n 个格内的方法数 $f(n)$ 是

$$n!-\mathrm{C}_n^1(n-1)!+\mathrm{C}_n^2(n-2)!-\cdots+(-1)^k\mathrm{C}_n^k(n-k)!+\cdots+(-1)^n\mathrm{C}_n^n(n-n)! \tag{4.1}$$

解法二　递推法。n 个不同元素的一个错排可由下述两个步骤完成：

第一步，“错排”1 号元素 (将 1 号元素排在第 2 至第 n 个位置之一)，有 $(n-1)$ 种方法；

第二步，“错排” 余下的 $n-1$ 个元素，我们要视第一步的结果，按如下顺序进行。

设 1 号元素落在第 k 个位置上 $(k>1)$，第二步中 k 号元素的不同排法有两种情况：

(1) k 号元素排在第 1 个位置，余下的 $(n-2)$ 个元素再与和它们编号集相等的位置上“错排”，有 $f(n-2)$ 种方法；

(2) k 号元素不排在第 1 个位置，这时可将第 1 个位置看成第 k 个位置，于是形成包括 k 号元素在内的 $(n-1)$ 个元素 (2 号到 n 号) 的“错排”，有 $f(n-1)$ 种方法。

据加法原理，完成第二步共有 $f(n-2)+f(n-1)$ 种方法。

再据乘法原理，可知 n 个不同元素的错排种数满足递推关系式

$$f(n)=(n-1)\left[f(n-2)+f(n-1)\right](n>2) \tag{4.2}$$

利用式 (4.2)，结合 $f(1)=0, f(2)=1$，计算得

$$f(3)=2;\ f(4)=9;\ f(5)=44;\ f(6)265;\ f(7)=1854;$$

$$f(8)=14\,833;\ f(9)=133\,496;\ f(10)=1\,334\,961;\ \cdots$$

另外，我们把公式 (4.1) 变形，可得到一个关于 $f(n)$ 的其他表达式

$$\begin{aligned}f(n)&=n!-\mathrm{C}_n^1(n-1)!+\mathrm{C}_n^2(n-2)!-\cdots+(-1)^k\mathrm{C}_n^k(n-k)!+\cdots+(-1)^n\mathrm{C}_n^n(n-n)!\\&=n!\left[1-\frac{1}{1!}+\frac{1}{2!}-\cdots+(-1)^n\frac{1}{n!}\right]\\&=n\left\{(n-1)!\left[1-\frac{1}{1!}+\frac{1}{2!}-\cdots+(-1)^{n-1}\frac{1}{(n-1)!}\right]\right\}+(-1)^n\end{aligned}$$

由此，我们还可以得到 $f(n)$ 的另一个递推关系式 $f(n)=nf(n-1)+(-1)^n$。

最后，把错装信封问题从概率的角度做些拓展，我们会发现一些有趣的结果。

将编号为 1 至 n 的 n 个不同元素作全排列，记 $A=\{$ 每一个元素所处的位置的序号都与它的编号不同 $\}$，则当 $n=10$ 时，错装信封的概率为

$$P(A)=\frac{f(10)}{10!}=1-\frac{1}{1!}+\frac{1}{2!}-\cdots+\frac{1}{10!}\approx 0.367\,879\,5\to\frac{1}{\mathrm{e}}$$

这时，误差小于 10^{-7}。进一步可得

$$\frac{f(n)}{n!}=\sum_{k=0}^{n}(-1)^k\frac{1}{k!}\to\frac{1}{\mathrm{e}}\approx 0.367\,829\,441\,174\,42\cdots$$

因此，从概率的角度来看，错装信封问题与自然对数的底 e 也有着密切的联系。

错装信封问题是一个典型的计数问题，从该问题的解决中，我们可以对计数的主要方法做一归纳。对于简单的计数问题，如果能把符合要求的方案全部列举出来，则枚举法不失为一种直观的方法。当不便枚举的时候，可将它分类计数或分步计数，也可以将它归结为常见的排列组合问题。对于复杂的问题，还可以采用排除法、容斥原理、递推方法等进行计数。

4.1.4 打包问题

有些商品是若干件包装在一起按包销售，如一包火柴装有 10 小盒火柴、一大包纸巾中装有 10 小包纸巾、一条香烟中装有 10 包香烟等，这就是打包问题。在打包问题中，我们主要考虑“如何节省包装材料”的问题。打包情况有很多种，在此主要讨论“长方体规则打包”，这是指诸如若干个全等的香烟盒等小长方体物品，按照“全等的两个侧面对接，打包后仍是长方体”这一要求，将这些小长方体打成一个大长方体。

由于外包装材料一般都有重叠，所以包装后的长方体表面积并不等于包装材料的面积，但为了简化问题，我们忽略重叠部分，假设这二者是相等的。于是，我们就可以提出这样的问题：*将给定的几件长方体物品，按“规则打包”的方法打成一个大包，怎样才能使打包后的长方体表面积最小？*这个问题将涉及“n 个小长方体规则打包的方案数”和“规则打包后表面积最小的打包方案？”等问题，下面分别加以研究。

1. *打包的方案数*

首先研究一个具体问题：*求 10 包香烟打成一条的方案数。*

计算 10 包香烟打成一条的方案数，有很多解决方法。下面是一种具有相对普遍意义的方法。将一包香烟的一个顶点作为原点，长、宽、高三边所在的直线为 x, y, z 轴，建立空间直角坐标系，这样其他香烟只能沿着三个坐标轴的方向摆放。因此，我们只要考虑 10 分解成三个正整数的积的情形。由 $10 = 1 \times 1 \times 10$，如图 4.1 所示，对应了 3 种摆放方法：$(1,1,10)$，$(1,10,1)$，$(10,1,1)$，其中括号中的三个数字依次代表 x 轴、y 轴、z 轴方向摆放的包数。同理，由 $10 = 1 \times 2 \times 5$，对应了 6 种摆放方法 (图 4.2)：$(1,2,5)$，$(1,5,2)$，$(2,1,5)$，$(2,5,1)$，$(5,1,2)$，$(5,2,1)$。这样 10 包香烟打成一条的方案数共有 9 种。

同理，每条香烟 8 包：$8 = 1 \times 1 \times 8$(3 种)，$8 = 1 \times 2 \times 4$(6 种)，$8 = 2 \times 2 \times 2$(1 种)，一共有 10 种；

每条香烟 24 包：$24 = 1 \times 1 \times 24$(3 种)，$24 = 1 \times 2 \times 12$(6 种)，$24 = 2 \times 2 \times 6$(3 种)，$24 = 2 \times 3 \times 4$(6 种)，$24 = 1 \times 4 \times 6$(6 种)，$24 = 1 \times 3 \times 8$(6 种)，一共 30 种。

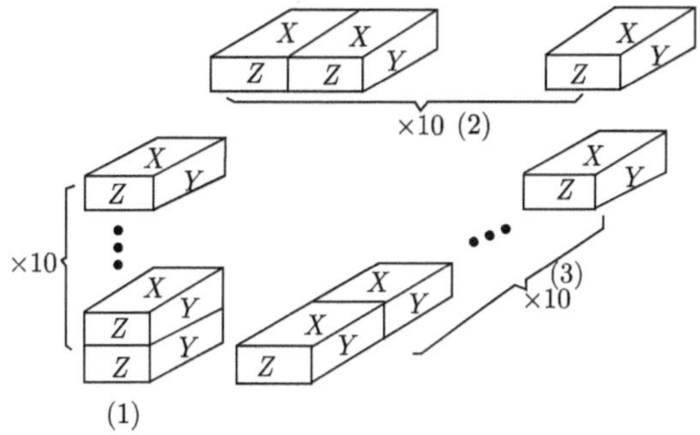

图 4.1

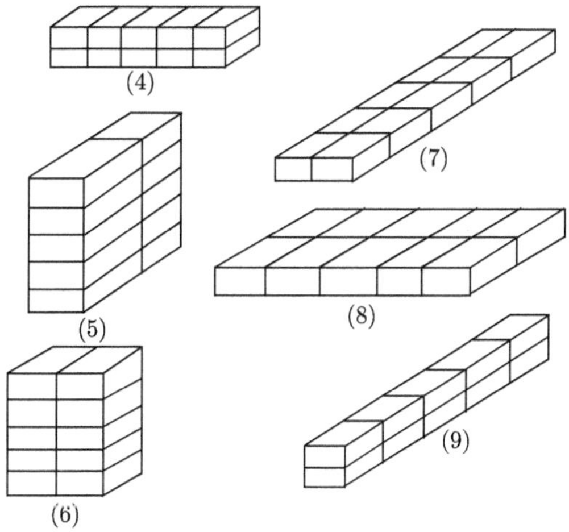

图 4.2

将上述问题一般化。设小长方体的三边长分别为 x，y，z，这样每一种打包结果相当于构成了一个三边长分别为 n_1x，n_2y，n_3z 的大长方体 (其中 n_1，n_2，n_3 为正整数)。由于打包前后的体积不变，可知 $n = n_1n_2n_3$。为书写简便，以下把规则打包后构成了一个三边长分别为 n_1x，n_2y，n_3z 的大长方体的打包方案简写成 (n_1, n_2, n_3)。对于 n 的任一个分解 $n = n_1n_2n_3$(以下称 n 的三维分解)，相应的打包方案数有三种情形.

(1) 当 $n_1 = n_2 = n_3 = n_0$ 时，打包方案只有一种：(n_0, n_0, n_0)；

(2) 当 n_1，n_2，n_3 其中两个相等时，如 $n_1 = n_2 \neq n_3$，这时相应的打包方案有三种：(n_1, n_1, n_3)，(n_1, n_3, n_1)，(n_3, n_1, n_1)；

(3) 当 n_1, n_2, n_3 两两不等，相应的打包方案有六种：(n_1, n_2, n_3)，(n_1, n_3, n_2)，(n_2, n_1, n_3)，(n_2, n_3, n_1)，(n_3, n_1, n_2)，(n_3, n_2, n_1)。

这样，n 个全等的小长方体规则打包的方案数问题就归结为：把 n 分解为有

序的三个正整数 n_1，n_2，n_3 乘积的方法数 $f(n)$ 是多少？

但是，n 的三维分解与其标准质因数分解式 $n=p_1^{\alpha_1}p_2^{\alpha_2}\cdots p_m^{\alpha_m}$ 有关，为此把该问题的解决分成两个小问题：首先求出 $n=p^k$(p 是素数，k 是自然数) 时打包方案数 $h(k)$ 的表达式；然后弄清 n 与 np^k(其中 p 与 n 互质) 打包方案数的递推关系。最后，综合得出 n 个全等的小长方体规则打包的方案数的一般表达式。

当 $n=p^k$(p 是质数，k 是自然数) 时，对于 $n=p^k$ 的某一个三维分解 $p^ap^bp^c$(其中 $k=a+b+c$，a，b，c 为非负整数)，对应着一种规则打包方案，因此 n 个小长方体规则打包方案数相当于将 k 写成 3 个有序的非负整数之和的所有写法的总数。所以，当 $n=p^k$ 时，n 个小长方体规则打包方案数为 $h(k)=\mathrm{C}_{k+2}^2$。

对于 n 的任意一种给定的打包方案 (n_1,n_2,n_3)，它相应于 n 的一个三维分解 $n=n_1n_2n_3$。而当 p 与 n 互质时，n_1，n_2，n_3 中的所有质因数也不同于 p。于是对于 p^k 的两个不同的三维分解 $p^{a_1}p^{b_1}p^{c_1}$ 与 $p^{a_2}p^{b_2}p^{c_2}$，相应的 np^k 的这两个三维分解 $(n_1p^{a_1},n_2p^{b_1},n_3p^{c_1})$ 与 $(n_1p^{a_2},n_2p^{b_2},n_3p^{c_2})$ 也不同。因此，对于 n 的任意一种给定的打包方案 (n_1,n_2,n_3)，相应地对应着 np^k 的 C_{k+2}^2 种打包方案。所以，若设 n 个小长方体的规则打包方案数为 $g(n)$，而 p 与 n 互质，则 $g(np^k)=\mathrm{C}_{k+2}^2g(n)$。

对于每个大于 1 的自然数 n，考虑它的标准质因数分解式 $n=p_1^{\alpha_1}p_2^{\alpha_2}\cdots p_m^{\alpha_m}$ (其中 $p_1,p_2,\cdots,p_m$ 是不同的素数，$\alpha_1,\alpha_2,\cdots,\alpha_m$ 是正整数)，那么 n 个小长方体的打包方案数

$$
\begin{aligned}
f(n)&=f(p_1^{\alpha_1}p_2^{\alpha_2}\cdots p_m^{\alpha_m})=f[p_1^{\alpha_1}(p_2^{\alpha_2}\cdots p_m^{\alpha_m})]\\
&=\mathrm{C}_{\alpha_1+2}^2f(p_2^{\alpha_2}\cdot\cdots\cdot p_m^{\alpha_m})=\cdots=\prod_{i=1}^m\mathrm{C}_{\alpha_i+2}^2
\end{aligned}
$$

2. 打包的表面积

我们先来看这样一个具体问题。用 10 小包香烟打成一条香烟的 9 种打包方案中，哪种表面积最小呢？为此，测量一包香烟的长、宽、高，得：长 $a=88\text{mm}$，宽 $b=58\text{mm}$，高 $c=22\text{mm}$。计算每包香烟的三组对面的面积分别是 $X=ab=5104(\text{mm}^2)$，$Y=ca=1936(\text{mm}^2)$，$Z=bc=1276(\text{mm}^2)$。然后逐一计算 9 种打包方式的表面积，可得打包方式 $(1,2,5)$ 的表面积最小，最小表面积 $S=4X+10Y+20Z=65\,296(\text{mm}^2)$。

不需逐一计算，可得 $10=1\times1\times10$(3 种) 和 $10=1\times2\times5$(6 种) 这两类打包方案，打包后的表面积分别为 $S=2\times?+20\times?+20\times?$ 和 $S=4\times?+10\times?+20\times?$，每个式子中“?”位置应分别填入 X，Y，Z 之一。要使 S 最小，由排序不等式，需要“大系数乘以小面积”，容易得到两类分别以 $S'=2\times X+20\times Y+20\times Z=131\,872(\text{mm}^2)$ 和 $S''=4\times X+10\times Y+20\times Z=65\,296(\text{mm}^2)$ 为最小。最后，比较这两类，可得 $(1,2,5)$ 最小。

一般地，假如某一种规则打包后的长方体恰是一个正方体，那么这种打包方案必定使得打包后的长方体表面积最小。这是因为，在体积相等的长方体中，以正方体的表面积为最小。不过，这种情况极为少见。

我们再就一些特殊的情形来考查长方体规则打包最小表面积的方案。如果给定的 n 个小长方体都是相同的小正方体，对于一般的自然数 n，要给出其规则打包的最小表面积方案也不是太容易，但对于 n 的一些特殊情形，可以直接给出其最优方案。例如，当 $n=pq^2$ (p,q 为质数) 时，打包方案只有 $(1,1,q^2)$，$(1,p,q^2)$，$(1,q,pq)$ 和 (p,q,q)。当 $q>p$ 时，前三种表面积最小的方案是 $(1,q,pq)$，再与方案 (p,q,q) 比较，因为它们的表面积之差为

$$2(1\times q+1\times pq+q\times pq)-2(p\times q+p\times q+q^2)=2q(p-1)(q-1)>0$$

所以 pq^2 个小正方体规则打包的最小表面积方案为 (p,q,q)。

用同样的方法，还可得 p^3q (p,q 为质数) 个小正方体规则打包的最优方案：当 $p<q$ 时，为 (p,p^2,q)；当 $p>q$ 时，为 (p,p,pq)。另外，p^k(p 为质数) 个小正方体规则打包的最小表面积方案是 $\left(p^{\left[\frac{k}{3}\right]},p^{\left[\frac{k+1}{3}\right]},p^{\left[\frac{k+2}{3}\right]}\right)$(证明略)。

以上一些特例表明，打包后的长方体越接近于一个正方体，它的表面积就越小。那么，如何衡量一个长方体越"接近"正方体呢？经过研究人们发现，可以把打包后的长方体三边的"集中程度 (周长)"以及"离散程度 (最长边与最短边之差)"作为长方体"越接近"正方体的一个量化指标。直观来说就是，在规则打包的所有方案中，当大长方体周长越小，其表面积会越小；当最长边与最短边之差越小时，其表面积也会越小。但是，对于一般给定的 n 个小长方体，直接给出其规则打包的长方体最小表面积方案还是非常困难的。

尽管如此，但由于打包方案数是有限的，故可采用穷举算法，找出长方体规则打包表面积最小的方案。例如，对于 $n=573\,000$ 个边长为 1 的小正方体，用 MAPLE 软件和穷举算法，可得最优的打包方案为 $180\times182\times175$。

3. 进一步的讨论

上面我们研究了 10 包香烟打成一大包的表面积问题，得到 $(1,2,5)$(图 4.2(6)) 这种打包方式表面积最小，而实际情况并非如此，实际上香烟的包装方式大都为 $(1,5,2)$(图 4.2(4))。原因何在呢？

表面积最小的打包方式不一定是美观实用的，香烟打的包比较长，相对好拿；往大箱子里放比较方便；打包的表面积最小和最省材料并不十分一致，因为外包装的两端都有粘贴部分，这些地方的面积就有重叠；作外包装的盒子时，是从一张更大的纸上下料，因此这时"节约"所考虑的问题不只是打包的表面积要小，而是下料后的残料尽可能得小等原因。

那么以上的研究是否就没有实际意义呢？当然不是，通过市场调查可知，火柴、书籍等商品的打包方式与以上研究结论比较一致，以上得到的结论是有参考价值的。

另外，实际生活中，打包也并非都是规则打包，只保证打包后的结果是一个长方体，怎样打包可使表面积最小？例如，10 包香烟的打包问题，长 $a=88$mm 是高 $c=22$mm 的 4 倍，因此，可把两包香烟竖放贴到四包横排的香烟处，打成一长方体，此时表面积不变。非规则打包是一类更复杂的打包问题，读者可结合一些具体问题做些设计，这同样也是极具挑战的。

4.2 称重问题

人教版小学数学五年级上教材“数学广角”中有这样的问题：*在一些零件里有 1 个是次品 (次品重一些)，用天平称，至少称量几次就一定能找到次品来？*在此，称重是指用秤或天平称质量或比较质量。称重中有许多优化问题，主要包括两类：一是给定一定数目的砝码，最多可以称多少种不同的质量；二是怎样安排可使称重的次数最少。我们把这两类问题统称为称重问题，事实上，它们都是在称重背景下的组合优化问题。

4.2.1 求砝码个数

用天平秤称物件质量，有两种称法：①在一个秤盘放物品，另一个盘内放砝码。在天平秤平衡时，另一个秤盘内砝码质量的和就是物品质量。②在一个秤盘内放物品，在两个盘内都可以放砝码，当天平秤平衡时，不放物品的盘内砝码质量和减去放物品的盘内砝码质量和，二者的差就是物品质量。以上两种称法我们分别简称为方案一、方案二。

例 8　在天平秤上要称出 $1\sim40$g 质量，问：最少要多少个砝码？

方案一　六个砝码，分别重 1，2，4，8，16，32(g)。这是 N. Tartaglia($1499\sim1557$，意大利) 用上面第一种称法的回答：$1\sim40$ 中任意一个数都可以表示成这六个数中某些数之和，如 $23=16+4+2+1$ 等。其实，用重为 1，2，4，8，16，32(g) 的六个砝码，可以称出 $1\sim63$g 的任一整数克重物体。

一般地，用方案一称法，用 1，2，2^2，$\cdots$，2^{n-1}g 重的 n 个砝码可以称出 $1\sim1+2+2^2+\cdots+2^{n-1}$g，即 $1\sim(2^n-1)$g 重的物体。

方案二　假定有 m 个砝码，称量物品时，各砝码均有三种可能位置，放在天平左盘、右盘，或不上天平，m 个砝码共有 3^m 种不同质量，因此要称 $1\sim40$g 的 40 种不同质量至少需四个砝码。至于质量的确定，一是要求砝码总质量应为 40g；二是必须有 1g 的砝码，否则 39g 的质量无法称量；三是任何两个砝码质量之差大于 1g，否则能称量的不同质量少于 40 种；四是为称 37g 的质量必须有 3g 的砝码 (由三，没有 2g 的砝码)；五是其余两个砝码的质量均不少于 8g，为称 31g，必须有一个 9g 的砝码，余下第四个砝码即为 27g。

C. G. Bachet de Méziriac(1581~1638，法国) 于 1624 年对该问题提出了如下设想：要称 1g，必须有重 1g 的砝码。要称 2g，必须添重 2g 或 3g 的砝码。用 1g，2g 砝码可以称出 1g，2g，3g，但是用 1g，3g 砝码可以称出 1g，2g，3g，4g，因为 $2=3-1$。也就是说 1，3g 的砝码可以称出 $1\sim1+3$g。类似地可以推断再添加一个重 9g 的砝码就可以称出 $1\sim1+3+9=13$g；再添加一个重 27g 的砝码就可以称出 $1\sim1+3+9+27=40$g。依此推到一般情形，用 1，3，3^2，$\cdots$，3^{n-1}g 重的 n 个砝码可以称出 $1\sim1+3+3^2+\cdots+3^{n-1}$g，即 $1\sim(3^n-1)/2$ 所有整数 g 重的物品质量，而且这样的砝码个数是最少的。

4.2.2 称出假珍珠

例 9 有 95 颗珍珠，其中有一颗是假的。假的质量与真的不一样，其他一切表象完全相同。问：用天平秤鉴定真假珍珠，最少秤几次？

解 一般说，有三种情况。

(1) 已知真珍珠比假珍珠重些，或者比假珍珠轻些。例如，有 9 颗珍珠，均分三堆。将其中两堆称重，如果同重，假的在第三堆中；如果不同重，则两堆之一必有一堆中有假。在含假的一堆中取两颗称重，如同重，则另一颗是假的；如不同重，两颗之一必有一颗是假的。所以称 2 次就够了。逐次推广，可知称 n 次能在 3^n 颗珍珠中鉴定出那颗假的。

(2) 不知道是真珍珠比假的重还是轻，但是有一袋真珍珠 (足够多) 做砝码。例如，有 5 颗珍珠，分为两堆：3 颗与 2 颗。将 3 颗与真的比重，如果同重，假的在 2 颗那一堆中。再称一次显然就可以鉴定出那颗假的。称 2 次已够。如果假的在 3 颗那一堆中，从情况 (1) 的结果，再称一次也能鉴定出那颗假的。又如有 14 颗珍珠，分为两堆：9 颗与 5 颗。将 9 颗与真的比轻重，如同重，假的在 5 颗那一堆中，由例 8 知称三次可得结果；否则这含假珍珠的 9 颗已化为情况 (1)，共称三次也得出结果。

结论一 如果另有一袋真珍珠做砝码，称 n 次能在

$$1+1+3+3^2+\cdots+3^{n-2}+3^{n-1}=(1+3^n)/2$$

颗珍珠中鉴定出假珍珠。

证明 假设 $n=m$ 时命题为真，即称 m 次能在 $(1+3^m)/2$ 颗中找出假珍珠，则当 $n=m+1$ 时，能在 $(1+3^{m+1})/2$ 颗中找出假珍珠。这是因为只要把 $(1+3^{m+1})/2$ 颗分成两堆：3^m 颗和 $1+1+3+3^2+\cdots+3^{m-1}$ 颗。将前者与真珍珠

比轻重，如同重，则假的在后者珍珠中，已知称 m 次可以找出假珍珠；如不同重，按照 (1) 的说法称 m 次也可找出假珍珠。前文且已证 $n=2$ 时命题为真。综合所说，命题已证。

(3) 不知道真假珍珠谁重谁轻，也没有真珍珠做砝码。例如，有 11 颗珍珠，就分为三堆：一堆 5 颗，两堆各 3 颗。先称后两堆，如同重，则假的在前一堆中，而后两堆任一堆都是真珍珠，于是就可以按情况 (2) 去鉴定前一堆 (5 颗) 中的真假珍珠。按结论一称 2 次足以在前一堆 5 颗中找出假珍珠，这样共称了 3 次；如果不同重，则 5 颗都是真珍珠，取后两堆中重的那一堆与 3 颗真珍珠称，如果同重，则轻的那一堆中有假珍珠，且知假珍珠比真的轻。否则假珍珠在重的那一堆中。同样，称三次可得结果。

结论二 不知道假珍珠轻重，也没有真珍珠做砝码，称 n 次能在

$$3^{n-2}+3^{n-2}+(1+3^{n-1})/2=(1+4\cdot 3^{n-2}+3^{n-1})/2$$

颗珍珠中鉴定出假珍珠。

证明 (1) 把这些珍珠分为三堆：3^{n-2}，3^{n-2}，$(1+3^{n-1})/2$，称前面两堆。如果同重，就知道这两堆珍珠都是真的，因此可以作为砝码，只需 $n-1$ 次就可以称出假珍珠 (结论一)。

(2) 如果不同重，说明 $(1+3^{n-1})/2$ 颗那一堆都是真珍珠。取 3^{n-2} 颗的那一堆与真的比较，如果同重，说明轻的那一堆中有假，从情况 (1) 的讨论结果，$n-2$ 次可以称出假珍珠；如果不同重，说明重的那一堆中有假，显然 $n-2$ 次同样可以称出假珍珠。

综合 (1)，(2) 称 n 次足以鉴定出假珍珠。

对于例 9，$95=1+1+3+3^2+3^3+2\times 3^3=41+2\times 27$，把两堆 27 颗珍珠用天平秤比较重量，如果同重，其余 41 颗中有假，由结论一，称四次，则共称五次得解。如果不同重，则 41 颗全是真珍珠，作为砝码，去鉴定其余两堆 (各有 27 颗珍珠)，从情况 (1) 结论，需称四次，总共也称了五次找出假珍珠。

以上的问题虽说是初等的称量问题，但与当代应用数学分支之一 —— 信息论有联系，如果采用信息论的思想，问题将变得十分简单。有兴趣的读者可以参照相关的资料。

4.3 几何概率问题

古典概率不仅要求基本事件的出现具有等可能性，而且要求样本空间为有限集，但实际问题中却经常会碰到无限样本空间的情形。对于无限样本空间的情形，

常可转化为几何概率来解决。几何概率是研究连续型样本空间及其事件的，这种概率可作为以微积分为工具的概率知识和统计研究的基础。

4.3.1 几何概率概述

几何概率讨论的是无限样本空间上的概率，在此空间上试验的每一结果都是等可能发生的。几何概率中一个随机事件的概率通过将一次随机试验中所有可能结果的样本空间等同于一个几何区域 R，而将试验中可能发生的事件等同于 R 中子区间 r 后进行计算。

一般地，如果一个随机试验的任意结果都可以用平面或空间区域 Ω 中的一个点来表示，而且每个试验结果落在区域 Ω 中的任何一点都是等可能的，那么 Ω 就是这一试验的样本空间，事件 A 则是 Ω 的一个子区域。如果 Ω 和 A 的测度 (长度、面积等) 都存在，分别记为 $S(\Omega)$ 与 $S(A)$，那么事件 A 的概率为 $P(A)=S(A)/S(\Omega)$。此时，事件 A 的概率称为几何概率。几何概率充满了适合于中学不同水平的有趣问题，它的求解只需要多边形的面积、图解不等式或勾股定理等基础知识，可以用来解决许多实际问题。

例 10 夫妇相遇问题。

一位丈夫和它的妻子上街购物，他们决定在下午 4 : 00 到 5 : 00 之间在某一街角相会。他们约好当其中一人先到后，一定要等另一人 20min，若另一人仍不到则离去。试求这对夫妇能相遇的概率 (假设他们到达约定地点的时间是随机的)。

解 以 x,y 分别表示两人到达的时刻，则两人相遇必须满足条件 $|x-y|\leqslant 20$。两人到达时刻的所有可能结果可用边长为 60 的正方形区域上的任意点 (x,y) 表示，该正方形上的所有点的集合构成了样本空间。

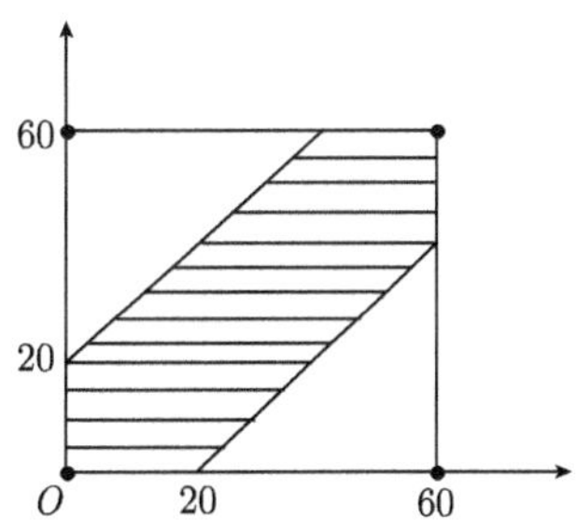

图 4.3

图 4.3 的阴影部分 (满足不等式 $|x-y|\leqslant 20$ 的点的集合) 表示“两人能相遇”这一事件。由假设，点 $(x,\ y)$ 落入正方形区域内每一位置的可能性是相同的。因此，“两人能相遇”这一事件的概率应等于图中阴影部分的面积与正方形的面积之比，即

$$2000/3600=5/9$$

例 11 对讲机问题。

两个 CB[CB 即 citizen band (市民波段) 的英文缩写] 对讲机持有者，莉莉和霍伊都为卡尔货运公司工作，他们的对讲机的接收范围为 25km，在下午 3 : 00 时莉莉正在基地正东距基地 30km 以内的某处向基地行驶，而霍伊在下午 3 : 00 时正

在基地正北距基地 40km 以内的某地向基地行驶，试问在下午 3 : 00 时他们能够通过对讲机交谈的概率有多大?

解　设 x 和 y 分别代表莉莉和霍伊距某地的距离，于是 $0 \leqslant x \leqslant 30$，$0 \leqslant y \leqslant 40$。

设他俩所有可能的距离的数据构成有序数对 (x, y)，所有这样的有序数对构成的集合即为样本空间。每一个样本空间中的点都代表莉莉和霍伊的一个特定的位置，每一点的发生都是等可能的，且样本空间的面积为 1200km^2。

由于莉莉和霍伊可以通过对讲机交谈的事件仅当他们之间的距离不超过 25km 时发生，因此构成该事件的点由满足不等式 $\sqrt{x^2+y^2} \leqslant 25$，即不等式 $x^2+y^2 \leqslant 625$ 的数对组成。该事件发生的区域为半径为 25km 的四分之一个圆，其面积为 $\pi \times 25^2/4 = 625\pi/4\text{km}^2$。因此，“他们能够通过对讲机交谈”的概率

$$p = 625\pi/4800 \approx 0.41$$

4.3.2　游泳方向问题

例 12　一个游泳的人在一个雾天从岸边任选了一个方向沿直线向水里游去，当游了 100m 后，她停住了并向四周张望，但都看不到陆地。随后，她便随便定了一个方向沿直线往下游去。假设岸边是呈直线形的，并且没有潮汐运动的影响。问这位游泳者在再游 100m 之前能够到达岸边的概率。

分析　本题涉及的是等可能性的几何概率问题，解决它的关键在于确定样本空间的区域及所要确定的事件发生的区域。

解法一　取定岸边的某一点 O，在以 O 为圆心，100m 为半径，岸边一侧的半圆内，游泳者可以游回；而以 O 为圆心，200m 为半径，岸边同一侧的半圆内，是游泳者能够随机到达的全部区域。因此这位游泳者在再游 100m 之前能够到达岸边的概率为 $\dfrac{\pi \cdot 100^2}{\pi \cdot 200^2} = \dfrac{1}{4}$。

解法二　设这位游泳者的最后位置是由初始方位和再选方位 $\varPhi$ 和角 θ 决定的，其中 $0 \leqslant \phi < \pi$，$0 \leqslant \theta < 2\pi$，如图 4.4 所示。

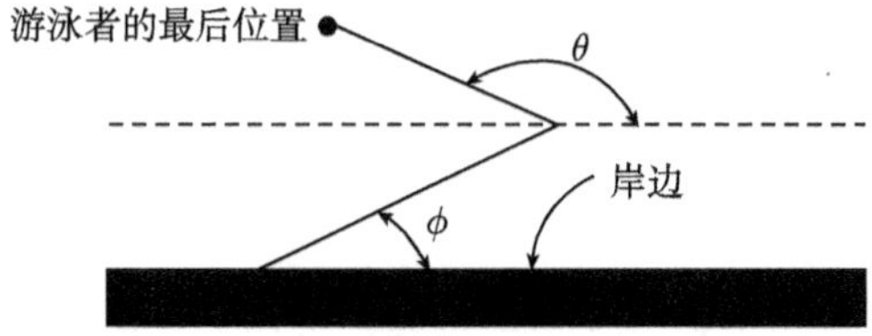

图 4.4

由图 4.5，当 $0 < \phi < \pi/2$，且 $\pi+\phi < \theta < 2\pi-\phi$ 时，或由图 4.6，当 $\pi/2 < \phi < \pi$

且 $2\pi - \phi < \theta < \pi + \phi$ 时，游泳者将能游回岸边。由图 4.7 知，该区域的面积是 $\pi^2/2$，而游泳者能够随机到达的全部区域为矩形域

$$\{(\phi, \theta) | 0 < \phi < \pi, 0 < \theta < 2\pi\}$$

该矩形区域的面积为 $(2\pi) \cdot \pi = 2\pi^2$。

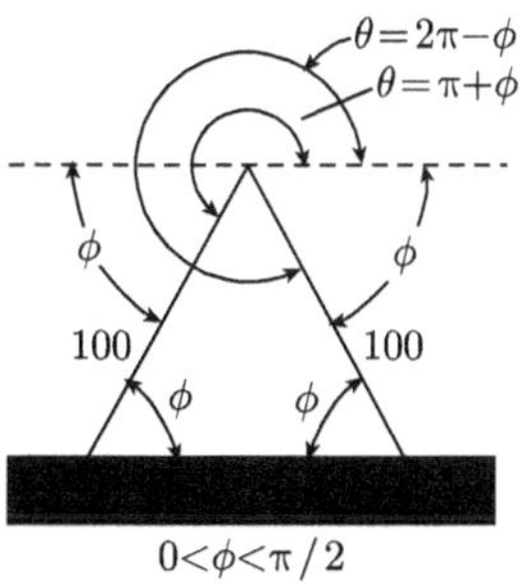

图 4.5

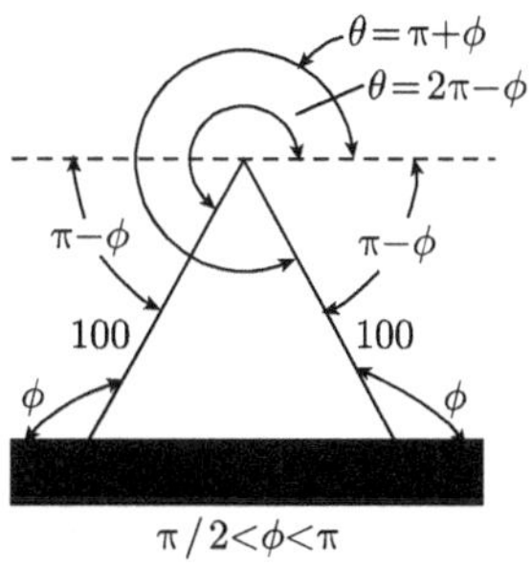

图 4.6

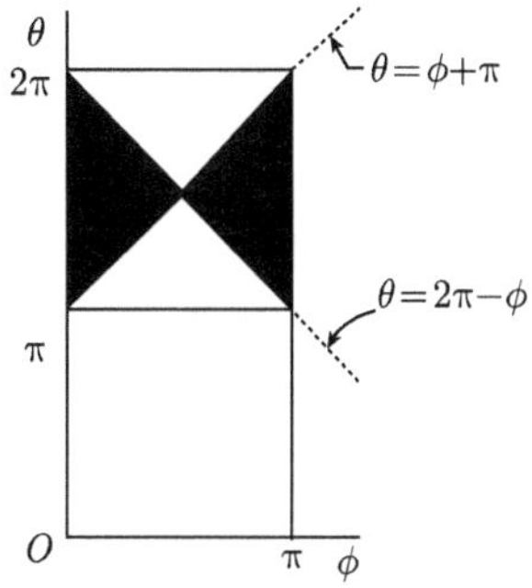

图 4.7

所以，这位游泳者在再游 100m 之前能够到达岸边的概率为 $\dfrac{\pi^2}{2} \div (2\pi^2) = \dfrac{1}{4}$。

4.4 数据建模

在用数学模型解决实际问题时，如果能够利用物理、化学等自然科学或社会科学规律来建立数学模型，这种建模的方法称为机理分析法。但是，在不少实际问题中，人们所掌握的仅仅是一些根据检测所得到的数据资料，根据这些数据建立尽量符合问题实际的数学模型，称为数据建模。

在使用数据建模时，收集有效的数据资料是非常重要的。收集有效的数据并不是一件容易的事情，一般得注意以下两点：一是收集数据应有明确的目标；二是对于收集来的数据作适当的预处理。

在建模过程中，数据资料的作用主要体现在以下三个方面。

(1) 在建模过程中 (特别是建模初期)，当我们开始构架问题的模型时，数据资料能够对所构架的模型给予提示，而有些模型 (如经验模型) 则是完全建立在数据资料的基础之上。

(2) 数据资料可以帮助我们对模型的参数给出估计。

(3) 数据资料还可以用于检验模型的效果。也就是检验由模型计算出来的理论数值是否合理地反映了实际的观测结果。如果有若干个模型描述了同一个实际问题，那么模型效果的检验可以帮助我们选择尽可能优的模型。

4.4.1　确定性数据建模

在某种变化过程中，所涉及的变量之间存在某种确定性的函数关系，检测所得的数据资料仅仅是这种确定性的函数关系在量上的显示，此时需要通过对数据资料进行分析处理，揭示函数关系，建立数学模型。例如，圆的周长 C 与直径 d 之间的关系。不同的圆有不同的周长，人们通过大量的检测数据，揭示了这一本质的关系，建立了函数模型 $C=\pi d$，其中圆周率 π 是一个常数 $3.141\,592\,653\cdots$。

例 13　跳板承受力问题。

如图 4.8 所示，建筑工地为了施工需要，常常在脚手架之间搭上跳板。此时，需要考虑跳板所能承受的最大重量。显然，跳板越宽、越厚，承受的重量就越大；而跳板越窄、越薄、越长，承受的重量则越小。那么，如何建立承受重量 p 与跳板的长 d，宽 w 和厚 t 之间的函数关系呢？

图 4.8

分析　由于承受重量 p 是跳板的长 d，宽 w 和厚 t 的一个多元函数，因此我们采取先分解、再合成的方法来解决。

解　先暂时固定 d, w, t 中的两个变量，观察另一个变量与承受重量 p 之间的关系。

(1) 固定 $d=10$，$t=2$。经测试，得下表：

跳板的宽度 w	1	2	3	4	5	6
最大承受重量 p	27	53	80	107	133	160

画出散点图，可以看出散点几乎处在一条通过原点的直线上。于是，可以认定最大承受重量 p 和宽度 w 成正比。

(2) 固定 $d=10$，$w=3$。经测试，得下表：

跳板的厚度 t	1	2	3	4	5	6
最大承受重量 p	20	80	180	320	500	720

画出散点图，显示给出的点几乎处于一条通过原点的抛物线上。于是，我们认定最大承受重量 p 和厚度 t 的平方成正比。

(3) 固定 $w=3$, $t=2$。再次测试，得到下表：

跳板的长度 d	1	2	3	4	5	6
最大承受重量 p	800	400	267	200	160	133

这里，散点图显示最大承受重量 p 与长度 d 成反比。

归纳以上的分析结果，得到这一问题中变量之间的关系：最大承受重量 p 与宽度 w，厚度的平方 t^2 都成正比，与长度 d 成反比，即有函数模型

$$p=kwt^2/d$$

最后，确定模型中的比例系数 k。由上面所测得的数据资料中的任意一组都可以推导出 k 的数值。例如，当 $d=10, w=1, t=2$ 时，最大承受重量 $p=27$，于是 $27=k\cdot 1.2^2/10$，解得 $k=67.5$，从而完全确定了这一函数模型

$$p=67.5\cdot wt^2/d$$

这就是变量本身所存在的确定性的函数关系。

当然，确定 k 还有其他方法，如取上述已测量过的全部数据，分别代入求出相应的 k 值，然后取它们的平均值作为 k 的最终值。

由已经确定的函数关系，可以预测当变量取其他数值时，最大承受重量 p 的数值，这就保证了建筑工人的安全。例如，当长度 $d=20$，宽度 $w=1.5$，厚度 $t=11.5$ 时，最大承受重量 $p=67.5\times 1.5\times 11.5^2/20\approx 670$，即跳板最大可以承受 670 单位的重量。

4.4.2 最小二乘法

最小二乘法是在观测点处误差的平方和达到极小的前提下，使用简单曲线拟合观测点的一种方法。

假设 $(x_1,y_1),(x_2,y_2),\cdots,(x_n,y_n)$ 是一组观测数据，如果 y 与 x 之间有线性模型 $y=a+bx$ 关系的话，则每一对观测值 (x_i,y_i) 将有关系 $y_i=a+bx_i+\varepsilon_i=\widehat{y}_i+\varepsilon_i$，其中 $y_i=a+bx_i$ 为观测点的模型值，ε_i 为观测值 (x_i,y_i) 的误差。理想的结果应该是

$$\widehat{y}_i=y_i,\quad i=1,2,3,\cdots,n$$

但对于实际问题来说，观测值 y_i 与 $\hat{y}_i$ 是不尽相同的，它们之间会有偏差，其差值 $y_i-\widehat{y}_i$ 就是第 i 个点的偏差程度。

考虑到偏差性质，令所有观测点处误差的平方和

$$Q=\sum_{i=1}^{n}(y_i-\hat{y}_i)^2=\sum_{i=1}^{n}(y_i-a-bx_i)^2=\sum_{i=1}^{n}\varepsilon^2$$

显然，Q 值越小，其所对应的直线方程就越理想，因此，我们可以把 Q 值作为拟合线性模型效果的一个准则。于是问题就变成：已知一组数据 (x_i, y_i)，$i = 1, 2, 3, \cdots, n$，求使得 Q 值最小时线性模型的系数 a 和 b 的值。

这里，Q 是关于 a，b 的二元函数，使 Q 值最小的 a，b 必须满足方程组

$$\begin{cases} \dfrac{\partial Q}{\partial a} = -\sum\limits_{i=1}^{n} 2(y_i - a - bx_i) = 0 \\ \dfrac{\partial Q}{\partial b} = -\sum\limits_{i=1}^{n} 2x_i(y_i - a - bx_i) = 0 \end{cases}$$

由它求出 a, b：

$$\begin{cases} a = \bar{y} - b\bar{x} \\ b = \dfrac{\sum\limits_{i=1}^{n}(x_i - \bar{x})(y_i - \bar{y})}{\sum\limits_{i=1}^{n}(x_i - \bar{x})^2} \end{cases} \quad \left(\bar{x} = \frac{1}{n}\sum_{i=1}^{n} x_i,\ \bar{y} = \frac{1}{n}\sum_{i=1}^{n} y_i\right)$$

例 14　我国艾滋病患者人数的增长规律模型。

数据资料取自中国 1985~1995 年艾滋病患者人数 (健康报 1996-11-27，2 版)，为方便计算，将年份减去 1980，得表 4.1。根据上述数据，给出我国艾滋病患者人数增长规律的数学模型。

表 4.1　中国 1985 ~ 1995 年艾滋病患者人数

年份 x	5	6	7	8	9	10	11	12	13	14	15
人数 y	1	0	2	0	0	2	3	5	23	29	52

分析　显然，用直线模型 $y = a + bx$ 拟合不大合适。由于艾滋病是一种传染病，在一定时间范围内，用指数函数模型来描述其规律比较合适。

解　模型 1　设模型为 $y = \mathrm{e}^{a+bx}$，两端取对数，并记 $N = \ln y$，则该式可化为对数线性模型 $N = \ln y = a + bx$.

为此，将原始数据 (x_i, y_i) 中的 y_i 取对数，即用数据 $(x_i, \ln y_i)$ 拟合直线模型 $N = a + bx$ 的方法求出参数 a 和 b：

$$\begin{cases} a = \overline{N} - b\overline{x} \\ b = l_{xN}/l_{xx} \end{cases}$$

其中 $\overline{x} = \sum \dfrac{x_i}{n}$，$N_i = \ln y_i$，$\overline{N} = \sum \dfrac{N_i}{n}$，$l_{xN} = \sum (x_i - \overline{x})(N_i - \overline{N})$，$l_{xx} = \sum (x_i - \overline{x})^2$。

但是，由于 1986 年、1988 年、1989 年艾滋病患者人数为 0，$\ln y_i$ 无意义。于是一个自然的想法是，去掉患者人数为 0 的年份，得对数线性模型 $N = \ln y = -2.3989 + 0.3878x$，即

$$y = 0.0908\mathrm{e}^{0.3878x}$$

模型 2 当然，去掉患者人数为 0 的年份，就丢掉了一些有用的信息，那么如何用好全部信息呢？关键是 $\ln y$ 要有意义，为此我们将所有年份的患者人数均加 1。用最小二乘法，得所有年份的患者人数均加 1 的对数线性模型是 $\ln(y+1) = -2.2346 + 0.3745x$，由此得指数模型 $y = 0.1070\mathrm{e}^{0.3745x} - 1$。

模型 3 模型 2 改变了每年的艾滋病患者人数，这样的模型自然还是有较大偏差的。注意到，将每年的艾滋病患者人数累加，既可避免某些年份患者人数为 0 的现象，又可以使有限的数据资料得到充分利用 (表 4.2)。

表 4.2 中国 1985～1995 年艾滋病患者人数累加情况

年份 x	5	6	7	8	9	10	11	12	13	14	15
累加人数 z	1	1	3	3	3	5	8	13	36	65	117

这样，问题转化为求艾滋病患者累加人数的对数线性模型 $\ln z = -2.7097 + 0.4716x$，由此得指数模型

$$z(x) = 0.06656\mathrm{e}^{0.4716x}$$

模型应用 上述 3 个模型优劣的比较，我们可以通过计算某些年份，如 2020 年中国艾滋病患者人数，对模型 1、模型 2 来说，即求 $x = 40$ 时 y 的值，而对模型 3 来说，$y = z(40) - z(39)$。把这些结果与实际情况加以比较，从而优选模型，进一步去预测未知年份的中国艾滋病患者人数。也可以再将已有数据充实进来，建立新的数学模型。

进一步拓广 实际问题中存在着大量的非线性模型，非线性模型比线性模型复杂得多，要得到一个简单的非线性模型表达式并不容易。对于某些含两个参数 a, b 的初等非线性模型，可以通过变换，将它转化为线性模型，然后，利用最小二乘法求出参数 a, b。例如：

(1) 指数模型 $y = c\mathrm{e}^{bx}$，取 $z = \ln y, a = \ln c$，化为线性模型 $z = a + bx$；

(2) 对数模型 $y = a + b\ln x$，取 $z = \ln x$，化为线性模型 $y = a + bz$；

(3) 双曲线模型 $y = (b + ax)/x$，取 $z = 1/x$，化为线性模型 $y = a + bz$；

(4) 幂函数模型 $y = cx^b$，取 $\ln y = s$, $\ln x = t, \ln c = a$，化为线性模型 $s = a + bt$。

4.4.3 容器中水的深度问题

例 15 打开水龙头，让水均匀地注入一个容器内，随着注水时间 t 的增加，

容器内水面的高度 h 会不断地增加，直至水满溢出。现有四个不同形状的容器 (图 4.9)，分别建立容器中水面高度 h 与时间 t 的函数关系。

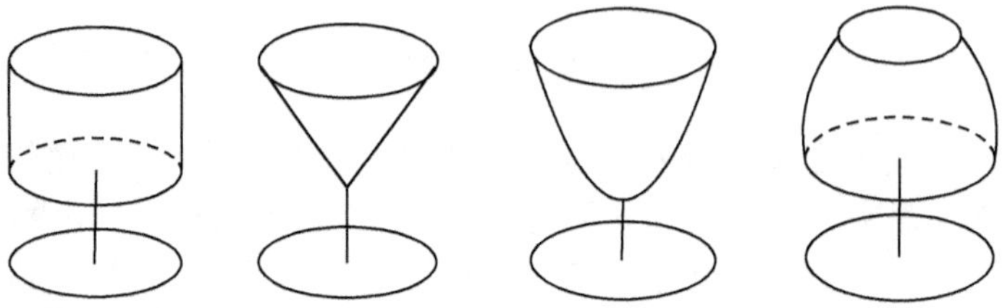

(1) (2) (3) (4)

图 4.9

分析与假设 为了建立水面高度 h 与时间 t 的函数关系，先作如下假设。

(1) 水龙头放水的速度是均匀的，每单位时间放出 mmL 水；

(2) 当时间 $t=0$ 时，容器内水的深度 $h=0$；

(3) 对容器 (1) 和容器 (2)，我们可以解决它们的一般情形，所以设它们的可装水部分的高都为 Hcm，最上端的圆半径为 Rcm；

对容器 (3) 和容器 (4)，我们只能解决它们的具体情形。现测量得它们的可装水部分的高为 10cm，容器 (3) 最上端的圆半径为 3cm，容器 (4) 的最上端和最下端的圆半径分别为 2cm 和 4cm，而水龙头的注水速度为每秒 10mL。

建立模型 设时间为 t 时，容器的水面高度为 h。根据假设 (1) 可知，当时间为 t 时，注入容器的水为 mt(mL)。按图 4.9，分 4 种情况建模。

对于容器 (1)，由于圆柱形容器内水面的高度 h 与注水时间 t 构成正比例函数关系。考虑到容器的最大高度为 H，所以水面高度 h 关于时间 t 的关系可表示为分段函数

$$h=\begin{cases}\dfrac{m}{R^2\pi}\cdot t, & 0\leqslant t\leqslant \dfrac{R^2\pi H}{m}\\ H, & t>\dfrac{R^2\pi H}{m}\end{cases}$$

同理，可得容器 (2) 水面高度 h 与时间 t 的函数关系为

$$h=\begin{cases}\sqrt[3]{\dfrac{3mH^2}{R^2\pi}\cdot t}, & 0\leqslant t\leqslant \dfrac{R^2\pi H}{3m}\\ H, & t>\dfrac{R^2\pi H}{3m}\end{cases}$$

对于容器 (3)，可先测得时间 t 和水面高度 h 的对应数据如下表：

t	2	4	6	8	10	12	14
h	2.7	5.3	6.5	7.6	8.4	9.2	10.0

根据上表中的数据，在以时间 t 为横坐标，水面高度 h 为纵坐标的平面直角坐标系中作出散点图，发现数据点的散布大体上呈现为以 t 轴为对称轴的抛物线状，且 $t=0$ 时 $h=0$。故这相应的曲线方程为 $t=a\cdot h^2(t\geqslant 0,h\geqslant 0)$。由数据组 t 和 h^2。利用最小二乘法求出 a 的估计值

$$\hat{a}=\frac{\sum\limits_{i=1}^{7}t_ih_i^2-7\bar{t}\cdot\bar{h}^2}{\sum\limits_{i=1}^{7}h_i^4-7(\bar{h}^2)^2}$$

其中 $(t_i,h_i)(i=1,2,\cdots,7)$ 分别是第 i 对测量值，$\bar{t}$ 和 $\bar{h}^2$ 分别是关于 t 和 h 的 7 个测量值的算术平均数，计算得 $\hat{a}\approx 0.133$，即

$$t=0.133\cdot h^2\ (0\leqslant h\leqslant 10)$$

所以，h 关于 t 的函数为

$$h=\begin{cases}2.74\sqrt{t}, & 0\leqslant t\leqslant 13.3\\ 10, & t>13.3\end{cases}\tag{4.3}$$

在坐标系中画出式 (4.3) 的图像，与原测得的数据拟合较好，因此可知，h 关于 t 的函数关系可近似地表示为式 (4.3)。

对于容器 (4)，同样依次测得时间 t 和水面高度 h 的对应数据，如下表所示。

t	2	4	6	8	10	12	14	16	18	20	22
h	0.1	0.3	0.5	1	1	1.3	2.2	3.3	5	7.2	9.7

根据上表，在平面直角坐标系中作出散点图。由散点图发现，数据点的散布大体上呈幂函数的图像，不妨设 $h=a_1\cdot t^2$ 或 $h=a_2\cdot t^3(t\geqslant 0,h\geqslant 0)$，即 h 是 t^2 或 t^3 的一次函数，计算 t^2 和 t^3 的值，利用最小二乘法计算得 $\hat{a}_1\approx 0.02$，即

$$h=\begin{cases}0.02t^2, & 0\leqslant t\leqslant 22.36\\ 10, & t>22.36\end{cases}\tag{4.4}$$

同理，计算得 $\hat{a}_2\approx 0.0009$，即

$$h=\begin{cases}0.0009t^3, & 0\leqslant t\leqslant 22.31\\ 10, & t>22.31\end{cases}\tag{4.5}$$

比较式 (4.4) 和式 (4.5) 的图像，式 (4.5) 的拟合效果较式 (4.4) 更好。因此，选择式 (4.5) 更好。

注 由于容器 (3) 和容器 (4) 中水面高度 h 和时间 t 的函数关系不是一种确定性关系，因此，利用测得的数据，通过函数模拟得到了它们的关系式。

4.5　常见统计思想方法

统计是研究如何收集、整理、分析数据的学科，它可以为人们制定决策提供依据。本节主要介绍估计、检验、随机试验和聚类分析等常见的统计思想方法。

4.5.1　估计的基本思想

1. 抽样

统计问题离不开抽样。抽样是通过抽取总体中的部分样本，收集这些样本的信息，用来作为对总体进行推断的一种手段。其实，在日常生活中，我们常常自觉或不自觉地应用这种方法。例如，我们到集市上去买花生、瓜子总要抓几粒看看是否饱满和干燥；在家里做菜的过程中往往要取一点尝尝，其咸淡如何？虽然只取一点点，其目的都是用来了解全部的情况。当然，抽样必须具有随机性，就是说，抽到每个样品的机会均等。

例 16　第二次世界大战期间，盟军非常想知道德军总共制造了多少辆坦克。德国人在制造坦克时是墨守成规的，他们把坦克从 1 开始进行了连续编号。在战争进行过程中，盟军缴获了一些德军坦克，并记录了它们的生产编号。怎样利用这些缴获坦克的编号来估计德军坦克的总数呢？

解　这里，我们假设总体参数是未知德军坦克总数 N，而缴获坦克的编号则是样本，如果假定缴获的坦克代表了所有坦克的一个随机样本，问题就转化成如何通过样本来估计总体了。我们可以先求出被缴获坦克编号的算术平均值 $\overline{x}$(即样本平均值)，用其作为总体平均值 $a=\dfrac{1+2+\cdots+N}{N}=\dfrac{N+1}{2}$ 的估计。这样，用样本平均值 $\overline{x}$ 的 2 倍减 1 即可得到德军坦克总数 N 的估计值了。当然，这样得到的估计值可能小于记录中最大编号， 在这种情况下可以进行适当的变形以得到更好的估计值，如可以通过 $\dfrac{n+1}{n}\max\limits_{1\leqslant i\leqslant n}(x_i)$ 来估计 N。

这种方法及其各种变形的确用于第二次世界大战之中。从战后发现的德军记录来看，盟军的估计值非常接近所生产的坦克的真实值，记录还表明统计估计比通过其他情报方式作出估计要大大接近于真实数目。统计学家做得比间谍们更漂亮。

例 17　从鱼塘捕得同时放养的草鱼 240 尾，从中任选 9 尾，称得每尾的质量 (单位：kg) 分别是

$$1.5，1.6，1.4，1.6，1.3，1.4，1.2，1.7，1.8$$

估计捕得的 240 尾鱼的总质量。

分析　为估计 240 尾鱼的总质量，应先求出所称 9 尾鱼的平均质量，然后通过每尾鱼的平均质量即可估计出 240 尾鱼的总质量了。

解 由题意得，9 尾鱼的平均质量为

$$(1.2 + 1.3 + 2 \times 1.4 + 1.5 + 2 \times 1.6 + 1.7 + 1.8)/9 = 1.5(\text{kg})$$

则 240 尾鱼的质量估计为 $1.5 \times 240 = 360(\text{kg})$。

注 把任选的 9 尾鱼作为抽取的一个样本，通过计算样本的平均数来估计总体特征。一般来说，对于给定的 n 个数 $x_1, \cdots, x_n$，使得 $(x_1 - b)^2 + \cdots + (x_n - b)^2$ 达到最小的 b 为 $(x_1 + \cdots + x_n)/n$，这是 n 个数据的平均数。在统计与概率中，通常称上式为离差平方和，如果把 n 个数据看作样本，那么，样本平均使样本的离差平方和达到最小，因此在统计与概率中经常会用到样本平均。

2. 最大似然法

一般地讲，运用抽样方法，由于只能根据部分去推断全体，因而作出的结论不可能绝对准确，总带有一定程度的不确定性。我们用概率来刻画这种不确定性。概率大，推断较可靠；概率小，推断较不可靠。这种伴随有一定概率的推断，称为统计推断。

在参数统计推断问题中，最大似然法是一种广泛使用的求估计的方法。它建立在这样一种直观想法的基础上：假定一个随机试验有若干种可能的结果 $\omega_1, \omega_2, \cdots$。如果在一次试验后出现了结果 ω_1，那么，一般认为试验条件对“结果 ω_1 出现”有利，即这个试验中“出现 ω_1”的概率 (站在试验前的立场上考察) 最大。

例 18 黑箱问题。

设在一个布袋中盛放着许多个黑球和白球，但不知道是黑球多还是白球多，只知道两种球的数目之比为 1:3，就是说抽取到黑球的概率是 1/4 或 3/4，我们希望通过试验来判断黑球占的比例是 1/4 还是 3/4?

解 今用有放回抽取的方法从布袋中抽取 n 个球，其中黑球的个数即为 X。则 X 服从二项分布

$$P(X = x) = \mathrm{C}_n^x p^x (1 - x)^{n-x}$$

现就 $n = 3$ 的情形讨论如下。怎样通过样本的观察值亦即 x 的取值来估计参数 p 呢? 换句话说，在什么情况下取 $p = 1/4$ 而在另外的情况下取 $p = 3/4$ 更为合理呢? 为此，我们就 $p = 1/4$ 或 $p = 3/4$ 为参数值的二项分布计算得到的概率列如下表:

x	0	1	2	3
$P(x;1/4)$	27/64	27/64	9/64	1/64
$P(x;3/4)$	1/64	9/64	27/64	27/64

由于样本来自总体并很好地反映了总体的概率分布特征，因此，我们在对总体的分布函数的参数估计时，应该从样本的观察值出发来考虑。在这个例子中，

如果我们观察到的黑球个数 $x=0$，由 $P(0;1/4)=27/64$ 及 $P(0;3/4)=1/64$ 知，$P(0;1/4)>P(0;3/4)$，这表明使 $x=0$ 的样本从 $p=1/4$ 为参数的总体中抽取比从参数为 $p=3/4$ 的总体中抽取更有可能发生，因而取 1/4 作为 p 估计比取 3/4 作为 p 估计更为合理。类似地，当 $x=1$ 时，取 1/4 作为 p 估计比取 3/4 作为 p 估计更为合理。而当 $x=2$ 或 $x=3$ 时，取 3/4 作为 p 估计比取 1/4 作为 p 估计更合理。这就是按最大似然法原理估计参数的基本思想。

例 19 钓鱼问题。

为了估计湖中的鱼数 N，同时从湖中钓出 r 条鱼做上记号后放回湖中，然后再从湖中同时钓出 s 条鱼，结果发现这 s 条鱼中有 x 条标有记号。这里 N 是未知数，r 及 s 是已知常数，试问应如何估计 N 的值？

解 第二次钓出的标有记号的鱼数 X 是随机变量，且 X 服从超几何分布

$$P\{X=x\}=\frac{\mathrm{C}_r^x\mathrm{C}_{N-r}^{s-x}}{\mathrm{C}_N^s}$$

其中 x 为整数，且 $\max[0,s-(N-r)]\leqslant x\leqslant\min[r,s]$。今用 $L(x,N)$ 表示上式中右端，则取使 $L(x,N)$ 达到最大的 $\hat{N}$ 作为 N 的估计值。但是，直接对 N 求导相当困难，现用下述方法。考虑比值

$$A(x;N)=\frac{L(x;N)}{L(x;N-1)}=\frac{N-r}{N}\cdot\frac{N-s}{(N-r)-(s-x)}=\frac{N^2-(r+s)N+rs}{N^2-(r+s)N+Nx}$$

从上式看到，当且仅当 $N<rs/x$，$L(x;N)>L(x;N-1)$，当且仅当 $N>rs/x$，$L(x;N)<L(x;N-1)$，因此 $L(x,N)$ 在 rs/x 附近取最大值，于是 N 的估计量为 $\hat{N}=[rs/x]$(其右端的方括号表示取整数部分)。

随机地打几网，比如说，打上了 100 条鱼。把这 100 条鱼身上做上记号，放回池里。第二天再打几网，打上 80 条鱼。80 条鱼里有两条带有记号。根据本例，就可以估计出，池里鱼的数目大概至少有 $100\times(80/2)=4000$(条)。同样，例 17 鱼的总质量的估计，道理也在于此。

4.5.2 检验的基本思想

工厂生产出来的产品，要检查质量。有的要逐个检查，如航天飞机上用的零配件，就必须一个一个地检查。然而对大多数产品，逐个检查是不现实的，甚至是不可能的。检查烟花爆竹的质量，当然不能逐个燃放，只能抽查。抽查，也称抽样检验，是用概率统计的原理摸清情况的常用方法。

日常生活实践中，人们在抽样检验中不由自主地恪守着这样一个原理：实际推断原理。用一句话来说，就是“小概率事件在一次试验中实际上是不可能发生的。”依据该原理，我们就得到一种推理的方法。如果在某假设成立的条件下，事件 A 是

一个小概率事件，这就是说，在一次试验中，它实际上是不可能发生的。现在，我们只进行一次试验，事件 A 就发生了，这时，自然应该怀疑原来的前提 (假设) 的真确性。

例 20 甲同学在他的盒子中放了 200 个玻璃球 (盒子中黑球、白球究竟各有多少他并未告诉其他任何人)，甲同学当众宣布：他的这些球中黑球所占比例 $p=3\%$，乙同学从甲同学的盒子中任意取若干个球 (如 10 个)，观察并记录取到球的颜色。(1) 假如乙同学发现他任取的 10 个球中有 2 个黑球，问此时乙同学能否相信甲同学的说法？(2) 假如乙同学发现他任取的 10 个球没有黑球，问此时乙同学对甲同学的说法又应做何反应？

解 把甲同学的说法当做一种假设，即令 $H_0: p=3\%$，假定 $p=3\%$ 正确，这时 200 个球中的黑球数应为 6。下面来计算任取 10 个球中至少有 2 个是黑球的概率。

令 p_i 表示乙同学任取 10 个球中恰有 i 个黑球这一事件的概率，则

$$p_0=\frac{\mathrm{C}_{194}^{10}}{\mathrm{C}_{200}^{10}}=\frac{194\times193\times\cdots\times185}{200\times199\times\cdots\times191}=0.732$$

$$p_1=\frac{\mathrm{C}_{194}^{9}\times\mathrm{C}_{6}^{1}}{\mathrm{C}_{200}^{10}}=\frac{6\times(194\times193\times\cdots\times186)}{200\times199\times\cdots\times191}=0.237$$

于是

$$1-p_0-p_1=1-0.732-0.237=0.031$$

上述结果表明，若甲同学所说的 200 个球中黑球所占比例为 3%为真的话，则任取 10 个球，出现至少 2 个黑球的概率为 0.031。这样的抽样做 100 次，遇到这种情况 (至少取到 2 个黑球) 将不到 4 次，现在，只做一次抽样 (乙同学取 10 个球) 就遇上了这种罕见的事情，这和实际推断原理断定的结果：小概率事件在一次试验中实际上是不可能发生的，产生了矛盾，究其原因，产生这种矛盾的根源在于甲同学的说法 $p=3\%$，因此乙同学应该拒绝假设 $H_0: p=3\%$，认为甲同学的 200 个球中黑球所占比例将远大于 3%，从而拒绝甲同学的说法，认为甲同学宣称的 200 个球中黑球所占比例 3%为不可信。

如果乙同学任取的 10 个球中没有黑球，全是白球的话，则乙同学只好承认甲同学宣称的 200 个球中黑球所占比例为 3%可能是可信的。

上面解题过程可以看出，抽样检验的推理方法有两个特点：

(1) 用了反证法的思想：为了检验一个假设 H_0 是否成立，我们先假定这个假设是成立的，而后看一看，在 H_0 成立的条件下，某个小概率事件是否发生，如果发生了，则拒绝假设，否则没有理由拒绝假设。

(2) 它又与纯粹推理方法中的反证法不同，我们并没有导出一个绝对的矛盾，而是导出了与实际推断原理所断定的经验事实的矛盾，这样，作出的拒绝假设的结论，不仅依赖于所选取的样本，而且还取决于小概率的具体数值。

4.5.3 蒙特卡罗方法

蒙特卡罗 (Monte Carlo) 方法，或称计算机随机模拟方法，是一种基于随机数的计算方法。这一方法源于美国在第二次世界大战期间研制原子弹的“曼哈顿计划”。该计划的主持人之一、数学家冯 · 诺依曼 (John von Neumann，1903~1957) 用驰名世界的赌城 —— 摩纳哥的 Monte Carlo 来命名这种方法，为它蒙上了一层神秘色彩。

蒙特卡罗方法的基本思想很早以前就被人们所发现和利用。早在 17 世纪，人们就知道用事件发生的“频率”来决定事件的“概率”。18 世纪下半叶，人们用投针试验的方法来决定圆周率 π。

例 21　蒲丰投针问题。

1777 年的一天，法国数学家蒲丰 (D. Buffon，1707~1788) 邀请许多宾朋来家做客，并参观他的试验。蒲丰事先在白纸上画好了一条条等距离的平行线，将纸铺在桌上，又拿出一些质量均匀、长度为平行线间距离之半的小针，请客人把针一根根随便扔到纸上，蒲丰则在一旁计数。结果，共投了 2212 次，其中与任一平行线相交的有 704 次。蒲丰又做了一个简单的除法 $2212 \div 704 \approx 3.142$，最后他宣布，这就是圆周率 π 的近似值，还说投的次数越多越精确。

蒲丰上述试验可归结为下面的数学问题：平面上有距离为 a 的一些平行线，向平面任意投一长为 $l(l < a)$ 的针，假设针落在任意位置的可能性相同，求针与平行线相交的概率 p。

解　如图 4.10 所示，以 M 表示针落下后的中点，以 x 表示 M 到最近一条平行线的距离，以 φ 表示针与此线的交角。针落地的所有可能结果满足

$$0 \leqslant x \leqslant a/2, \quad 0 \leqslant \varphi \leqslant \pi$$

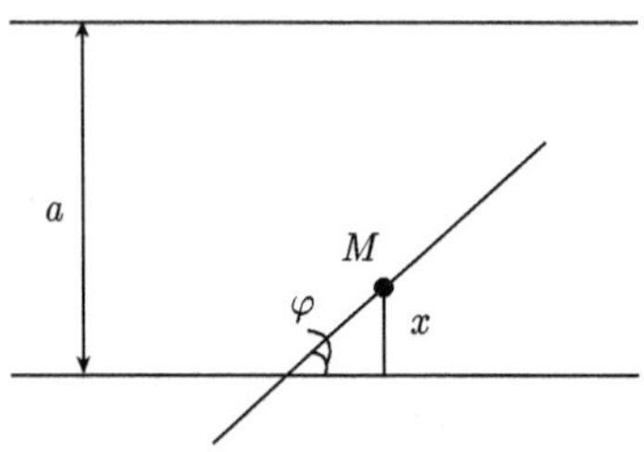

图 4.10

它是平面上的一个矩形区域 Ω，也就是样本空间，其面积是

$$S(\Omega) = a\pi/2$$

而针与平行线相交的充要条件是

$$0 \leqslant x \leqslant \frac{l\sin\varphi}{2}, \quad 0 \leqslant \varphi \leqslant \pi$$

它是样本空间的一个子集 A，如图 4.11 所示，其面积是

$$S(A) = \int_0^{\pi} \frac{l}{2}\sin\varphi \mathrm{d}\varphi = l$$

因此，针与平行线相交的概率

$$p = \frac{S(A)}{S(\Omega)} = \frac{2l}{a\pi}$$

根据以上公式，假如我们能做大量的投针试验并记录针与线相交的次数，则由大数定律可以估计出针线相交的概率 p，从而得到 π 的估计值。

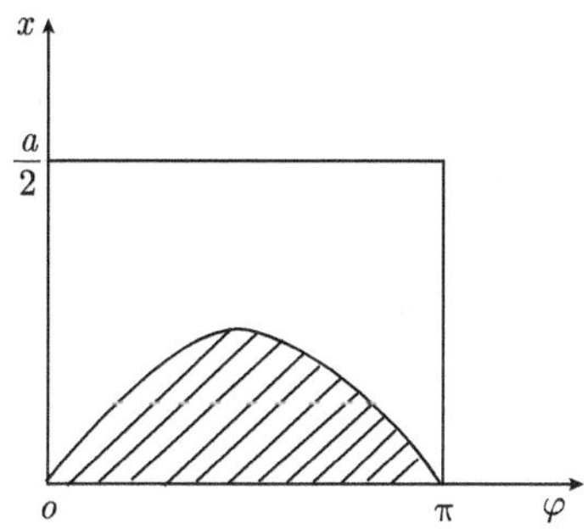

图 4.11

历史上曾有几位学者做过这样的试验，如 Lazzarini 在 1925 年用针长为平行线宽的 5/6 的针投了 3408 次，其中相交的次数为 1808 次，得到了 π 的估计值为 3.141 592 92，这是比较精确的一次人工试验。但应该指出，上述试验的精度一般不会很高。然而随着计算机技术的快速发展，人们不需要具体实施这些试验，而只要在计算机上进行模拟试验即可。亦即给定 l，我们可以在计算机上随机产生 x 和 φ，然后判断 $x/\sin\varphi \leqslant l/2$ 是否成立。若成立，则针线相交，否则不交。假如我们在计算机上独立地产生 10 000 对这样的 x 和 φ，并记录相交的次数为 n_0，则 π 的估计值可取为 $20\,000 \times l/n_0$，这就是随机模拟的计算结果。

由上述例子可以看出随机模拟计算的思路：

(1) 针对实际问题建立一个简单且便于实现的概率统计模型，使所求的解恰好是所建模型的概率分布或其某个数字特征 (如期望值)；

(2) 对模型中的随机变量建立抽样方法，在计算机上进行模拟试验，抽取足够的随机数，并对有关的事件进行统计；

(3) 对模拟试验结果加以分析，给出所求解的估计及其精度 (方差) 的估计；

(4) 必要时，还应改进模型以降低估计方差和减少试验费用，提高模拟计算的效率。

蒙特卡罗方法近年来应用十分广泛，一些动态蒙特卡罗方法更是近年来发展最快的统计分支之一。

4.5.4　聚类分析法

分类是人类认识客观世界的基本方法之一。人们把所研究的对象分成若干类，然后分门别类地进行仔细研究，从而加深对事物的认识。例如，对公司经营业绩分类，可以找到改善经营的途径。历史上很早以前就有分类这门学问，但那时主要靠专业知识进行分类，很少利用数学工具。随着生产和科学技术的发展，分类越来越细，分类准确性的要求也越来越高，于是在分类中应用数学方法，逐渐形成了“聚类分析”或“聚类建模”这门学问。

衡量两个事物接近程度的方法很多，我们将每个事物看作数学空间中的一个点，在这个数学空间中规定两点间的距离，以距离来表示事物的差别程度，分类时把距离近的点归成一类，这种方法称为聚类分析法。聚类分析法如何操作呢？

我们用 $d(i,k)$ 表示第 i 个事物与第 k 个事物间的距离，并用适当的方法规定类与类间的距离。例如，以 $G_1, G_2, \cdots$ 表示类，用 $D(p,q)$ 来记类 G_p 与类 G_q 之间的距离。$D(p,q)$ 可以规定为 G_p 中任一事物和 G_q 任一事物距离的最小值，即类 G_p 与类 G_q 之间的最短距离。

假设现在要将 100 个事物分类。可先将 100 个事物各自看成一类，这样开始时共有 100 类。我们规定事物之间的距离，以表示事物之间的差别。同时规定类与类之间的距离，以表示类之间的差别。开始时，由于 100 个事物自成一类，故类与类之间的距离就是事物间的距离。将距离最小 (或不超过某一数值) 的类合并成一个新类，计算新类与其他类的距离，再将距离近的类合并。这样每次可减少类的数目，直至类的数目满足聚类的要求为止。这是一种逐步合并的聚类方法。

例 22　语言的分类。

解　每种语言都非常复杂，各种语言既有差别，又有一些相近之处。如何对各种语言做一个恰当的分类呢？

首先，需要寻找一种简单而又能反映它们之间联系和差别的量化方法。一种简单的方法就是比较它们表达数字的词，这些词之间的差别在一定程度上代表了不同语言之间的差别。

其次，不同语言的两个数词之间的差别如何用数量来刻画呢？在此我们采取一种简单的方法来规定两种语言中数词间的距离：若数词的第一个字母相同，规定距离为 0；若数词的第一个字母不同，规定其距离为 1。

再次，用十个数词间的距离的和 a 来规定这两种语言的距离。显然，a 越小，这两种语言就越接近，反之，则相差越大。例如，欧洲各国之间有着悠久的历史渊源关系，意大利语与西班牙语距离为 1，因此十分相近；而意大利语与匈牙利语距离为 10，故相差很大。

最后，我们还可以对一些语言进行适当的分类。例如，欧洲十种语言与英语之间的距离如下表：

国别	挪威	丹麦	荷兰	德国	法国	西班牙	意大利	波兰	匈牙利	芬兰
距离	2	2	7	6	6	6	6	7	9	9

根据这些距离指标，可以粗略地将这十种欧洲语言分为三类：挪威、丹麦；德国、法国、西班牙、意大利、荷兰、波兰；匈牙利、芬兰。

思考 熟悉温州话与闽南话的读者，不妨将它们与普通话的差别定义出来，从而找出这两种语言与普通话的差异哪个更大？

例 23 利用树叶的特征对树木分类(选自《义务教育数学课程标准 (2011 年版)》)。

(1) 收集三种不同树的树叶，每种树叶的数量相同，比如每种树选 10 片树叶。

(2) 分类测量每种树叶子的长和宽，列表记录所得到的数据。

(3) 分别计算出树叶子的长宽比，估计每种树树叶的长宽比。

(4) 验证估计的结果。

说明 我们可以抓住树的某些特征对树进行分类，本例是利用树叶的数据特征来对树进行分类。

(1) 为了使分析的结果更加明显，最好选择树叶区别较大的三种 (或者更多) 树，而每种树选择的树叶的大小要接近，即区别要小一些。

(2) 估计每种树树叶的长宽比的方法可以是多样的。例如，对于每种树的 10 片树叶都测量了长和宽以后，可以用 10 个比值的平均数，也可以用 10 个比值的众数、中位数；还可以把长和宽各自相加后，取和的比值，这是 10 个数平均数的比值。针对这个问题，用最后一种方法比较合适。

(3) 取一片新的树叶，通过这片树叶的长宽之比、参照 (2) 的估计结果，来判断这片树叶属于哪种树。学生会发现，即使是同一棵树，叶子长与宽的比值恰好等于估计值的可能性也很小，这体现了数据的随机性。可以进一步启发学生考虑一个合理的方案：只要比值大概等于估计值，就可以认为是同一种树，也就是说，需要构造一个以估计值为中心的数值区间，当新取的树叶的长宽比值属于这个区间时就认为属于这个树种。如何合理地构造这个数值区间是重要的，区间太短则可能拒绝同类树种，区间太长则判断的精度就要差。一般来说，当估计值是平均数时，区间为平均数 $\pm\sigma$，或者平均数 $\pm 2\sigma$，其中 σ 是样本标准差。让学生感悟决定数值区间的道理。

例 24 儿童体重每年增加的数量与儿童的生长发育过程有关。下表列出了 1~11 岁儿童每年平均的增重数。

年龄	1	2	3	4	5	6	7	8	9	10	11
增重/kg	9.3	1.8	1.9	1.7	1.5	1.3	1.4	2.0	1.9	2.3	2.1

从表中可以粗略地看到：1 岁是儿童增重的高峰；6 岁是儿童增重的低谷。我们主要讨论：应该把 1 岁至 11 岁的儿童划分成几个发育阶段？如何划分阶段为好？

分析 本例中，儿童的增重数按年龄排序，按一定次序排列的事物称有序事物。对有序事物分类时，不能打乱原先事物的次序。那么，有序事物如何分类呢？

一种好的分类方法，应该使处于同一类内事物之间的差别尽可能地小，而使类与类之间的差别尽可能地大。例如，把一个班级的学生分成学习成绩好、中、差三类，同是成绩好的一类的学生之间应该差别不大，而若一个属于成绩好的一类，一个属于成绩中的一类，则这两个学生就应有明显的差别。如何表示类内部事物与事物的差别呢？我们借用统计中全距 (即两数的距离) 的计算方法。

模型建立及求解 以 $x_1, x_2, \cdots, x_{11}$ 记上述对应的儿童增重的 11 个数据，x_i 表示 i 岁儿童的增重数。设想要把它们分成依序的 3 个组，这时可以有多种选择。例如，$\{1,2,3\}$，$\{4,5,6,7,8\}$，$\{9,10,11\}$ 就是一种可选择的分类方法。这里 $\{1,2,3\}$ 表示把 1 至 3 岁分为一组，$\{4,5,6,7,8\}$ 表示把 4 至 8 岁分为一组等等。可以知道，把 11 个事物不改变其排列次序地分为 3 类，相当于在 10 个位置 (每个位置想象为两个事物的“间隔”) 放置 2 个栅栏，因此共有 $\mathrm{C}_{10}^2 = 45$ 种分法。

现在以分类方法：$\{1,2,3\}$，$\{4,5,6,7,8\}$，$\{9,10,11\}$ 为例，说明如何计算类内的差别。第一类 $\{1,2,3\}$ 数据最大值为 9.3，最小值为 1.8，这一类内的差异用全距 $9.3-1.8=7.5$ 来表示。同理，第二类 $\{4,5,6,7,8\}$ 的差异用 $2.0-1.3=0.7$ 来表示，第三类 $\{9,10,11\}$ 的差异用 $2.3-1.9=0.4$ 表示。

为度量上述分类方法的优劣，我们计算此种分类方法中三个类内差异的平均数，即规定该分类方法的优劣指标 K，其值为 $K=(7.5+0.7+0.4)/3=2.87$。

对于另一种分类方法 $\{1,2,3,4\}$，$\{5,6\}$，$\{7,8,9,10,11\}$，第一类、第二类、第三类内的差异分别为 7.6，0.2 和 0.9，该分类方法的优劣指标约为 2.90。相比之下，此分类方法不如上述分类方法好。

把 11 个有序数据分成 3 类，有 45 种方法。计算每种分法的优劣指标，加以比较，可得最好的分类方法为 $\{1\}$，$\{2,3,4,5,6,7,8,9\}$，$\{10,11\}$。此分类方法的优

劣指标 $K=(0+0.7+0.2)/3=0.30$。

同样，把这 11 个数据分成两类的最好分类方法是 $\{1\},\{2,3,\cdots,11\}$，此时优劣指标 K 为 0.5；分成四类的最好分类方法是 $\{1\}$，$\{2,3,4\}$，$\{5,6,7\}$，$\{8,9,10,11\}$，优劣指标 K 为 0.20。

那么这 11 个数据分成几类为宜呢？为此，我们分别找到把 11 个数据分成 1 类、2 类、$\cdots$、11 类的最好的分类法，计算出各最好分类方法的优劣指标，列表如下：

分类数目 n	1	2	3	4	5	6	7	8	9	10	11
优劣指标 K	8.0	0.5	0.3	0.2	0.14	0.1	0.07	0.04	0.02	0.01	0

由上表看到，如果把 1 至 11 岁分成两类 $(n=2)$，$K=0.5$, 优劣指标值太大；而当 $n>4$ 时优劣指标值 K 则相差不多。而当 $n=3$ 或 $n=4$ 时，已降为 0.30 和 0.20。因此分成 3 类或 4 类为宜。

以下对分成四类的情况予以解释。儿童从 $1\sim 11$ 岁可分为四个阶段：1 岁的儿童睡得多吃得多，处于体重增加最快的阶段；$2\sim 4$ 岁的儿童在幼儿园，体重增加有所减缓；$5\sim 7$ 岁的儿童处于入学前或刚入学的阶段，特别好动，体重增加相对缓慢；$8\sim 11$ 岁后生活规律化，儿童体重稳定增加。

思考与练习 4

1. 某省对所辖 8 个城市党政一把手进行任职交流，要求把每个干部都调到另一个城市去担任相应的要职，问有多少种不同的干部调配方案？

2. (1) 平面上的 n 个圆，最多可以把平面分成几个部分？

(2) 球面上的 n 个圆，最多可以把球面分成几个部分？

(3) 空间中 n 个球面，最多可以把空间分成几个部分？

3. (1) 为能用天平称出从 $1\sim 121$g 所有整数克的质量，最少用几只砝码，这些砝码各是多少克？

(2) 有 9 个砝码，质量都是整数 (单位：g，允许有相同的质量)，用它们称出不超过 500g 的所有物体质量 (称物体质量时，要求砝码放在天平的右盘，物体放在天平的左盘)，问这 9 个砝码中最重的那个最少要多少克？

4. 电脑福利彩票中的数学问题。

(1) 彩票的约定：彩票每注投注号由一个 6 位数基本号码和一个特别号码组成，每位号码均从 0 至 9 这十个数字中产生，每注 2 元；

(2) 奖金的设定：彩票销售总额的 48%为当期设奖奖金、2%为奖池金 (填补意外情况)、50%为社会筹集资金。彩票总奖金额分设特、一、二、三、四、五共六个奖级，其中，特等奖：当期设奖奖金减去固定奖金后的 60%；一等奖：当期设奖奖金减去固定奖金后的 20%；二等奖：当期设奖奖金减去固定奖金后的 20%；三等奖：为固定奖金，单注奖金为 500 元；四等奖：固定奖金，单注奖金为 30 元；五等奖：固定奖金，单注奖金为 10 元；

(3) 奖金分配：彩票特、一、二等奖按各奖级实际中奖注数平均分配相应等级的奖金，特等奖奖金单注封顶 500 万元，余额滚入下期特等奖；

(4) 兑奖规则：特别号只对特等奖有效，其余奖级既可对左边，也可对右边。例如，摇出的基本号是 123678，特别号是 9，那么各奖级中奖情况为：特等奖 123678 $\cdots$ 9；一等奖 123678；二等奖 12367X 或 X23678；三等奖 1236XX 或 XX3678；四等奖 123XXX 或 XXX678；五等奖 12XXXX 或 XXXX78。

假设：①每个投注号码只有一次中奖机会，不兼中兼得 (奖级大的优先)；②为便于计算，设每个号码都有人买，并且忽略重号票的情况；③中奖者需依法缴纳个人偶然所得税 (当中奖金额大于或等于 10 000 元时，需缴税 20%)。

问：(1) 一期共有几注彩票？一期彩票销售总额是多少元？

(2) 一期彩票销售完，可为社会筹集多少资金？按上述假设，问一年可为社会筹集多少资金？

(3) 在一期中不同奖级的中奖注数分别是多少？

(4) 一期中奖概率是多少？其中大奖的中奖率共是多少？

(5) 一期特等奖，一等奖以及二等奖单注的中奖金额在税前税后分别是多少？

(6) 一期彩票销售实际返回 (纳税后) 总金额共是多少元？返还率为多少？

5. 给出 18 包物品打包后，求具有最小表面积的打包形式。

火柴：长 $a = 46\text{mm}$，宽 $b = 36\text{mm}$，高 $c = 16\text{mm}$；

书籍：长 $a = 183\text{mm}$，宽 $b = 129\text{mm}$，高 $c = 20\text{mm}$。

6. 将 6 包香烟打成一包，不同的打包形式有几种？其中表面积最小的打包方式怎样？

7. *投掷硬币游戏*。在一个游戏中，参与者被要求向一个类似于国际象棋棋盘的方格盘投掷硬币。如果钱币接触到了某一方格的边界，游戏者就输了；如果钱币滚出棋盘，游戏重新开始；如果钱币完全落在某个方格的内部，就是游戏者获胜。现问：

(1) 在这一游戏中获胜的概率有多大？

(2) 如果方格盘上的格子交替地涂成红色和白色，而只有落入红色的格子之内才算获胜，问这时取胜的概率有多大？

(3) 如果棋盘是由正六边形组成，这时游戏获胜的概率有多大？当这一游戏中参与者获胜的概率不小于 1/4 时，硬币的半径与正六边形边长的比应不超过多少？

8. 猜车游戏。有三扇门，只有一扇门的后面是一辆车，若猜中即开走。现在我猜一号门，然后主持人将 2，3 门中无车的打开，如 3 号门后无车。现在请问，你是否要换选 2 号门?

9. 某服装厂，从今年 7 月份开始投产，接下去的 4 个月的产量分别为 1 万件、1.2 万件、1.3 万件、1.37 万件。由于质量好，因此产品销售情况良好。请你估测以后几个月的产量。

10. 燃气灶火量问题。在使用燃气中，困扰人们的一个普遍问题是：煤气灶旋转旋至多大时，最节省燃气。由实验可知，火焰越大，耗用的时间也就越少，但这并不与热率成正比。当火焰太大时，喷出的大量燃气不能与空气充分接触，燃烧并不充分；而火焰过小时，炉下不能维持较高温度，外部冷空气将带走它的相当一部分热量，散热太快。因此，只有使用中等偏大的火焰时，燃烧才会充分且热量不易散失，从而节约燃气。

在无水垢的新铝锅内装入定量的冷水，置于燃气灶上分别用不同大小的火焰将其加热至沸腾 (因火焰大小不宜测量，利用燃气灶上的旋钮刻度代指，从点火线至最大线共有四格，分别取旋钮正指 5，4，3，2 刻度时测量，火焰大小与刻度大小成正比)，并记录下每次所需时间和耗气量 (为减小误差，每次加热至沸腾后都用水将锅冷却至室温)，现得到旋钮所指刻度、起止时间和耗气量三者之间的关系数据如下表。

旋钮所指刻度	起止时间		燃气表读数/m^3	
	始	终	始	终
5	0	$8'07.60''$	7.266	7.310
4	0	$8'39.82''$	7.310	7.347
3	0	$9'54.35''$	7.347	7.390
2	0	$12'13.22''$	7.390	7.451

(1) 试将上述实验数据整理成表。

(2) 若耗气量 y 与旋钮刻度 x 间的模拟函数可以选用二次函数或函数 $y = a\cdot b^x + c$(其中 a，b，c 为常数)。请问用刻度值为 $3\sim 5$ 来求模拟函数时用以上哪个函数作为模拟函数更确切? 说明理由。

(3) 由选用的模拟函数计算出最节约燃气点，并简要分析。

11. 地球温室效应问题。由于人类生产活动大量燃烧煤炭、石油等燃料，致使地球周围大气层中二氧化碳浓度逐步增加，从而也使地球的大气平均气温逐年上升。下表统计了近 100 年内地球大气气温上升数据，试根据表中数据，建立一数学模型，并根据这一模型，预报地球气温何年会比 1860 年的温度高 5°C，6°C，7°C。

年份 n	1860 年后地球气温增加值 $t/°C$	年份 n	1860 年后地球气温增加值 $t/°C$	年份 n	1860 年后地球气温增加值 $t/°C$
1880	0.01	1920	0.06	1960	0.18
1890	0.02	1930	0.08	1970	0.24
1900	0.03	1940	0.10	1980	0.32
1910	0.04	1950	0.13		

12. 求一块不规则图形的面积。

13. 隼 (sun) 的分类。燕隼和红隼是同属于隼形目隼科的鸟类。它们的体形大小如鸽，形略似燕，身体的形态特征比较相似。红隼的体形比燕隼略大。通过抽样测量，已知燕隼的平均体长约为 31cm，平均翅长约为 27cm；红隼的平均体长约为 35cm，平均翅长约为 25cm。近日在某地发现了两只形似燕隼或红隼的鸟。经测量，知道这两只鸟的体长和翅长分别为 A(32.65cm，25.2cm)，B(33.4cm，26.9cm)。你能否设计出一种方法，利用这些数据判断这两只鸟是燕隼还是红隼？

第 5 章　初等数论模型

数论是一门古老而又基础的数学学科，至今仍有许多没有解决的问题，一些问题的解决对现代数学的发展起了重要的推动作用，也产生了一些直接与数学有关的新的重要的数学分支，而且在现代信息技术中有很重要的应用。在日常生活中，也常常会遇到一些与数论有关的实际应用问题。

本章通过数论中整除、同余、辗转相除法、二元一次不定方程、连分数、同余方程和同余方程组等知识的简要介绍，着重讨论这些数论知识在实际中的简单应用，如液体等分、物不知数、连分数在天文学中的应用等问题，从中体会数论知识中蕴涵的重要的思想方法，了解我国古代数学的一些重要成就，以及数论知识在密码等现代信息安全中的一些简单应用。

5.1　整除及其应用

5.1.1　整除概念

数论是研究整数性质的一门科学。今后用 $\mathbf{Z}$ 表示全体整数组成的集合。整数可以进行加、减、乘运算。数学上把这种具有加减乘运算的集合称为一个环。所以 $\mathbf{Z}$ 是整数环。另一方面，两个整数 a 和 $b(b \neq 0)$ 相除，a/b 不一定是整数，由此产生了数论的一个基本概念：整除。

设 a 和 b 是整数 $(b \neq 0)$，如果 a/b 是整数，即存在整数 c 使得 $a = bc$，则称 b 整除 a(或称 a 被 b 整除)，记为 $b|a$。这时 b 称为 a 的一个因子 (或因数、约数)，而 a 称为 b 的倍数。如果一个大于 1 的整数 p 除了 1 和 p 之外没有其他正因子，这个整数 p 称为质数 (或素数)，否则称合数。古希腊数学家欧几里得 (Euclid，约公元前 300 年) 证明了：*质数有无穷多个*。

许多整数问题都可以归结到有关质数的问题，这里的联结纽带就是数论中的一个核心定理 —— 算术基本定理：*任何大于 1 的整数 n 可以唯一地表示成 $n = p_1^{\alpha_1}p_2^{\alpha_2}\cdots p_k^{\alpha_k}$，其中 p_1，p_2，$\cdots$，p_k 是素数，$p_1 < p_2 < \cdots < p_k$，α_1，α_2，$\cdots$，α_k 是正整数*。

设 $a_1, \cdots, a_n$ 是不全为零的整数，它们最大的正公因数称为 $a_1, \cdots, a_n$ 的最大公因数，用 $(a_1, \cdots, a_n)$ 表示。如果 $(a, b) = 1$，即整数 a 和 b 没有大于 1 的公因子，称 a 和 d 互质 (或互素)。类似地，若整数 $a_1, \cdots, a_n$ 均不为零，它们有最小公倍数，用 $[a_1, \cdots, a_n]$ 表示。从这些概念出发，可得有关最大公因数的许多结论，例如：

(1) 若 $a = bq + r$，则 $(a, b) = (b, r)$；

(2) 若 $(a, b) = 1$，则 $(a, bc) = (a, c)$；

(3) 若 p 是素数，$p|ab$，则 $p|a$ 或 $p|b$。

其中，结论 (1) 是辗转相除法的理论依据。

例 1　一只青蛙在平面直角坐标系上从点 (1,1) 开始，可以按照如下两种方式跳跃：

① 能从任意一点 (a, b)，跳到点 $(2a, b)$ 或 $(a, 2b)$。

② 对于点 (a, b)，如果 $a > b$，则能从 (a, b) 跳到 $(a - b, b)$；如果 $a < b$，则能从 (a, b) 跳到 $(a, b - a)$。例如，按照上述跳跃方式，这只青蛙能够到达点 (3，1)，跳跃的一种路径为

$$(1,\ 1)\to(2,\ 1)\to(4,\ 1)\to(3,\ 1)$$

请思考：这只青蛙按照规定的两种方式跳跃，能到达 (3，5)、(12，60)、(200，6) 和 (200，5) 这四点吗？如果能，请分别给出从点 (1，1) 出发到指定点的路径；如果不能，请说明理由。

解　(1) 能到达点 (3，5) 和点 (200，6)。

从 (1, 1) 出发到 (3, 5) 的路径为 (1，1)→(2，1)→(4，1)→(3，1)→(3，2)→(3，4)→(3，8)→(3，5)。

从 (1，1) 出发到 (200，6) 的路径为

(1，1)→(1，2)→(1，4)→(1，3)→(1，6)→(2，6)→(4，6)→(8，6)→(16，6)→(10，6)→(20，6)→(40，6)→(80，6)→(160，6)→(320，6)→(前面的数反复减 20 次 6)→(200，6)。

(2) 不能到达点 (12，60) 和 (200，5)。理由如下：

因为 a 和 b 的公共奇约数 $=a$ 和 $2b$ 的公共奇约数 $=2a$ 和 b 的公共奇约数，所以，由规则①知，跳跃不改变前后两数的公共奇约数。又由最大公约数的性质可知

$$(a, b) = (a - b, b) = (a, b - a)$$

所以按规则②跳跃也不改变坐标前后两数的最大公约数。从而按规则①和规则②跳跃，均不改变坐标前后两数的公共奇约数。

因为 1 和 1 的公共奇约数为 1，12 和 60 的公共奇约数为 3，200 和 5 的公共奇约数为 5，所以从 (1，1) 出发不可能到达给定点 (12，60) 和 (200，5)。

5.1.2　辗转相除法

当 p，q 互质时，我们一定能够找到一组整数 l，m，使得 $pl + qm = 1$。

求 l，m 的方法，其历史相当古老，相传是由欧几里得最早想到的。欧几里得方法的核心是辗转相除。两数 p 与 $q(p<q)$ 辗转相除指的是：用 p 除 q，得余数 r_1；若 $r_1\neq 1$，则用 r_1 除 p，又得余数 r_2；若 $r_2\neq 1$，则转过来用 r_2 除 r_1，再得余数 r_3；如此反复，辗转相除。由于 p，q 互质，上述步骤必达某余数等于 1 而止。利用辗转相除的式子，逐一倒推，即可求得 l，m。

一般地，利用辗转相除可以类似地求出整数 x，y，使得 $ax+by=(a,b)$。这一结论同时对最大公约数的性质做出了更深刻的刻画：最大公约数不但是公约数中最大的，而且是所有公约数的倍数。它的应用也是很广泛的。

例 2 在 m 个盒子中放若干个硬币，然后以下述方式往这些盒子里继续放硬币：每一次在 $n(n<m)$ 个盒子中各放一个硬币。证明：若 $(m,n)=1$，那么无论开始时每个盒子中有多少硬币，经过若干次放硬币后，总可使所有盒子含有同样数量的硬币。

解 由于 $(m,n)=1$，所以存在整数 x，y，使得 $mx+ny=1$。因此，对于任意的自然数 k，有

$$1+m(-x+kn)=n(km+y)$$

这样，当 k 充分大时，总可找出正整数 x_0，y_0，使得

$$1+mx_0=ny_0$$

上式说明，如果放 y_0 次 (每次放 n 个)，那么在使 m 个盒子中各放 x_0 个后，还多出一个硬币。把这个硬币放入含硬币最少的盒子中 (这是可以做到的)，就使它与含有最多硬币的盒子所含硬币数量之差减少 1。因此经过若干次放硬币后，必可使所有盒子中的硬币数目相同。

5.2 不定方程及其应用

不定方程在历史上有极其丰富的研究，留下了很多与实际相关的经典问题。

5.2.1 百钱百鸡问题

张丘建是我国南北朝时期的著名数学家。他小时候聪慧过人，尤其是计算能力特强，在当时远近闻名，被誉为神童。他曾解答了百钱百鸡问题。

例 3 鸡翁一，值钱五，鸡母一，值钱三，鸡雏三，值钱一。百钱买百鸡。问鸡翁母雏各几何?

张丘建是这样考虑问题的：因为百钱买百鸡，所以平均后得 1 钱 1 鸡，n 鸡 n 钱。由于鸡母 1 和鸡雏 3 共 4 鸡 4 钱，扩大 25 倍，即得鸡母 25 鸡雏 75 共百鸡百钱。进一步，注意到：4 只鸡翁钱 +3 只鸡雏钱 =7 只鸡母钱 =21 钱，因此，若少

买 7 只鸡母，余下的钱就可以买 4 只鸡翁和 3 只鸡雏。这样在已有一解“鸡母 25 鸡雏 75”的基础上，可得另外三组解：鸡翁 4 鸡母 18 鸡雏 78；鸡翁 8 鸡母 11 鸡雏 81；鸡翁 12 鸡母 4 鸡雏 84。

下面我们再用方程的角度来解决这个问题。设 x,y,z 分别代表鸡翁、鸡母、鸡雏的数目，可得方程组

$$\begin{cases} 5x+3y+z/3=100 \\ x+y+z=100 \end{cases}$$

消去 z，化简得

$$7x+4y=100$$

要解决这个问题，就是要求出上述方程的非负整数解。由于 $4|x$，而且 $0\leqslant x\leqslant 14$，故把满足要求的 $x=0,4,8,12$ 代入，就可以得到上述方程的 4 组解：

$$(x,y,z)=(0,25,75),(4,18,78),(8,11,81),(12,4,84)$$

上述方程 $7x+4y=100$ 不过是二元一次不定方程的一个具体的例子。二元一次不定方程的一般形式是 $ax+by=c$，其中 a,b,c 是整数。下面我们将进一步讨论如何解二元一次不定方程。

5.2.2 猴子分桃问题

二元一次不定方程的求解，主要关注方程的整数解。也就是，这个方程在什么条件下有整数解，若有解，如何找出它的解，方程全部整数解如何用公式表达出来。

由辗转相除我们知道，当 a, b 互质时，可以找到整系数方程 $ax+by=1$ 的一对解，把这对解都乘上 c，便可得方程 $ax+by=c$ 的一对解，不妨设这组解为 $x_0=p$, $y_0=q$，我们将在此基础上导出方程 $ax+by=c$ 的全部整数解。

事实上，如果 x,y 是已知方程的另一解，则由 $ax+by=c$，$ap+bq=c$，得

$$a(x-p)=-b(y-q)$$

由于 a,b 互质，从而必有整数 k 使 $x-p=bk$，代入得 $y-q=-ak$，即

$$x=p+bk,\quad y=q-ak$$

另外，容易验证 $x=p+bk,y=q-ak$ 符合方程 $ax+by=c$，从而可得

$$\begin{cases} x=p+bk \\ y=q-ak \end{cases}\ (k=0,\pm1,\pm2,\cdots)$$

是方程 $ax+by=c$ 的全部整数解。

以上表明，如果我们能够求出 (或观察出) 二元一次不定方程的其中 1 个特殊解，那么也就可以写出它的全部整数解。

例 4[2] 海滩上有一堆桃子，这是 5 只猴子的财产，它们要平均分配。第一只猴子来了，它左等右等，别的猴子都不来，便动手把桃子均分成 5 堆，还剩了 1 个。它觉得自己辛苦了，当之无愧地把这 1 个无法分配的桃子吃掉，又拿走了 5 堆中的 1 堆。第二只猴子来了，它不知道刚才发生的情况，又把桃子均分成 5 堆，还是多了 1 个。它吃了这 1 个，拿 1 堆走了。以后，每只猴子来了，都是如此办理。请问：原来至少有多少桃子？最后至少剩多少桃子？

据说，这个问题是由物理学家狄拉克提出来的。1979 年春天，美籍华裔物理学家、诺贝尔物理学奖获得者李政道教授，在和中国科学技术大学少年班同学座谈时，也向他们提出过这个问题。当时，谁也没有能够当场做出回答，可见这个题目有点难。

解法一 设原有桃 x 个，最后剩下 y 个。那么，每一个猴子连吃带拿，得到了多少桃子呢？

第一个猴子吃了 1 个，又拿走了 $(x-1)$ 个的 1/5，一共得到 $\frac{1}{5}(x-1)+1$ 个。它走了，这里留下的桃子，还有 $x-\left[\frac{1}{5}(x-1)+1\right]$ 个，也就是 $\frac{4}{5}(x-1)$ 个；第二个猴子连吃带拿，得到了 $\frac{1}{5}\left[\frac{4}{5}(x-1)-1\right]+1$ 个桃子；当第三个猴子来到时，这里还有 $\frac{4}{5}\left[\frac{4}{5}(x-1)-1\right]$，也就是又从原数中减 1，乘 4/5。

现在，我们找到了解题的思路：每来一个猴子，桃子的数目就来个变化 —— 减 1，乘 4/5。当第五只猴子来过后，我们已对 x 进行 5 次这样的减 1，乘 4/5 了。这样 5 次以后，便得到了 y。所以，

$$\frac{4}{5}\left\{\frac{4}{5}\left[\frac{4}{5}\left[\frac{4}{5}\left[\frac{4}{5}(x-1)-1\right]-1\right]-1\right]-1\right\}=y \tag{5.1}$$

整理式 (5.1) 得 $y=\frac{1024}{3125}(x+4)-4$，继续变形，可得

$$y+4=\frac{1024}{3125}(x+4)=\frac{4^5}{5^5}(x+4)$$

因为 x 和 y 都是正整数，而 4^5 和 5^5 的最大公约数是 1，所以 $(x+4)$ 一定可以被 5^5 整除。这样，就可以算出 x 至少是 $5^5-4=3121$，而 y 至少是 $4^5-4=1020$。

解法二 解法一计算 y 的这一串运算其实很麻烦。要是你先借出 4 个桃子，使每一个猴子来拿走 1/5，然后你再把 4 个桃子拿回来，结果，和前面的计算结果

完全一样。这个过程，相当于对桃子数目加 4，乘 4/5，减 4，也就是减 1，乘 4/5，相当于加 4，乘 4/5，减 4。用字母表示，就是

$$\frac{4}{5}(x-1)=\frac{4}{5}(x+4)-4$$

这样看来，猴子每来一只，桃子数的变化有两种计算方法：一种是减 1，乘 4/5；另一种是加 4，乘 4/5，减 4。

后一种计算是 3 步，好像更麻烦了。其实，多次连续进行计算，就显示出它的优越性来了。你看：

加 4，乘 4/5，减 4；加 4，乘 4/5，减 4；加 4，乘 4/5，减 4；加 4，乘 4/5，减 4；加 4，乘 4/5，减 4。这中间有四次减 4，加 4 互相抵消，总效果是：

加 4，乘 4/5，乘 4/5，乘 4/5，乘 4/5，乘 4/5，再减 4。这是一个很好算的过程，那结果，可以一下子写出来：

$$y=\left(\frac{4}{5}\right)^5(x+4)-4$$

以下由解法一，便可得到问题的解。

我们还可将原问题一般化：*设有 m 个桃子，k 只猴子，每个猴子来到之后，把桃子分成 k 堆，还剩下 r 个，它吃掉 r 个之后，又拿走了一堆。这样 k 个猴子都来了之后，至少还有多少桃子？*请读者不妨运用上述方法尝试解决。

解法三　将式 (5.1) 整理，得 $1024x-3125y=8404$. 要解上述不定方程似乎不太容易。但如果注意到系数 $3125-1024=2101$，恰为 8404 的 1/4，也就知道 $x=-4$，$y=-4$ 是方程的一个特解。

根据前面的公式，上述不定方程的所有整数解可以写成

$$\begin{cases} x=-4-3125k \\ y=-4-1024k \end{cases}\quad (k=0,\pm1,\pm2,\cdots) \tag{5.2}$$

式 (5.2) 中当 $k=-1$ 时，就得到最小的正整数解 $x=3121$ 及 $y=1020$。

关于不定方程 $1024x-3125y=8404$ 的求解，还可以用辗转相除法。

令 $1024l+3125m=1$，由辗转相除得

$$3125=1024\times3+53,\quad 1024=53\times19+17,\quad 53=17\times3+2,\quad 17=2\times8+1$$

将上面各式逐一倒推可得

$$\begin{aligned}1&=17-2\times8=17-(53-17\times3)\times8=17\times25-53\times8\\&=(1024-53\times19)\times25-53\times8=1024\times25-53\times483\end{aligned}$$

$$= 1024 \times 25 - (3125 - 1024 \times 3) \times 483 = 1024 \times 1474 - 3125 \times 483$$

于是得到 $l = 1474$，$m = -483$。

又因 $n = 8404$，从而得到方程 $1024x - 3125y = 8404$ 的一组解

$$\begin{cases} x = nl = 8404 \times 1474 = 12\,387\,496 \\ y = -nm = 8404 \times 483 = 4\,059\,132 \end{cases}$$

上面所给的不定方程 $1024x - 3125y = 8404$ 的一个解相当于它的所有整数解式 (5.2) 中 $k = -3964$ 的一个特解。

从表面上看，这里所求的特解要比上面的特解 $x = -4$，$y = -4$ 复杂得多，但两者是有很大不同的。前者靠的是科学推理，后者凭的是一时的猜想。一时的猜测乃思维的贫困，严密的推理系科学的结晶。

5.2.3　砝码个数问题

当天平的左右两盘平衡时，我们就得到了一个等式。而当这个等式中含有未知数时，这个等式就是方程，所以我们常常用天平平衡来作为方程的模型。下面我们来看一个有关天平的问题。

例 5　现在有质量分别为 9g 和 13g 的两种砝码若干只，如何在天平上称出质量为 3g 的物体？

分析　我们不妨假定称出的质量为 3g 的物体放在天平的左盘。为了称出 3g 的物体，显然这两种砝码在天平的左右盘应各放一种，否则同样多的同种砝码放在天平两边就抵消掉了。

解　设 9g 的砝码用了 $|x|$ 个，13g 的砝码用了 $|y|$ 个。当 x 是正整数时，9g 的砝码应放在天平的右盘，而当 x 是负整数时，它们应放在天平的左盘；相应的，若 y 是负整数，则 $|y|$ 个 13g 的砝码应放在天平的左盘，反之则放在右盘。

于是要在天平左盘称出 3g 的物体，由左右盘平衡，可得

$$9x + 13y = 3 \tag{5.3}$$

这样，只要找到方程 (5.3) 的全部整数解，就可以解决问题了。以下我们用代换的方法来求解方程 (5.3)。

由方程 (5.3) 可得 $x = \dfrac{3 - 13y}{9} = -y + \dfrac{3 - 4y}{9}$，要使 x, y 都是整数，$\dfrac{3 - 4y}{9}$ 必须是整数。为此设 $\dfrac{3 - 4y}{9} = x_1$，得 $9x_1 + 4y = 3$，变形得

$$y = \frac{3 - 9x_1}{4} = -2x_1 + \frac{3 - x_1}{4} \tag{5.4}$$

这时，要使 x 与 y 均为整数，只要 $(3 - x_1)/4$ 为整数。

此时，x_1 可取的数有很多，如取 $x_1=3$，代入得 $y=-6$, $x=9$。这组解意味着，在天平左盘放上 6 个 13g 的砝码，天平右盘放上 9 个 9g 的砝码，就可以在天平左盘称出质量为 3g 的物体。再如，取 $x_1=-5$，代入得 $y=12$, $x=-17$。这样，在天平左盘放上 17 个 9g 的砝码，天平右盘放上 12 个 13g 的砝码，也能在天平左盘称出质量为 3g 的物体。

上面我们已经用两种方法称出了质量为 3g 的物体，由于使 $(3-x_1)/4$ 为整数的整数 x_1 取法很多，我们能否给出 x_1 的一般的表达式呢？这其实不难，只要令 $(3-x_1)/4=t$(其中 t 是全体整数)，则 $x_1=3-4t$，代入可得方程 (5.3) 的全部整数解：

$$\begin{cases} x=9-13t \\ y=-6+9t \end{cases} \quad (t=0,\pm1,2,\cdots) \tag{5.5}$$

由方程 (5.3) 的全部解的公式可知，方程 (5.3) 有无数组解。这样，相应的，在天平左盘称出质量为 3g 物体的方法也有无数多种。

讨论 进一步，我们自然会问，哪种称法所用的砝码的总个数最少？

其实，这是求 $|x|+|y|$ 的最小值问题。由方程 (5.3) 的全部解公式 (5.5)，得

$$|x|+|y|=|9-13t|+|-6+9t|$$

当 $t\leqslant 0$ 时，$|x|+|y|=9-13t+6-9t=15-22t\geqslant 15$；

当 $t\geqslant 1$ 时，$|x|+|y|=13t-9+9t-6=22t-15\geqslant 22-15=7$。

由上可知，当 $t=1$，即 $x=-4, y=3$ 时，所用砝码的总个数最少，共 7 个。此时，只要在天平左盘放上 4 个 9g 的砝码，右盘放上 3 个 13g 的砝码，就可以在天平的左盘称出质量为 3g 的物体。

5.2.4 正方分割问题

关于正方形分割，有这样一个结论：*一个正方形能不重复不遗漏地分割成* $n(n>5)$ *个小正方形*。

这个结论如何得到，有多种方法。我们这里从不定方程的角度来解决。

首先，一个正方形能很容易地分割成 4，9，16，$\cdots$，k^2 个小正方形。要把 1 个正方形分割成 n 个小正方形，设其中把 1 个正方形分割成 4 个小正方形的次数为 x 次，分割成 9 个小正方形的次数为 y 次，那么问题就变成方程 $1+3x+8y=n$ 是否有非负整数解。

关于二元一次不定方程的非负解，有这样一个定理：

二元一次不定方程

$$ax+by=N,\quad a>1,b>1,(a,b)=1$$

当 $N > ab - a - b$ 时有非负整数解。

由上述定理，可知方程 $1 + 3x + 8y = n$ 当 $n - 1 > 3 \times 8 - 3 - 8$，即 $n > 14$ 时有非负整数解。因此，只要再把 $5 < n \leqslant 14$ 的这 9 种情况一一构造出来 (这是容易做到的，请读者自行尝试)，问题就完全解决了。

下面来讨论立方体分割问题。关于立方体，有这样一个有趣的结论：用大小都不同的立方体不能填满一个长方体的盒子。当然，正方体盒子就更加不可能了。也就是说，一个立方体，不可能分割为若干个大小不同的小立方体。但是，如果允许某些小立方体的大小一样，那么将一个立方体分割为 n 个小立方体，结论又将如何呢？

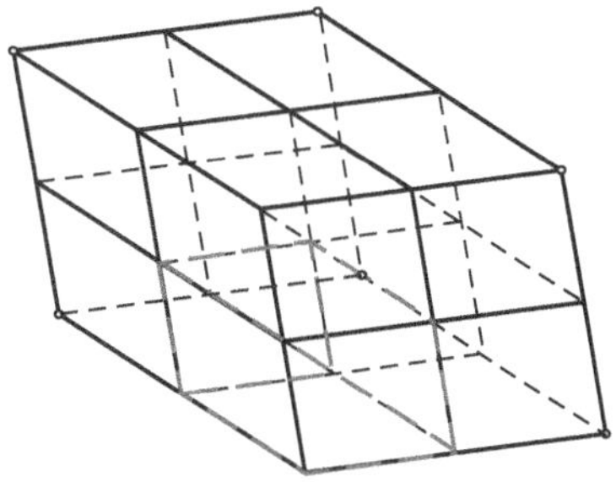

图 5.1

我们先来对 n 的一些具体情况做些探索。

当 $n = 8$ 时，如图 5.1 所示，只要将立方体的每边二等分，连接相应的中点，就可得到 8 个大小一样的小立方体。

同理，如果将立方体的每边 $k(k \geqslant 2)$ 等分，连接相应的分点，就可以得到 k^3 个大小一样的立方体。

这样，通过边的等分，就可以很方便地将一个大立方体分割成 8 个，27 个，64 个，$\cdots$，k^3 个小立方体。除了 $n = k^3$ 型的正整数外，其他情况会是怎样呢？其实这个问题也是相当复杂的。下面我们对几个具体的 n 做些讨论。

例如，$n = 6$，将一个大立方体分为 6 个小立方体，由于这 6 个小立方体必定包含大立方体的全部 8 个顶点，由抽屉原理可知，至少有一个小立方体含有其中的 2 个顶点，这样这个小立方体与原来的大立方体一样大，这是不可能的。

再如 $n = 55$，这时问题就不再那么明显了。但我们知道 1 个大立方体可以分为 8 个、27 个、64 个、$\cdots$ 小立方体，也就是通过将各边 2 等分、3 等分、4 等分、$\cdots$，每操作一次，小立方体的个数就增加 7 个、26 个、63 个、$\cdots$。

我们从方程的角度来看。引入未知数，设 1 个立方体变为 8 个小立方体和 27 个小立方体分别操作了 x 次和 y 次，要得到 $n = 55$ 个小立方体，只要方程

$$1 + 7x + 26y = 55 \tag{5.6}$$

有非负整数解。

将方程 (5.6) 变形为 $x = \dfrac{54 - 26y}{7} = 7 - 4y + \dfrac{5 + 2y}{7}$，观察可得，方程 (5.6) 有一组特解

$$x = 4, \quad y = 1$$

这组解说明，只要将“1 个立方体各边三等分变成 27 个小立方体”(简称“三等分操作”) 操作 1 次，再任取其中的 4 个立方体，将“1 个立方体各边二等分变成 8 个小立方体”(简称“二等分操作”) 操作 4 次，最终可得 55 个小立方体。

再如 $n=200$，解方程 $1+7x+26y=200$，得它的一组解 $x=21$，$y=2$。

依此解可知，只要“二等分操作”21 次，“三等分操作”2 次，就可以由 1 个立方体得到 200 个小立方体。

对于一般的正整数 n，只要方程

$$1+7x+26y=n \tag{5.7}$$

有非负整数解，就可以得到 n 个小立方体。由定理可知，当 $n-1>7\times26-7-26$，即 $n>150$ 时，方程 (5.7) 有非负整数解。

但是，如果方程 $1+7x+26y=n$ 没有非负整数解，是否意味着对于这样的 n 就找不到分割的办法呢？其实，不一定。例如，$n=20$，此时方程 (5.7) 有一组解 $x=-1$, $y=1$，根据这组解，我们可以先将 1 个立方体变为 27 个 (相当于 $y=1$)，然后将相邻的 8 个小立方体组合成 1 个立方体 (相当于 $x=-1$)，最终可以得到 20 个小立方体。但如果 n 是其他的具体值，就得具体问题具体分析，情况比较复杂，在此我们就不展开了。

5.3　中国剩余定理及其应用

5.3.1　同余概念

在日常生活中，我们所要注意的通常不是某些整数，而是这些整数用某一确定的正整数去除所得的余数。例如，我们问现在是几点，就是用 24 去除某一个总的时数所得的余数。又如问现在是星期几，就是问用 7 去除某一个总的天数所得的余数，同是几点钟或同为星期几，常常在生活中有同样的意义。这样，就在数学中产生了同余的概念。

设 m 是正整数，a 和 b 是整数。如果 $a-b$ 被 m 整除，即 $m|(a-b)$，则称 a 和 b 模 m 同余，用 $a\equiv b(\text{mod}m)$ 表示。

根据同余定义可知，a 和 b 模 m 同余当且仅当用 m 去除 a 和 b 有相同的余数。特别地，$a\equiv 0(\text{mod}m)$ 当且仅当 m 整除 a。而一般地，每个整数模 m 恰好同余于 $0,1,2,\cdots$, $m-1$ 当中的一个整数。

和通常等式一样，同余式也可进行加减乘运算。也就是说：

如果 $a\equiv b(\text{mod}m)$，$c\equiv d(\text{mod}m)$，则

$$a+c\equiv b+d(\text{mod}m),\quad a-c\equiv b-d(\text{mod}m),\quad ac\equiv bd(\text{mod}m)$$

一般地，设 a_i，$b_i(0 \leqslant i \leqslant n)$ 以及 x，y 都是整数，并且

$$x \equiv y(\bmod m), a_i \equiv b_i(\bmod m), 0 \leqslant i \leqslant n$$

则 $\sum_{i=0}^{n} a_i x^i \equiv \sum_{i=0}^{n} b_i y^i(\bmod m)$。

5.3.2 物不知数

《孙子算经》是我国最古老的三大数学名著 (另外两大名著是《周髀算经》和《九章算术》) 之一，书中“物不知数”一题是世界上公认的最古老的重要工作。

例 6 今有物不知数，三三数之剩二，五五数之剩三，七七数之剩二，问物几何？

解法一 筛法。我们知道，凡是除 3 余 2 的数，可以在 2 上累加 3 得到，于是有这样一个算法：

(1) 先写一个数 2，然后在 2 上开始累加 3，得到 $2+3=5$；

(2) $5+3=8$，便得到了第一个除 5 余 3 的数，这就是 8；

(3) 然后在 8 上累加 15(因为 15 是 3 与 5 的最小公倍数，累加这样的一个数，不会改变这个数所满足的前两个条件) 得到 $8+15=23$，这个数被 7 除余 2。

完成上述 3 步后，我们找到了符合要求的一个数 23。

根据该问题的余数特点，上述算法还可稍作优化。注意这个数被 3 除和被 7 除的余数都是 2，所以这个数减去 2 后，就是 $3\times 7=21$ 的倍数，这表明所求的数是 $21k+2$(k 是任一个非负整数)。写出这一列数：2，23，44，65，$\cdots$，其中 23 除以 5 余 3，所以 23 符合题意。

把每个满足要求的数减去 23，那么这个数被 3，5，7 同时整除，即被 $3\times 5\times 7=105$ 整除。所以一般解是形如 $105n+23$ 的数，这里 n 是任意自然数。

解法二 单因子构件凑成法。先分别求出三个整数 p，q，r，使它们除以 (3，5，7) 的余数分别为 (1，0，0)，(0，1，0)，(0，0，1)，然后组合起来得正整数 $N=2p+3q+2r$，那么 N 就是所求的一个解。可以求得 $p=70$，$q=21$，$r=15$，代入即可求得一个特解 $N=233$，连减去 2 个 105，即得最小正整数解 23。

上述过程中的三个整数 p，q，r 分别称为三个“单因子构件”，每个单因子构件都是用某一个数去除余 1，用另两个数去除均余 0 的情况。再据题目要求余数分别是 2，3，2 的情况，凑成题目的一个解

$$N=2p+3q+2r$$

上述方法称为“单因子构件凑成法”。这是解决有几个平行条件表述的问题的有效方法。这种方法的优点是，对于问题叙述中“改变余数”后的一大批新问题，都不再需要重新计算，可以立即解决。

把一个复杂的问题分解成若干个简单问题来解决，化繁为简，是基本的数学思想，“单因子构件凑成法”很好地体现了这种思想。这种思想类似于先求出某个线性空间的基底，然后再用基的线性组合来确定整个线性空间。

明朝数学家程大位在《算法统宗》中以诗的语言道出了“物不知数”的算法口诀：

三人同行七十稀，五树梅花廿一支，

七子团圆正半月，除百零五便得知。

歌诀的意思是：用“3”除的余数乘 70，“5”除的余数乘 21，“7”除的余数乘 15，得数相加后再减去若干个 105，就是所求的最小正整数解了。

《孙子算经》里的“物不知数”问题，只是一个特殊例子。在江苏淮安的民间传说里，类似的问题可溯源到公元前二三世纪西汉名将韩信点兵的故事：

话说秦朝末年，楚汉相争。一次，韩信率兵与楚军交战。苦战一场，汉军死伤数百，遂整顿兵马返回大本营。当行至一处山坡，忽报楚军骑兵追来。只见远方尘土飞扬，杀声震天。此时汉军已十分疲惫，韩信令士兵 3 人一排，结果多出 2 名；接着令 5 人一排，结果多出 3 名；再令士兵 7 人一排，又多出 2 名。韩信当即宣布：我军 1073 名勇士，敌人不足五百。果然士气大振，一举击败了楚军。

用现代数学语言来表述这类问题就是：

设有 k 个两两互素的大于 1 的正整数 m，其乘积为 M，则对任意 k 个整数 a，存在唯一的一个不超过 M 的正整数 x，x 被各个 m 相除所得余数依次为 a。

难能可贵的是，我国古代一代代数学家总结出类似于“物不知数”这类问题的一般解法，得到了举世闻名的中国剩余定理。

5.3.3 中国剩余定理

1247 年我国南宋的数学家秦九韶 (1208~1261) 把《孙子算经》中“物不知数”一题的方法推广到一般的情形，得到称为“大衍总数术”的方法，并将此方法写入《数书九章》中。《数书九章》全书由 9 章 81 个问题组成，第 1 章第 8 题“积尺寻源”以“砖块铺地”入题来讲述“大衍总数术”，白话文参考译文如例 7。

例 7 砖块铺地。

有铺砌地基一段。把四种砖：大方砖、小方砖、六门砖、城砖交付泥水匠随便取用。但限定只用一种砖铺砌，或平放或侧放，要求恰好砌齐。匠人用砖量地计料，说：用大方砖量，地面的宽度多出 6 寸，进深则少了 6 寸。用小方砖量，地面的宽度多出 2 寸，进深则少了 1 寸。用城砖的长度量，宽度多出 3 寸，进深少了 1 寸；用宽度量，宽度多出 3 寸，进深少了 1 寸；用厚度量，宽度多出 5 分，进深多出 1 寸。用六门砖的长度量，宽度多出 3 寸，进深多出 1 寸；用宽度量，宽度多出 3 寸，进深多出 1 寸；用厚度量，宽度多出 1 寸，进深多出 1 寸。地面宽度、进深都不能恰好量尽。难免要用残砖嵌补。已给四种砖尺寸：大方砖边长 1 尺 3 寸；小方砖边长 1 尺 1 寸、城砖长 1 尺 2 寸、宽 6 寸、厚 2 寸 5 分；六门砖长 1 尺、宽 5 寸、厚 2 寸 (注：尺、寸、分是古代长度计量单位，其中 1 丈 =10 尺，1 尺 =10 寸，1 寸 =10 分)。

问：地基进深及宽度 (最小值) 是多少？

答：进深 3 丈 7 尺 1 寸，宽度 1 丈 2 尺 3 寸。

解 设地基的宽度和进深分别为 x，y(分)，那么本题就是解两个同余式组

$$\begin{aligned}x &\equiv 60(\bmod 130) \equiv 30 \bmod (120) \equiv 20 \bmod (110) \equiv 30(\bmod 100)\\ &\equiv 30(\bmod 60) \equiv 30(\bmod 50) \equiv 5(\bmod 25) \equiv 10(\bmod 20)\end{aligned} \tag{5.8}$$

$$\begin{aligned}y &\equiv -60(\bmod 130) \equiv -10 \bmod (120) \equiv -30 \bmod (110) \equiv 10(\bmod 100)\\ &\equiv -10(\bmod 60) \equiv 10(\bmod 50) \equiv 10(\bmod 25) \equiv 10(\bmod 20)\end{aligned} \tag{5.9}$$

为此，我们先来讨论同余式组的求解。秦九韶的《数书九章》在每题之后术文 (解法) 写得很详细，他解同余式组精华有三。

其一，对于一次同余式组

$$x \equiv r_i(\bmod m_i) \tag{5.10}$$

其中 $1 \leqslant i,j \leqslant n, i \neq j$；$m_i$，$m_j$ 互素，那么式 (5.10) 的解是

$$x \equiv M_1F_1r_1 + M_2F_2r_2 + \cdots + M_nF_nr_n(\bmod M)$$

其中 $M = m_1m_2\cdots m_n$，$M_i = M/m_i$，而 F_i 是同余式

$$M_iF_i \equiv 1(\bmod m_i)(i = 1, 2, \cdots, n) \tag{5.11}$$

的解。

秦九韶在《数书九章》中称这种解法为大衍总数术。

其二，秦氏还借助中算传统更相减损术 (今称辗转相除法或欧几里得算法) 提出解一次同余式 (5.11) 的算法，称大衍求一术。

其三，对于一次同余式组 (5.10)，当 $(m_i, m_j) \neq 1$ 时，同余式组 (5.10) 有解的充分与必要条件是 $(m_i, m_j)|(r_i - r_j)$，i，$j = 1, 2, \cdots, n$。秦氏在中算无素数概念的条件下，还提出了一整套算法，在判定同余组 (5.10) 有解的情况下，将它转化为另一个与其同解的模两两互素的同余组。这套算法，秦氏将它称为“求定母术”。用现代数学语言描述如下。

设 $m_1, m_2, \cdots, m_n$ 是 n 个正整数，$m_i'(i=1,2,\cdots,n)$ 是 m_i 的标准分解式中满足下列要求的质数幂的乘积，即这些质数幂是在 $m_1, m_2, \cdots, m_k$ 的标准分解式中出现的最高次幂。那么，在式 (5.10) 有解的情况下，式 (5.10) 与同余式组

$$x \equiv r_i(\mathrm{mod} m_i'), \quad i=1,2,\cdots,n$$

等价。

有了这三种“术”，对于有解的同余组 (5.10) 就可以畅通无阻地计算出答案。

下面，我们再回到例 7“砖块铺地”问题中地基宽度 (最小值) 即式 (5.8) 的求解。

首先，经检验式 (5.8) 有解。用“求定母术”得到与式 (5.8) 等价的同余式组

$$x \equiv 8(\mathrm{mod}13) \equiv 6(\mathrm{mod}8) \equiv 9(\mathrm{mod}11) \equiv 5(\mathrm{mod}25) \equiv 0(\mathrm{mod}3)$$

然后，用“大衍求一术”计算下面五个一次同余式：

$$\begin{array}{lll} 8\times 11\times 25\times 3F_1 \equiv 1(\mathrm{mod}13) & \text{等价于} & 9F_1 \equiv 1(\mathrm{mod}13) \\ 13\times 11\times 25\times 3F_2 \equiv 1(\mathrm{mod}8) & \text{等价于} & 5F_2 \equiv 1(\mathrm{mod}8) \\ 13\times 8\times 25\times 3F_3 \equiv 1(\mathrm{mod}11) & \text{等价于} & F_3 \equiv 1(\mathrm{mod}11) \\ 13\times 8\times 11\times 3F_4 \equiv 1(\mathrm{mod}25) & \text{等价于} & 7F_4 \equiv 1(\mathrm{mod}25) \\ 13\times 8\times 11\times 25F_5 \equiv 1(\mathrm{mod}3) & \text{等价于} & F_5 \equiv 1(\mathrm{mod}3) \end{array}$$

我们用“形式分数法”求解上述五个同余式。“形式分数法”依据是：将同余式

$$ax \equiv b(\mathrm{mod}m), \quad (a,m)=1$$

写成 $x \equiv b/a(\mathrm{mod}m)$ 的形式，然后在 b/a 的分子或分母位置上加上 m 的适当倍数 (或分子分母同时乘以一个与 m 互素的非零整数)，使得通过约分后 (或者分子分母同时模 m 后) 所得新分数的分母的绝对值逐渐变小以至达到 1，即得解。

以 $9F_1 \equiv 1(\mathrm{mod}13)$ 为例。把 $9F_1 \equiv 1(\mathrm{mod}13)$ 变形为

$$F_1 \equiv \frac{1}{9} \equiv \frac{1+2\times 13}{9} \equiv 3(\mathrm{mod}13)$$

所以

$$F_1 = 3$$

用“形式分数法”同理可求得

$$F_2 = 5, \quad F_3 = 1, \quad F_4 = 18, \quad F_5 = 1$$

最后，用大衍总数术得到所求地基宽度

$$
\begin{aligned}
x =&8\times 11\times 25\times 3\times 3\times 8+13\times 11\times 25\times 3\times 5\times 6+13\times 8\times 25\times 3\times 1\times 9\\
&+13\times 8\times 11\times 3\times 18\times 5+13\times 8\times 11\times 25\times 1\times 0\\
=&158400+321750+70200+308880+0\\
=&859230\equiv 1230(\mathrm{mod} 85800)
\end{aligned}
$$

即宽度为 1 丈 2 尺 3 寸。同理可得进深为 3 丈 7 尺 1 寸。

西方对同余式理论的系统论述始见于世界名著《算术研究》。1801 年出版时，作者德国数学家高斯 (C. F. Gauss，1777~1855) 风华正茂，才 24 岁。在解同余式组中东方人所遇到的困难，西方人也不能避免，《算术研究》也顺利解决了这些困难。我们引以为自豪的是秦九韶的成果早于高斯 553 年。1852 年，英国传教士伟烈亚力把“物不知数”问题及解法传到欧洲，并介绍了秦九韶的“大衍求一术”。所以世界公认这个定理是中国人最早发现的，特别称之为中国剩余定理 (Chinese remainder theorem)。哈佛大学首任科学史教授萨顿 (S. Sarton，1884~1956) 对秦九韶由衷地推崇，他称秦氏为“*他那个民族，他那个时代，并且确实也是所有时代最伟大的数学家之一*”(one of the greatest mathematicians of his race，of his time，and indeed of all times)。

中国剩余定理不仅有光辉的历史意义，直到现在还是一个非常重要的定理。1970 年年仅 28 岁的苏联数学家马蒂雅舍维奇解决了希尔伯特提出的 23 个问题中的第十个问题，轰动了世界数学界。他在解决这个问题时，用到的知识十分广泛，而在一个关键的地方，就用到了我们祖先 1000 多年前就已经发现的中国剩余定理。

5.3.4 应用举例

例 8[2] 某单位有 100 把锁，分别编号为 1，2，3，···，100。现在要对钥匙编号，使外单位的人看不懂，而本单位的人一看见锁的号码就知道该用哪一把锁。试设计一个方案。

解 把锁的号码分别被 3，5，7 去除所得的三个余数来作钥匙的号码。这样，每把钥匙都有一个三位数字的编号。例如，8 号锁的钥匙编号是 231，23 号锁的钥匙编号是 232，45 号锁的钥匙编号是 003，52 号锁的钥匙编号是 123。

因为只有 100 把锁，不超过 105，所以锁的号与钥匙的号是一一对应的。本单位的人看见锁的号码以后，用该号码做三次带余除法，就知道该用哪一把钥匙了。

如果希望保密性再好一点儿，则可以把刚才得到的钥匙编号加上一个整数常数作为新的钥匙编号系统，甚至可以每过一个月更换一次这个常数。这样，仍不破坏锁的号与钥匙的号之间的一一对应，而外人则更难知道了。

例 9　每台电脑有它固定的字长。如果字长是 8，它算出的答案至多有 8 位有效数字。两个 5 位数相乘，答案至少是 9 位，它便无能为力了。当然，可以把比如 56238 截成两段 $56-238$，用特编的程序来计算。不过，简单地截开是笨办法，电脑算得很累，很慢。有没有解决的办法？

解　我们用较小的数来说明用中国剩余定理来解决的一种办法：假设这台电脑只能表达比 7 小的整数，要计算 $32+67$，或 13×8，怎么办？我们把 32，67 当作"物不知数"里物的数目。32 用 3 除余 2，用 5 除余 2，用 7 除余 4，即 32 的代码是 (2，2，4)。同理，67 的代码是 (1，2，4)。这台幼稚的电脑不懂 32 和 67，却能接受 (2，2，4) 和 (1，2，4)。于是 (2，2，4)+(1，2，4)=(3，4，8)=(0，4，1)(注：0, 4, 1 分别为 3, 4, 8 除 3, 5, 7 的余数)，再用中国剩余定理找出 (0，4，1) 所对应的数 99，这样 $32+67=99$ 就算出来了。同理，13 和 8 的代码分别是 (1，3，6) 和 (2，3，1)，于是 (1，3，6) × (2，3，1)=(2，4，6)，相对应的数就是 104。由此看来，中国剩余定理还帮了电脑的忙。

5.4　连分数及其应用

5.4.1　连分数与渐近分数

任何一个正分数都可以展开为有限简单连分数。例如，

$$\frac{49}{94}=\frac{1}{\frac{94}{49}}=\frac{1}{1+\frac{45}{49}}=\frac{1}{1+\frac{1}{\frac{49}{45}}}=\frac{1}{1+\frac{1}{1+\frac{4}{45}}}$$

$$=\frac{1}{1+\frac{1}{1+\frac{1}{\frac{45}{4}}}}=\frac{1}{1+\frac{1}{1+\frac{1}{11+\frac{1}{4}}}}$$

这样不断地用辗转相除法，一直到余数为零，就把一个分数展开成有限简单连分数了。

一般地，把上式简单地表示为

$$\frac{49}{94}=0+\frac{1}{1}\frac{}{+}\frac{1}{1}\frac{}{+}\frac{1}{11}\frac{}{+}\frac{1}{4}\ (\text{注意“+”的位置}) \tag{5.12}$$

或者记为 $\frac{49}{94}=[0;1,1,11,4]$。

一般地，我们所说的有限连分数，就是形如

$$a_1+\cfrac{b_1}{a_2+\cfrac{b_2}{a_3+\cfrac{b_3}{a_4+\cdots+\cfrac{b_{n-1}}{a_n}}}}$$

的分数。当 $b_1=b_2=b_3=\cdots=b_{n-1}=1$ 时的连分数，我们把它称为有限简单连分数。有限简单连分数可方便地记为

$$a_1+\frac{1}{a_2}+\frac{1}{a_3}+\cdots+\frac{1}{a_n}=[a_1;a_2,a_3,\cdots,a_n]$$

于是，我们有结论：*任一有限简单连分数表示一个有理数。反过来，任一有理数 p/q 都可以表示为一个有限简单连分数，且表示式唯一 (如果最后一位数码为 k，还可换写成 $k-1,1$)。*

如果在简单连分数的简单表示 (如式 (5.12)) 中，依次取式中的二个加号，三个加号，……，而把后面的项略去，则可以得到该分数的一系列近似分数，又称为渐近分数。如在式 (5.12) 中，$\frac{49}{94}$ 的渐近分数为 $\frac{1}{2},\frac{12}{23}$。可以看出 $\frac{12}{23}$ 是最接近 $\frac{49}{94}$ 的近似值。

任何无理数都可以写成无限不循环小数，将过剩 (或不足) 近似小数写成分数便可展成连分数。例如，无理数 π，取得小数点第 10 位则为

$$\begin{aligned}\pi\approx&3.141\,592\,653\,6=3\frac{1\,415\,926\,536}{10\,000\,000\,000}\\=&3+\frac{1}{7}+\frac{1}{15}+\frac{1}{1}+\frac{1}{292}+\frac{1}{1}+\frac{1}{1}+\frac{1}{1}+\frac{1}{4}+\frac{1}{1}+\frac{1}{1}+\frac{1}{1}+\frac{1}{45}+\frac{1}{1}+\frac{1}{1}+\frac{1}{8}\\=&[3;7,15,1,292,1,1,1,4,1,1,1,45,1,1,8]\end{aligned}$$

故

$$\pi=[3;7,15,1,292,1,1,1,4,1,1,\cdots]$$

将无理数展开成无限连分数后，如果再看看它的渐近分数，就可以更清楚地看到它的意义了。例如，π 的渐近分数：

第一个渐近分数是 $3+\frac{1}{7}=\frac{22}{7}$，这就是疏 (约) 率，它与 π 的误差是 0.001 264 5；

第二个渐近分数是 $3+\frac{1}{7}+\frac{1}{15}=\frac{333}{106}$，它与 π 的误差是 0.000 088 3；

第三个渐近分数是 $3+\frac{1}{7}+\frac{1}{15}+\frac{1}{1}=\frac{355}{113}$，这就是密率，它与 π 的误差是 0.000 000 3。

一般地，设 θ 为无理数，则 θ 的渐近分数是 θ 的最佳逼近，即在分母不大于 q 的一切有理数中，渐近分数 p/q 是最接近 θ 的一个有理数。

中国古代的数学家祖冲之 $(429 \sim 500)$ 最早得到圆周率 π 为 $3.1415926 < \pi < 3.1415927$，他用 22/7 作为约率，用 355/113 作为密率 (密率 355/113 是分母 $\leqslant 113$ 的分数中，与 π 最接近的分数) 均为 π 的连分数的两个渐近分数，这是数学史上的世界纪录，1000 多年后，相继才有法国数学家韦达 (Vieta，1540~1603) 等获得这些结论。

5.4.2 连分数在天文学中的应用

1. *为什么四年一闰，而百年又少一闰？*

大家知道，每四年有一个闰年，平年是 365 天，闰年是 366 天 (闰年的二月是 29 天)。如果某一年的公元数是 4 的倍数的话，这一年就是闰年，如 1996 是 4 的倍数，所以是闰年。不过也有例外，1900 是 4 的倍数，但是公元 1900 年并不是闰年，这是为什么呢？这必须从为什么要设置闰年谈起。

经过天文学家精密的测量，地球绕太阳一周的时间是 365 天 5 小时 48 分 46 秒 $= 365.2422$ 天，因此真正的“一年”应是 365.2422 天，但是制定历法的时候，一年的天数总不能带“零头”，而把小数部分四舍五入，因此平年就规定为 365 天。不过这样规定之后，每年就少了 0.2422 天，为了消除这个缺陷，历法就设置了闰年，规定每 4 年设一个闰年，这一年是 366 天，比平年多 1 天，以弥补平年的欠缺。不过这样规定之后，平均每年多了 $1/4 = 0.25$ 天，即平均每年是 365.25 天，比真正的一年又多了 0.078 天，不得已，制订历法的时候，又把某些闰年改回成平年，如 1900 年，这年应该是闰年，但历法把它规定为平年。也就是说，逢百之年，它的公元数必须是 400 的倍数，才规定为闰年，不然的话仍是平年，如公元 1600 年是闰年，公元 2000 年是闰年，而公元 1700 年，1800 年，1900 年都不是闰年。这样每 400 年就少了三个闰年，只有 97 个闰年。为什么如此规定呢？为了说明理由，还是让我们计算一下 365.2422 的渐近分数吧！

$$365 + \frac{5}{24} + \frac{48}{24 \cdot 60} + \frac{46}{24 \cdot 60 \cdot 60} = 365\frac{10\,463}{43\,200}\ (\text{天})$$

将它展为连分数

$$365\frac{10\,463}{43\,200} = 365 + \frac{1}{4+}\frac{1}{7+}\frac{1}{1+}\frac{1}{3+}\frac{1}{5+}\frac{1}{46}$$

其分数部分的渐近分数分别是

$$\frac{1}{4},\ \frac{7}{29},\ \frac{8}{33},\ \frac{31}{128},\ \frac{163}{673},\ \frac{10\,463}{43\,200}$$

这些渐近分数一个比一个精密地逼近 $\dfrac{10\,463}{43\,200}$，这说明 4 年加 1 天是初步的最好的近似值，但 29 年加 7 天更精密些，33 年加 8 天又更精密些，而 99 年加 24 天正是我们百年少一闰的由来，因 $\frac{8}{33}=\frac{96}{396}$，而分母应是 4 的倍数，制订历法时取误差稍大一点的近似分数 $\frac{96+1}{396+4}=\frac{97}{400}$，这就是 400 年只有 97 个闰年的理由。由数据也可晓得，128 年加 31 天更精密。

积少成多，如果过了 43 200 年，照百年 24 闰的算法，一共加了 $432\times 24=10\,368$(天)，但是照精密的计算，却应当加 10 463 天，这样一来，少加了 95 天，不过我们的历法除规定四年一闰，百年少一闰外，还规定每 400 年又加一闰，这就差不多补偿了少加的天数。

2. *农历为什么有月大月小，闰年闰月？*

农历的大月三十天，小月二十九天是怎样安排的？

我们首先说明什么叫朔望月。出现相同月面所间隔的时间称为朔望月。也就是从满月 (望) 到下一个满月，从新月 (朔) 到下一个新月，从蛾眉月 (弦) 到下一个同样的蛾眉月所间隔的时间，我们把朔望月取作农历月。

已经知道朔望月是 29.5306 天，把小数部分展成连分数

$$0.536=\frac{1}{1+}\frac{1}{1+}\frac{1}{7+}\frac{1}{1+}\frac{1}{2+}\frac{1}{33+}\frac{1}{1+}\frac{1}{2}$$

它的渐近分数是

$$\frac{1}{1},\ \frac{1}{2},\ \frac{8}{15},\ \frac{9}{17},\ \frac{26}{49},\ \frac{867}{1634},\ \frac{893}{1683}$$

这就是说，就一个月来说，最近似的是 30 天，两个月就应当一大一小，而 15 个月中应当 8 大 7 小，17 个月中 9 大 8 小等，就 49 个月来说，前两个 17 个月里，都有 9 大 8 小，最后 15 个月里，有 8 大 7 小，这样在 49 个月中，就有 26 个大月。

下面再谈农历的闰月的算法，地球绕太阳一周需 365.2422 天，朔望月是 29.5306 天，而它正是我们通用的农历月，因此一年中应该有

$$\frac{365.2422}{29.5306}=12.37\cdots=12\frac{108\,750}{295\,306}$$

个农历的月份，也就是多于 12 个月。因此农历有些年是 12 个月，而有些年是 13 个月称为闰年。

把 $0.37\cdots$ 展成连分数

$$0.37\cdots=\frac{1}{2+}\frac{1}{1+}\frac{1}{2+}\frac{1}{2+}\frac{1}{1+}\frac{1}{3}$$

它的渐近分数是

$$\frac{1}{2},\ \frac{1}{3},\ \frac{3}{8},\ \frac{7}{19},\ \frac{10}{27}$$

因此，两年一闰太多，三年一闰太少，八年三闰太多，十九年七闰太少。如果算得更精密些，由 $\frac{108}{295}\frac{750}{306}=\frac{1}{2}+\frac{1}{1}+\frac{1}{2}+\frac{1}{1}+\frac{1}{1}+\frac{1}{16}+\frac{1}{1}+\frac{1}{5}+\frac{1}{2}+\frac{1}{6}+\frac{1}{2}+\frac{1}{2}$，知其渐近分数为

$$\frac{1}{2},\ \frac{1}{3},\ \frac{3}{8},\ \frac{4}{11},\ \frac{7}{19},\ \frac{116}{315},\ \frac{123}{334},\ \frac{731}{1935},\ \cdots$$

在此顺便指出，我们的祖先至迟在春秋时代就已经创造了“十九年七闰法”，相当完满地把历法建筑在科学的基础之上，远远走在世界各国的前列。

3. 日月食的周期是多少？

前面已经介绍过朔望月，现在再介绍交点月，大家知道地球绕太阳转，月亮绕地球转。地球的轨道在一个平面上，称为黄道面。而月亮的轨道并不在这个平面上，因此月亮轨道和这黄道面有交点。具体地说，月亮从地球轨道平面的这一侧穿到另一侧时有一个交点，再从另一侧又穿回到这一侧时又有一个交点，其中一个在地球轨道圈内，另一个在圈外，从圈内交点到圈外交点所需时间称为交点月，交点月约为 27.2123 天。

当太阳、月亮和地球的中心在一直线上，这时就发生日食 (图 5.2) 或月食 (如果月亮在地球的另一侧)。由于三点在一直线上，因此月亮一定在地球轨道平面上，也就是月亮在交点上；同时也是月亮全黑的时候，也就是朔。从这样的位置再回到同样的位置必须要两个条件：从一交点到同一交点 (这和交点月有关)；从朔到朔 (这和朔望月有关)。现在我们来求朔望月和交点月的比

$$\frac{29.5306}{27.2123}=1+\frac{1}{11}+\frac{1}{1}+\frac{1}{2}+\frac{1}{1}+\frac{1}{4}+\frac{1}{2}+\frac{1}{9}+\frac{1}{1}+\frac{1}{25}+\frac{1}{2}$$

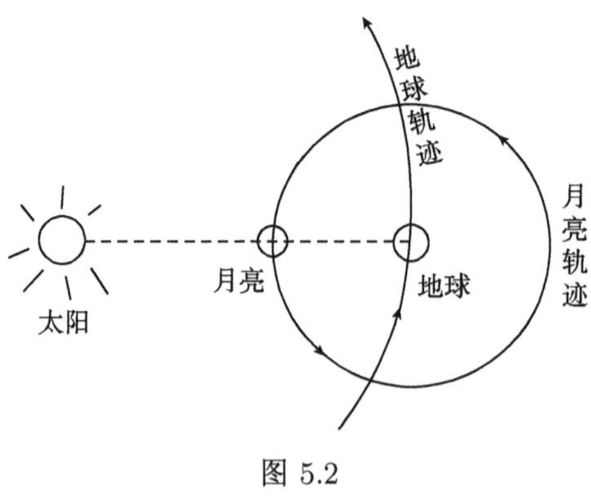

图 5.2

它的前四个渐近分数为 $\frac{12}{11},\frac{13}{12},\frac{38}{35},\frac{63}{58}$，而第五个渐近分数为

$$1+\frac{1}{11}+\frac{1}{1}+\frac{1}{2}+\frac{1}{1}+\frac{1}{4}=\frac{242}{223}$$

注意到 223×29.5306 天 $=6585$ 天 $=18$ 年 11 天。

这就是说，经过 242 个交点月或 223 个朔望月以后，太阳、月亮和地球又差不多回到原来的相对位置。应当注意的是不一定这三个天体的中心准在一直线上时才出现日食或月食，稍偏一些也会发生，因此在 18 年 11 天中会发生好多次日食和月食 (约有 41 次日食和 29 次月食)，虽然相邻两次日食 (或月食) 间隔时间并不是一个固定的数，但是经过 18 年 11 天以后，由于这三个天体又回到原来的相对位置，因此在这 18 年 11 天中日食、月食发生的规律又重复实现了，这个交食 (日食、月食总称) 的周期常称为沙罗 (即重复) 周期。求出了沙罗周期，就大大便于日食月食的测定。

5.4.3 连分数的三大奇妙之处

连分数是一类特殊的繁分数，它可分为有限连分数与无限连分数两类。任何一个有理分数可以用有限的连分数表示，无理数也可以用无限的连分数表示，当然有些数展开成连分数时相当复杂。可以说，连分数既简单又复杂，这是它的奇妙处之一。

连分数是古老的。数学史上，6 世纪印度数学家雅哈塔 (Aryabhata) 在求一次不定方程时就已使用了连分数。16 世纪意大利数学家柏利 (Ratael Bombelli) 首先把连分数表示为近代数学的符号，一直沿用到现在。17 世纪荷兰物理学家惠更斯 (Christiaan Huygens，1629~1695)，曾应用连分数于行星观测仪上的齿轮设计。我国学者吕子方发现，早在公元前 104 年，记载于《汉书》上的《太阳历》，又称《三统历》，就已使用连分数了，这样，使得古老的连分数更加古老了。

连分数是古老的，也是年轻的，近代和现在许多著名的数学家都在连分数这个领域做过工作。18 世纪的数学家欧拉，发现了自然对数的底 e 可以展为连分数。19 世纪数学家高斯、拉格朗日、拉普拉斯等，都对连分数的理论作出了贡献，群论的创立者，数学家伽罗瓦，生前发表的一篇数学论文，就是证明一项循环连分数的定理。20 世纪伟大的数学家希尔伯特，喜欢研究连分数的一种推广，并曾准备以此为题目做他的博士论文，而希尔伯特的好友，相对论的几何解释者闵可夫斯基，在一篇长达 100 多页的数学报告中曾介绍了他对连分数方面的研究，可以说，连分数是既古老而又年轻。这就是连分数奇妙处之二。

数学的内容十分丰富，有的偏重于理论，有的偏重于应用。而连分数在偏重于理论或偏重于应用的书籍中均占有一席之位。连分数是数论中的一个重要内容，华罗庚教授的巨著《数论导引》中就专辟一章讲了连分数。连分数除了天文历法的重要计算外，还有许多实际应用，我们在第 6 章要介绍的优选法中的分数法，就是把 $(\sqrt{5}-1)/2$ 用连分数展开。应用电子计算机时，特别是复杂函数的图形绘制和快速计算，更是大量用到连分数作近似计算。因而连分数既有一套深奥的抽象理论，又有不少具体的实际应用，这可算是连分数奇妙处之三。

5.5 简单的密码问题

5.5.1 保密通信概述

人们在社会活动和日常生活中离不开通信交往。通信有许多不同的方式，“烽火连三月，家书抵万金”中传递战事信息的烽火台和战士寄回家中的书信是通信的两种方式。从电发明之后的电报和电话一直到计算机时代的电子邮件、图像和数据的传送，通信的技术手段日新月异，但是通信的数学模型均可简单而统一地表成以下形式：

$$\boxed{\text{信源 (发方，信息 } x)} \xrightarrow{\text{信道}} \boxed{\text{信宿 (收方，信息 } x)}$$

通信是发方和收方之间的一种活动。发方在信源把信息 x 通过信道传送出去，收方在信宿接收信息 x。例如，在电报通信中，信源和信宿分别是发报机和收报机，信息是电报中的文字，但是发方要把文字转换成电信号 x 发出，信道是传递电信号的空气介质，收方接到电信号 x 之后用电码本转回到电报中的文字。

在通信中，对某些特定内容有时需要保密，即只有通信的双方知道，而不让其他任何人了解内容。自古以来，在军事、政治中传达一些命令、策略时，都是需要的。于是出现在通信中采用密码的问题。即通信双方事先约定一种办法，将公开的信息 (如普通的文字表达的信息) 改变成只有对方才能识别的信息，这种通信的方式称为保密通信。

在保密通信中，对于那些一目了然的信息，一般称为“明文”。当要把某个信息秘密传送给某些人 (称为“合法接收人”) 时，则先把明文进行“加密”处理，这种经过加密处理的明文，称为“密文”。密文不是任何人都能看懂的，只有合法接收人，他们掌握了一定的方法，才能把它“翻译”成加密处理之前的明文。把明文翻译成密文的过程，称为加密过程 (或加密)。把密文翻译成明文的过程，称为解密过程 (或解密)。在传送秘密信息过程中用来加密与解密的关键数据称为密钥。显然，密钥在保密通信中占有极其重要的地位，通常主要由通信双方秘密商定。

通信模型在增加了保密功能之后，便成为如下形式的保密通信数学模型：

$$\text{发方 } A \text{ 把明文 } x \xrightarrow{E} \text{加密为密文 } y = E(x)$$
$$\xrightarrow{\text{信道}} \text{收方 } B \text{ 收到密文 } y \xrightarrow{D} \text{解密为明文 } x = D(y)$$

发方 A 把信息 (明文)x 通过信道传给收方 B，A 在传输之前把明文 x 加密成密文 $y = E(x)$，然后传送给 B；B 在收到密文 y 之后用 E 的逆运算 D 解密，恢复

成明文 $x = D(y)$。其中 E 和 D 这两个互逆运算由 A 和 B 分别保存，而对外人保密，分别称为加密密钥和解密密钥。

现代无线数字通信信息在运行中，信息很容易被第三者 (也称为敌方) 窃取，敌方在截取到密文之后，致力攻击密文，希望能破译出一些明文来，更高的目标是希望能破译出我方的加密和解密方式。如果破译出加密方式，敌方可以制造假信息，加密后传给收方，达到欺骗的目的。如果破译出解密方式，敌方今后可源源不断地破译我方的密文。例如，日本人在 20 世纪 30 年代后期发明了一种高级加密机"九七式欧文印字机"(美国人称为"紫密")，使用了相当复杂的多表代替型密码。美国密码分析学家利用数学工具 (数论、群论和数理统计学) 在 1940 年破译了"紫密"，但不为日本人所知。1942 年日本突袭中途岛海战的失败，一个重要原因是美国破译了日本攻击中途岛的情报。1943 年 4 月，美国破译了日本联合舰队长官山本五十六视察前线阵地的详细日程表，在 4 月 18 日这一天，派 18 架战斗机在预定时间和地点打下山本的座机，成为密码史上精彩的一页，也展现了数学在加密和破译中的巨大威力。

总的来说，关于保密通信的研究主要有两个方面：第一，研究把明文翻译成密文的方法，这个方法要尽可能的简便易行；第二，研究这种加密方法的保密性 (安全性)，即除合法接收人外，其他人从密文了解到明文内容 (全部或部分) 的可能性。

5.5.2 仿射加密方法

在公元前 70 年高卢战争期间，罗马的恺撒大帝为了营救当时被围困、濒临投降的西塞罗，给他送了一封密信。他为了使敌人不能读懂信息，专门使用了一种被后人称为"恺撒密码"的加密方法。恺撒只是简单地把信息中的每一个字母用英文字母表中的该字母后的第三个字母代替，所以这种古老的传统密码体制也称为"恺撒密码"。

传统的密码体制在加密和解密时使用同样的密钥，解密程序只是做加密程序的相反工作，因而称为对称密钥体制。例如，"恺撒密码"的加密算法是由同余式 $c \equiv p + k \pmod{26}$(其中 p 为明文，c 为密文，k 为位移量) 给出，而其解密算法则仍由上述同余式给出，仅需简单变形为 $p \equiv c - k \pmod{26}$。由"恺撒密码"演绎出的历史上较长久的一类加密方法，称为仿射加密方法。

为了能将数论用于明文的加密，首先需要建立明文与正整数的对应关系。一个文件总是由文字和其他符号 (标点符号，数字，特殊记号，等等) 组成的。如果用汉语拼音书写汉字，那么文件就可以用 26 个拉丁字母和一些符号来表达。假设所使用的字母和符号共有 N 个，如果把这些字母和符号与 N 个正整数 $0, 1, 2, \cdots, N-1$ 建立一一对应关系，那么文字、符号、句子和文件就都和正整数建立了一一对应的关系。例如，假设使 26 个拉丁字母 a，b，c，⋯，x，y，z 与数字 00，01，02，⋯，23，24，25 建立了一一对应关系，那么，与“woyaolai”(我要来) 对应的数字就是 2214240014110008.

在实际应用中，一个文件所对应的整数是一个很大的数字，所以，人们往往要对大的正整数进行处理，使它们可以与较小的正整数列对应，从而容易进行加密运算。我们知道，任何正整数 P 都可以唯一地表示成 k(给定的大于 1 的正整数) 进制数

$$P = p_n k^n + p_{n-1} k^{n-1} + \cdots + p_1 k + p_0, \quad 0 \leqslant p_i \leqslant k-1, 0 \leqslant i \leqslant n$$

这样，任何整数 P 就与整数列 $\{p_n, p_{n-1}, \cdots, p_0\}$ 建立了一一对应的关系，对大整数 P 的加密就转化为对不超过 k 的整数 $p_i(0 \leqslant i \leqslant n)$ 的加密。

为说明方便，本节总用 P 表示明文，用 $E(P)$ 或 E 表示与 P 相应的密文。用 Ω 表示需要加密的所有明文 P 的集合，并且假定集合 Ω 的上界是 A。于是，仿射加密方法的流程是这样的：

(1) 取大整数 $M > A$，以及正整数 a, b, a'，使得

$$(a, M) = 1, \quad aa' \equiv 1(\bmod M) \tag{5.13}$$

(2) 加密：对于明文 P(明文 P 满足 $0 \leqslant P < M$)，计算

$$E \equiv aP + b(\bmod M), \quad 0 \leqslant E < M \tag{5.14}$$

E 就是与 P 对应的密文。

(3) 解密：对于密文 E，计算

$$P_0 \equiv a'(E - b)(\bmod M), \quad 0 \leqslant P_0 < M \tag{5.15}$$

P_0 就是与 E 对应的明文 P。

现在我们分析仿射加密方法这种密码体制的保密性能，初看起来，似乎完全看不懂密文的意思，但实际上它的保密程度并不高。这种体制的主要缺点是：明文中同一个字母都替换成同一个字母。在英语中有些字母 (如 e，t，a，o) 出现次数较多，而另一些字母 (如 x，y，q) 则很少出现，在敌方截取足够长的密文之后，他可把密文中出现次数多的字母试着对应通常英语中出现频率大的一些字母，如果试几次可暴露出一段明文，便可猜出采用的是仿射加密方法，并且只需由两对相对应的明文和密文 P_1，E_1 与 P_2，E_2 就可求出解密方法。从上述可知，密码分析所采用的数学工具是概率统计方法，这是早期用于破译密码的主要方法。有趣的是，“恺撒密码”虽然很不安全，但也曾使用过一段时间。1915 年，俄国军队还在使用这种密码，使奥地利和普鲁士的密码分析学家感到非常惊讶。

例 10 已知字母 a，b，c，⋯，x，y，z 与数字 00，01，02，⋯，23，24，25 对应，又已知明文 h 与 p 分别与密文 e 与 g 对应，试求出解密公式

$$P \equiv a'E + b'(\mathrm{mod}26), \quad 0 \leqslant P < 26$$

并破译下面的密文:“IRQXREFRXLGXEPQVEP”。

解 由明文 h 与 p 分别与密文 e 与 g 对应，得

$$7 \equiv 4a' + b'(\mathrm{mod}26), \quad 15 \equiv 6a' + b'(\mathrm{mod}26)$$

解得 $a' \equiv 4, 17(\mathrm{mod}26)$，因 $(4, 26) \neq 1$，故 $a' \equiv 17(\mathrm{mod}26)$，由此得 $b' \equiv 17(\mathrm{mod}26)$，所以解密公式为 $P \equiv 17E + 17(\mathrm{mod}26)$。于是密文“IRQXREFRXLGXEPQVEP”据表 5.1 破译得明文“BADIANKAISHIXINGDONG”(八点开始行动)。

表 5.1

E	a	b	c	d	e	f	g	h	i	j	k	l	m
P	r	i	z	q	h	y	p	g	x	o	f	w	n
E	n	o	p	q	r	s	t	u	v	w	x	y	z
P	e	v	m	d	u	l	c	t	k	b	s	j	a

5.5.3 公开密钥体制

在当今信息社会中，计算机和网络技术已相当发达，通信的保密更是多方面的需要，对信息进行加密的目的，当然是希望这个信息的内容不被敌方了解；同时，这个信息的内容应该能够被合法接收人很容易地了解。5.5.2 小节所介绍的一种传统的保密体制 —— 仿射加密方法属于私钥体制，两个人通信时用只有他们自己知道的一对加密 E 和解密 D 密钥，E 和 D 是互逆的运算，如果外人知道，则由 E 很容易得到逆运算 D。因此 E 和 D 都要由私人保存好。这里的加密 E 和解密 D 密钥取决于参数 a 和 b，由 5.5.2 小节的讨论我们知道，利用统计的方法，能够很容易地确定这两个数据，从而使该密码体制被破译，这样信息传递的安全性就受到了很大的挑战。

另外，假如一个计算机网络系统有 n 个用户，若他们相互通信都需要加密，则整个网络系统就需要 $\mathrm{C}_n^2 = n(n-1)/2$ 个密钥，每个用户需要保存 $n-1$ 个密钥，当 n 较大时密钥数量大，用户保存起来很困难，同时计算机网络系统对大量密钥也难以分配和管理，而密钥的丢失是非常严重的问题。为了解决传统密码体制的安全性以及大量密钥保存和管理困难的问题，1976 年美国年轻数学家与计算机专家棣弗 (W. Diffie) 和赫尔曼 (M. Hellman) 提出一种全新的公开密钥 (public key) 体制，他们的特点是保密性强，加密程序和密钥公开，而且在同一体制中可以供很多客户使用。

1. 公开密钥体制的基本思想

公开密钥体制的思想说起来也很简单，即用于加密的密钥不同于用于解密的密钥，加密密钥可以公开，陌生者能用加密密钥加密信息，但解密密钥不能根据加密密钥计算出来 (至少在合理假定的长时间内)。也就是说，只有用相应的解密密钥才能解密信息，但从公钥中推导出私钥是很难的。因此，棣弗和赫尔曼提出的公开密钥体制的关键是使用“单向”函数 E(单向函数 E 是一个可逆函数，但是它的逆函数 $D=E^{-1}$ 非常难求出) 作为密钥。具体来说，公开密钥体制的基本思想是：每个用户 A_i 都取一个单向函数 E_i 作为自己的加密密钥并把它公开于众，但是把 E_i 的逆函数 D_i 作为自己的解密密钥保存起来，不让外人知道，于是，计算机网络系统将 n 个用户的加密密钥 $E_{\rm i}(1\leqslant i\leqslant n)$ 装订成册，就像电话本一样可供大家查找和使用，所以每个用户 A_i 只需保存自己的一个解密密钥 D_i 即可。当 A_i 把信息 x 传给 A_j 时，A_i 在网络系统密钥本上可以查到 A_j 的加密密钥 E_j，A_i 把密文 $y=E_j(x)$ 传给 A_j。A_j 收到密文 y 后，利用自己的解密密钥 D_j，将密文 y 还原为明文 x。而其他人即使知道是由 A_i 传给 A_j 的，也能查到 E_j，但很难求出 $D_j=E_j^{-1}$，所以很难恢复明文 x。

公开密钥体制使用两种不同的密钥，加密和解密间的关系取决于所利用的数学理论，这种密码体制被称为非对称密钥体制。它的最大特点是：将加密密钥分开，加密密钥可以公开传播而不危及密码体制的安全性，解密密钥则由每个用户自己严加保密，在通信之前无需要求发送和接收双方交换它们的密钥。因此，公开密钥体制的提出，克服了传统密码体制中密钥管理困难的缺陷，是密码学上的一个重大突破。

就在公开密钥体制被提出的一年之后的 1977 年，美国麻省理工学院 (MIT) 的里维斯 (R. Rivest)、沙米尔 (A. Shamir) 和阿德曼 (L. Adleman) 依据棣弗和赫尔曼的设想提出了一种具体的公开密钥体制，它是一种应用欧拉定理、具有上述性质而且可以实用的体制，后来人们用他们三人的名字的字头为它命名，简称为 RSA 公开密钥方案，其理论基础的核心涉及欧拉函数和欧拉定理，以下加以简单介绍。

2. 欧拉函数和欧拉定理

所谓欧拉函数，是指在 $1,2,\cdots,m$(其中 m 是正整数) 这 m 个数中与 m 互素的数的个数，用 $\varphi(m)$ 表示。例如，对 $m=6$，在 $1,2,3,4,5,6$ 当中与 6 互素的有 2 个 (1 和 5)，于是 $\varphi(6)=2$。对每个素数 p，在 $1,2,\cdots,p$ 中只有 p 不与 p 互素，其他均与 p 互素，因此 $\varphi(p)=p-1$。

对于 $n=pq$，其中 p 和 q 是不同的素数。在 $1,2,\cdots,pq-1,pq$ 中与 n 互素的数就是与 p 和 q 均互素的数。我们用容斥原则：从 1 到 pq 这 pq 个数中被 p 除尽的共有 q 个 (每隔 p 个就有一数被 p 除尽)，因此应减去这 q 个。同样，被 q 除尽

的有 p 个，这 p 个也应减去。但是同时被 p 和 q 除尽的有 1 个 (即 pq)，在前面被减掉 2 次，所以还应补上 1 次。因此，$1,2,\cdots,pq$ 当中同时不被 p 和 q 整除的数的个数为

$$pq-p-q+1=(p-1)(q-1)$$

这也就是 $1,2,\cdots,pq$ 当中与 $n=pq$ 互素的数的个数。于是

$$\varphi(n)=\varphi(pq)=(p-1)(q-1)$$

再考虑 $n=p^l$，其中 p 为素数而 $l\geqslant 1$。在 $1,2,\cdots,p^l$ 中与 p^l 不互素的数必被 p 整除。而其中被 p 整除的共有 $p^l|p=p^{l-1}$ 个。所以

$$\varphi(p^l)=p^l-p^{l-1}=p^{l-1}(1-1/p)$$

一般地，若正整数 a,b 互素，则 $\varphi(ab)=\varphi(a)\varphi(b)$(证明从略)。利用上述结论，可以求得欧拉函数的一般公式。

设 m 的分解式为 $m=p_1^{l_1}p_2^{l_2}\cdots p_s^{l_s}$，其中 $p_1,\cdots,p_s$ 是不同的素数，$l_1,\cdots,l_s\geqslant 1$。则

$$\begin{aligned}\varphi(m)&=\varphi(p_1^{l_1})\varphi(p_2^{l_2})\cdots\varphi(p_s^{l_s})\\&=p_1^{l_1-1}p_2^{l_2-1}\cdots p_s^{l_s-1}(p_1-1)(p_2-1)\cdots(p_s-1)\\&=m(1-1/p_1)(1-1/p_2)\cdots(1-1/p_s)\end{aligned}$$

在 RSA 公开密钥方案中，还要用到一个重要的结论 欧拉定理：

设 $m\geqslant 2$，a 与 m 互素，则 $a^{\varphi(m)}\equiv 1(\bmod m)$。

证明 由于在 $1,2,\cdots,m$ 中共有 $\varphi(m)$(以下记 $\varphi(m)=s$) 个数与 m 互素，设它们分别为 $r_1,r_2,\cdots,r_s$。考虑 $\varphi(m)$ 个数 $ar_1,ar_2,\cdots,ar_s$。由于 $a,r_1,r_2,\cdots,r_s$ 均与 m 互素，从而 $ar_1,ar_2,\cdots,ar_s$ 也均与 m 互素。进而 $ar_1,ar_2,\cdots,ar_s$ 彼此模 m 互不同余，否则 $r_1,r_2,\cdots,r_s$ 中至少有两个模 m 同余，这是不可能的。

于是不计次序，$ar_1,ar_2,\cdots,ar_s$ 各自模 m 同余于 $r_1,r_2,\cdots,r_s$，所以

$$r_1\cdots r_s\equiv(ar_1)\cdots(ar_s)\equiv a^s r_1\cdots r_s\equiv a^{\varphi(m)}r_1\cdots r_s(\bmod m)$$

由于 $r_1\cdots r_s$ 和 m 互素，同余式两边消去 $r_1\cdots r_s$，便得到 $a^{\varphi(m)}\equiv 1(\bmod m)$。

3. RSA 公开密钥方案

RSA 公开密钥方案的核心算法建立在大数分解与素数检测的理论基础上，其安全性是基于数论中的一个事实：将两个大素数相乘构成一个大的合数在计算机上很容易实现，而要将该合数分解为两个大素数因子的乘积则非常困难，即大整数

的因子分解是十分困难的。这是因为其计算量相当巨大，大到甚至在当今技术条件下，在超级计算机上也无法实现。因此，当今庞大的国际数据通信网络能安全运行，其原因就是依赖于数学家们尚未找到大整数的因子分解的有效算法，同时却有较好的算法能容易地找到大的素数。

RSA 公开密钥方案的基本算法如下。

(1) 选定两个不同的大素数 (一般要超过 100 位)p 和 q(保密)；

(2) 计算 $n=pq$(公开 n)，计算欧拉函数 $\varphi(n)=(p-1)(q-1)$(保密)；

(3) 随机选取正整数 $e(1<e<\varphi(n))$，使得 $(e,\varphi(n))=1$(e 是公开的加密密钥，即公钥)；

(4) 计算出 d，使其满足 $ed\equiv 1(\mathrm{mod}\varphi(n))$，其中 d 是保密的解密密钥 (即私钥)；

注：当 n 很大时，这样的 (e,d) 有很多对，可供不同的客户使用。

(5) 加密变换。设明文信息为 $x\in Z(0\leqslant x\leqslant n-1)$，则密文为

$$E(x)\equiv x^e\equiv y(\mathrm{mod}n)\ (0\leqslant y\leqslant n-1)$$

(6) 解密变换。对密文 $y\in Z(0\leqslant y\leqslant n-1)$ 解密，明文为

$$D(y)\equiv y^d\equiv x(\mathrm{mod}n)\ (0\leqslant x\leqslant n-1)$$

RSA 公开密钥方案的基本算法是由以下定理保证的。

定理　*RSA 公开密钥方案中的解密变换 $D(y)$ 与加密变换 $E(x)$ 互为逆变换。*

证明　由于 $n=pq$，且 $(p,q)=1$，故 $\varphi(n)=\varphi(pq)=\varphi(p)\varphi(q)$。又由 $ed\equiv 1(\mathrm{mod}\varphi(n))$ 得 $ed=1+t\varphi(n)=1+\varphi(p)\varphi(q)(t\in\mathbf{N})$。

当 $(x,p)=1$ 时，由欧拉定理有 $x^{\varphi(p)}\equiv 1(\mathrm{mod}p)$，故 $x^{ed}\equiv x(\mathrm{mod}p)$；

当 $(x,p)>1$ 时，即 $(x,p)=p$，也即 $p|x$，显然有 $x^{ed}\equiv x(\mathrm{mod}p)$。同理，对任意正整数 x，有 $x^{ed}\equiv x(\mathrm{mod}q)$。因此，对任意正整数 x，有 $x^{ed}\equiv x(\mathrm{mod}\ pq)$，亦即 $x^{ed}\equiv x(\mathrm{mod}n)$。

由 $x^e\equiv y(\mathrm{mod}\ n)$ 得 $x^{ed}\equiv y^d(\mathrm{mod}\ n)$，故 $y^d\equiv x(\mathrm{mod}\ n)$；

反之，由 $y^d\equiv x(\mathrm{mod}\ n)$，得 $y^{ed}\equiv x^e(\mathrm{mod}\ n)$。又由 $ed\equiv 1(\mathrm{mod}\ \varphi(n))$，得 $y^{ed}\equiv y(\mathrm{mod}\ n)$，故 $x^e\equiv y(\mathrm{mod}\ n)$。因此定理结论成立。证毕。

注意到，在 RSA 公开密钥方案中 n 和 e 是公开的，由 e 求 d 需要解同余式 $ed=1(\mathrm{mod}\,\varphi(n))$，但这必须知道 $\varphi(n)=(p-1)(q-1)$ 的值。由于分解大整数 n 为素数 p 和 q 的积非常困难，故外人无法知道 p，q，从而无法知道 $\varphi(n)$。而在不知道 $\varphi(n)$ 的情况下由 e 求 d 是相当困难的，这就在一定程度上保证了 RSA 公开密钥方案的安全性。

例 11 设 RSA 公开密钥方案中两个素数为 43 和 59(保密)，公开加密密钥为 $e=13$，试描述传送明文 $x=1520$ 的过程。

解 因为 $n=43\times59=2537$，所以 $\varphi(n)=(p-1)(q-1)=2436$。

显然 $(e，\varphi(n))$=(13，42×58)=1，令 $13\times d\equiv1(\text{mod}2436)$，解得

$$d\equiv937(\text{mod}2436)$$

对于明文 $x=1520$，经过加密得密文

$$y=x^e=1520^{13}\equiv95(\text{mod}2537)$$

对密文解密得到明文

$$x\equiv95^{937}\equiv1520(\text{mod}2537)$$

4. 数字签名和身份认证

公开密钥体制的提出不仅解决了大量密钥的保存和管理问题，而且还解决了信息传送中的另一个问题：数字签名和身份认证问题。

设想 A 方发信息给 B 方，向 B 方借一笔钱，那么 B 方需要确信这条信息来自 A 方，以免 A 方事后否认。在现实生活中，人们通常在借条上签名或按手印，但在当今广泛采用电子通信的背景下如何确定对方的身份呢？公开密钥体制提出之前，身份认证问题一直没有很好的解决办法。如今采用公开密钥体制做身份认证就变得很简单：A 方向 B 方传送信息 x 之前，先用自己的私钥 d_A 作用于信息 x，即计算 $x^{d_A}\equiv y(\text{mod}n)(0\leqslant y\leqslant n-1)$，这就是 A 方的数字签名，A 方把 y 发送给 B 方。B 方收到信息 y 后，在公钥本上查到 A 方的公钥 e_A，作用于 y，即计算

$$y^{e_A}\equiv(x^{d_A})^{e_A}\equiv x^{e_Ad_A}\equiv x(\text{mod}n)$$

从而得到明文 x，便可确认此信息来自 A 方。由于其他人不知道 A 方的私钥 d_A，所以无法伪装 A 方进行签名。

在公开密钥体制下，传送方可以同时对信息进行签名和加密。例如，如果 A 方要向 B 方传送信息 $x(0\leqslant x\leqslant n-1)$，$A$ 方可先签名，即计算 $x^{d_A}\equiv y(\text{mod}n)(0\leqslant y\leqslant n-1)$，再加密，即计算 $y^{e_B}\equiv z(\text{mod}n)(0\leqslant z\leqslant n-1)$，然后把密文 z 传给 B 方。当 B 方收到密文 z 后，依次作用私钥 d_B 和 A 方的公钥 e_A，即计算

$$(z^{d_B})^{e_A}\equiv(y^{e_Bd_B})^{e_A}\equiv y^{e_A}\equiv x^{d_Ae_A}\equiv x(\text{mod}n)(0\leqslant x\leqslant n-1)$$

便得到明文 x。对于 B 方来说，上述认证过程是容易的，因为只有 B 方自己才知道解密密钥 d_B，由于 B 方看到明文 x，从而认证了 A 方的身份。

例 12　设在 RSA 公开密钥方案中 $n=11\times 3$，已知 $e_A=13$，$e_B=7$ 分别为 A，B 的加密密钥，试分别求出 A，B 的解密密钥 d_A 和 d_B，如果 A 的签证信息为 $x=4$，试给出 A 向 B 发送签名信息 x 的加密和认证过程。

解　由于 $\varphi(n)=\varphi(11\times 3)=\varphi(11)\times\varphi(3)=20$，通过下面的计算可得 A，B 的解密密钥 d_A 和 d_B。

令 $e_A d_A\equiv 1(\bmod\varphi(n))$，即 $13d_A\equiv 1(\bmod 20)$，解得 $d_A\equiv 17(\bmod 20)$；

令 $e_B d_B\equiv 1(\bmod\varphi(n))$，即 $7d_B\equiv 1(\bmod 20)$，解得 $d_B\equiv 3(\bmod 20)$。

因此取 $d_A=17$，$d_B=3$(A，B 的解密密钥 d_A 和 d_B 由 A，B 各自保密)。

A 向 B 发送签名信息 x 的加密和认证过程如下：

(1) A 将明文 x 先签名，得 $y\equiv x^{d_A}=4^{17}\equiv 16(\bmod 33)$；

再加密，得 $z\equiv y^{e_B}=16^7\equiv 25(\bmod 33)$，然后将 $z=25$ 发送给 B。

(2) B 收到 z 之后，先解密，得 $y\equiv z^{d_B}=25^3\equiv 16(\bmod 33)$；

再进行认证，得 $x\equiv y^{e_A}=16^{13}\equiv 4(\bmod 33)$。

B 看到了明文 $x=4$，从而认证了 A 的身份。

5. 公开密钥方案的保密性能

关于 RSA 的保密性能，在历史上有一个有趣的故事。1977 年，里维斯、沙米尔和阿德曼用一个 129 位的数 n 和一个 4 位数的 e 对一个关于秃鹰的消息在 RSA 中加密，即所谓的 RSA-129。他们估计以当时计算机的能力分解这个数 n 大约需要 23 000 年，结果仅仅在 17 年之后 RSA-129 就败下阵来。分解成功的核心在于发明了一种新的筛法 —— 二次筛法。这种方法有一个优点是能将工作分散到不同的计算机上去做。所以人们组织了大约有 600 多人的因子分解迷，经过八个月的努力找到了 RSA-129 的分别为 64 位和 65 位的两个质因数。甚至 RSA Securities 公司悬赏解决他们遇到的挑战性问题：分解 RSA-576，它是二进制的 576 位数，十进制是 174 位数。于 2003 年 12 月 8 日被分解为两个十进制 87 位的质数的乘积。

但是，RSA-129，RSA-576 分解的成功，甚至包括数学家们近年来不断创造的许多新算法，如二次筛法、数域筛法、椭圆曲线算法，目前还不足以威胁 RSA 公开密钥方案的安全性。因为用以分解数字所需要的计算机的能力，随着数字位数的增加而飞快增长。例如，使用当前已知的最快的因数分解算法对一个 200 位的十进制整数分解它的素因子，需要大约 1.2×10^{23} 次计算机的运算，假设每次计算机的运算仅需 10^{-6}s，则因数分解的时间大约需要 37 亿年。因此，英国数学家 Keith Devlin 称，“*这就是当今庞大的国际数据通信网络能安全运行的原因，它依赖数学家的一种无能：他们尚未找到大数因子分解的有效的方法，同时却能容易地找到大的素数。*”因此，使用 RSA-200 至 RSA-300，除非计算数论有惊人的突破，否则因子分解在一个长时期内仍然是个难题。不过数论学家还是相信：*进展到来的期限，*

就像整数本身一样，一定屈指可数。这或许足以说明智慧的创新和理论的精湛是高技术的核心。

是否 RSA 公开密钥方案已经是万无一失了呢？近年来研究结果表明，也存在许多潜在的隐患。但是美国许多公众对 RSA 密码仍照用不误。世界上的许多事情就是在实践的过程中不断地完善着，又不断地被破坏着。

思考与练习 5

1. 一块木板，长 210cm，宽 135cm，现在要把它截成一些同样大小的正方形木块，要求所截得的小正方形木块面积最大，并且截后不许剩下板料，求小正方形木块的面积。

2. 三辆汽车从 A 站到 B 站，来回一次甲车需时 1 小时 39 分，乙车需要 2 小时 15 分，丙车需 55 分，现在三辆车同时从 A 站出发，在 A，B 间不停地来回行驶，问最少需要多少时间，三辆车同时回到 A 站？

3. 如果你只有两个没有刻度的容量分别为 4L 和 9L 的容器，怎样从一条河中恰好取出 6L 水？你觉得如何操作最优？

4. 有 3 个容器，它们的容量分别为 3L、7L 和 10L。今有 10L 液体，想把它们等分成两半，如果只用这 3 个容器，问应如何操作？如果不计 3L 和 7L 两个容器之间相互倒的次数，那么操作步骤最少几步？

5. 15 名小朋友每人有 15 枚棋子，他们玩一种“石头、剪刀、布”的游戏，每两人之间只进行一次胜负对决，并且负者送给胜者一枚棋子。游戏结束后，将 15 名小朋友分成甲、乙两组，甲组的棋子总数比乙组的棋子总数多 63 枚。求乙组中棋子枚数最多的小朋友棋子枚数的最大值和最小值。

6. 用载重 4t 的大卡车和载重 2.5t 的小货车运送货物，现在货物 62t，要一次运完，并且每辆汽车都要满载货物，问需要派多少辆大卡车和小货车？

7. 在一个糖果店里卖的糖果有三种包装，分别是小包有 6 颗、中包有 9 颗和大包有 20 颗。如果只按整包购买糖果，则不能购买到的糖果数最多是多少颗？

8. 四种小商品 A，B，C，D 的价格分别为 0.13，0.17，0.22，0.35。现在用 2 元钱恰好买了 10 件小商品，问买得小商品 A，B，C，D 各为多少？

9. (韩信点兵) 有记载说韩信统帅大军，在册兵员 26 641 人。部队集合后，他要求按 $1\sim3$，$1\sim5$，$1\sim7$ 报数，以每次报数余数 (如依次为 1，4，3) 及缺员上界 (如为 100 人)，就可知实到人数。实到人数是多少呢？

10. 有兵一队，若列成五行纵队，则末行一人，成六行纵队，则末行五人，成七行纵队，则末行四人，成十一行纵队，则末行十人，求兵数。

11. **米铺失窃问题**。一米铺失窃，告官：原来一样大小三个竹箩装满着米。窃后左箩剩米 1 合 (“合”是古代容积单位，1 升 =10 合)，中箩剩米 1 升 4 合，右箩剩米 1 合。后来甲、乙、丙三贼被捉拿归案。甲口供道：当夜摸得马杓，在左箩舀米。乙供：用木鞋在中箩舀米。丙供：拿漆碗在右箩舀米。窃米回家米已吃完，日久忘记确数。官验三器，马杓容 1 升 9 合，木鞋容 1 升 7 合，漆碗容 1 升 2 合。问：失米多少？三贼各窃米多少？

12. 今有数不知总，以五累减之无剩，以七百十五累减之剩十，以二百四十七累减之剩一百四十，以三百九十一累减之剩二百五十四，以一百八十七累减之剩一百零九，问总数若干 (黄宗宪：求一术通解)？

13. 1959 年苏联第一次发射了一个人造行星，报上说：某专家算出，五年后这个人造行星将接近地球，果真如此，但他又预计 2113 年又将非常接近地球，这是怎样算出来的 (人造行星绕太阳一周需 450 天，地球绕太阳一周按 365.25 天算)？

14. 在地球轨道和火星轨道最接近处，并且与太阳、地球和火星差不多在一直线上的现象称为大冲，若火星绕太阳一周需 687 天，地球绕太阳一周按 365.25 天算，求大冲周期。

15. 已知明文由 26 个英文字母 a，b，c，$\cdots$，x，y，z(分别与数字 00，01，02，$\cdots$，23，24，25 对应) 及符号“!”和“?”(分别与 26 和 27 对应) 组成，用这 28 个符号写成的正常英文中，出现频率最高的依次是!，e 与 t。在对一组密文作了统计分析之后，发现密文中出现频率最高的三个符号依次是 b，? 与 i，试求解密公式。

16. 设 RSA 公开密钥方案中取 $p=13, q=7$，又 $e_A=5, e_B=11$ 分别为 A，B 的加密密钥。

(1) 试分别求出 A，B 的解密密钥 d_A 和 d_B；

(2) 若 A 的签证信息为 $x=6$，请给出 A 向 B 发送签证信息 x 的加密和认证过程。

第6章　初等数学模型常用方法

在解决实际问题的过程中，往往主要是看解决问题的效果和应用的结果如何，而不在于用了初等的方法还是高等的方法。在模型应用效果差不多的情况下，用初等方法建立的数学模型更优于用高等方法建立的数学模型。通常所说的初等建模方法有很多，这些方法主要是根据对现实对象特性的认识，分析其因果关系，找出反映内部机理的规律。本章主要通过实例，介绍比例分析法、图上优化法、层次分析法、优选法和正交试验设计等初等模型方法，并通过它们的简单运用来领会这些方法的实质。

6.1　比例分析法

比例分析法是利用事物或事物之间的相似性解决问题的一种方法，它是建立变量之间函数关系的最常用的方法之一。本节举几个例子说明它的广泛应用。

6.1.1　面积估算问题

1. 秤“称”出来的土地面积

在抗日战争时期，河北省清苑县，一个县长正在为计算全县的土地面积有多大而发愁。该县虽有地图，但地图上只有比例尺而没有面积，地图的形状古里古怪，不能用计算规则图形面积的公式来算。

县长想到了一个人 —— 于振善，他的计算技巧远近闻名。他创造了用特定标尺组成图形来进行数字计算的方法，在电子计算器发明以前，这种尺算法是简便的算法之一。

于振善考虑了一会儿之后，用木板和秤就把问题解决了。他先把地图按边界轮廓描在一块厚度均匀的木板上，而后把这块图形锯下来，称出它的质量。随后，他把地图中代表一定长度和宽度的一块矩形也锯下来，也用秤来称。因为厚度一定，这两个质量之比就是这两块图形的面积之比。而代表一定长度和宽度的矩形面积是容易算出来的，按照比例计算，就得到了全县的土地面积。例如，如果锯成地图形状的木板质量是 4.25kg，代表长 10km、宽 5km 的矩形木板质量为 0.25kg，两者的比就是 $4.25 \div 0.25 = 17$，而那个长方形所代表的面积是 50km^2，所以，全县的土地面积约是 $50 \times 17 = 850(\text{km}^2)$。

于振善巧"称"全县的面积，主要用了两种科学方法。首先用了替代法：用容易称量的木板替代难以称量的地图。然后用了比例分析法：把能计算面积的规则矩形与不能计算面积的不规则全县图形进行比较，经过按比例放大，就把全县面积算了出来。

2. 叶子面积的计算

在研究植物生长情况的时候，少不了要考虑到它的叶子的面积。叶面的形状是以曲线为周界的。如何把叶子的面积估算出来呢？

植物学家经常用一个简捷公式来算："叶子面积等于长乘宽除以 1.2。"

这个公式和一般的经验公式一样，是有它的局限性的，我们将给出一个直观方法，使人们一看便知怎样的叶子可以用这个公式，怎样的不行。

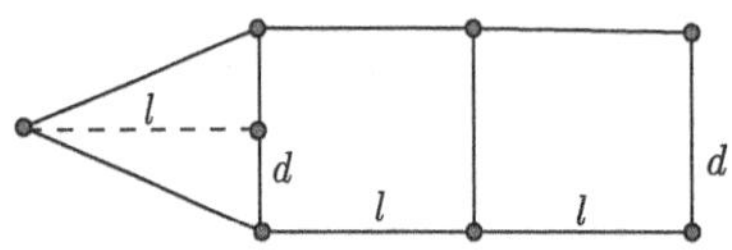

图 6.1

先考虑图 6.1，两个以 d 为宽，以 l 为长的长方形，再加上一个以 d 为底，以 l 为高的等腰三角形，这个图形的面积等于

$$2ld + ld/2 = 5ld/2$$

如果把它设想成叶子，叶子长是 $3l$，宽是 d，长乘宽是 $3ld$，是原面积的 $3 \div 5/2 = 1.2$(倍)。

这说明，如果叶子大致在 1/3 的地方"收尖"，这个公式是可以用来估计叶子面积的，否则就要重新考虑。如果稻叶的尖部长了，这个公式就应作必要的修改。这启示我们，这方法既然可以用来计算叶子面积，就可以用来估计羊皮面积：先量一批羊皮的面积，把每张羊皮的面积除以它的脊长和腰围的积，得出一批比值。求这些比值的平均数，命 c 是这个平均值，如此，便可得经验公式：羊皮面积等于脊长乘腰围乘上常数 c.

举一反三，当然不限于算羊皮而已，也不仅限于求面积而已。只要注意到面积有两个自由度，即可用长宽及一比例系数求得它。同样，体积有三个自由度，可以用长宽高及一比例系数的乘积求得它。

6.1.2 军事机密的泄露

2009 年 4 月 23 日，在中国青岛，中国人民解放军进行了海军建军 60 周年纪念"阅舰式"，看着新闻联播中播放的中国人民解放军第一代弹道导弹核潜艇"夏级"(即 092 型) 劈浪驶来的镜头，突然让人想起网上看到的一则新闻。2007 年 7 月 5 日，美国联邦科学家核情报项目主任 Hans Kristensen 在他的博客上声称，他使用美国 Google earth 卫星地图软件发现了大连小平岛潜艇基地的最新的中国"晋级"(即 094 型)，并测算"晋级"弹道导弹核潜艇的满载水量为 12 000t，艇长 133m，艇宽 12.5m，潜深 400m，装备 12 枚“巨浪Ⅱ”弹道导弹，射程 8000km。他的这项声明十分惊人，因为“晋级”弹道导弹核潜艇是中国海军潜艇建设中至今仍然高度保密的计划。

看完这则消息，姑且不去考虑它的真实性有多高，我们所考虑的是，美国情报部门如何根据卫星拍摄的照片来推测潜艇的相关数据？在军事科学中，对于潜艇武器装备的多少，战斗性能的高低，排水量是一个重要的决定因素，而测算潜艇的排水量，最基本的就是通过潜艇的尺寸数据进行模拟计算。那么，仅凭一张很小的卫星成像照片 (成像底片仅 4.975mm)，是如何测算出潜艇长度为 133m 的呢？下面我们通过相应的数学模型来研究 (图 6.2)。

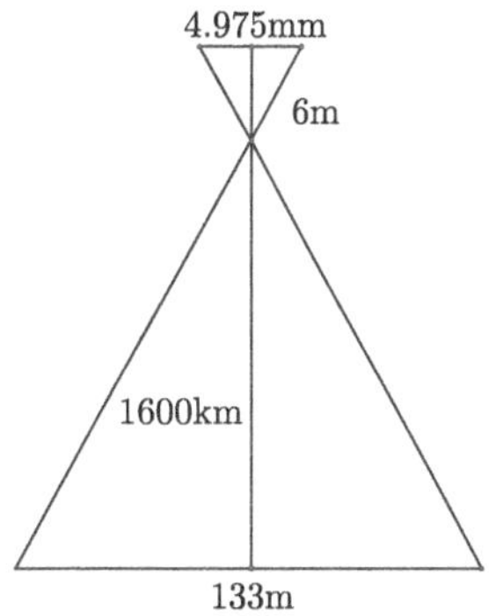

图 6.2

当今世界最先进的侦查卫星是美国的 KH-12(绰号“锁眼”)，它能以与哈勃空间望远镜一样的方式成像，即光学系统的相机采用了当今最尖端的自适应光学成像技术，可以在计算机控制下随视场环境灵活地改变主透镜表面的曲率，分辨率达到 0.05m。据说它重达 14t，体积有一辆公共汽车那么大，通俗地讲它就是一架巨型照相机，根据官方公布的数据，它的主透镜 (凸透镜) 的焦距长达 6m。

照相机成像的原理是大家所熟悉的凸透镜成像原理 (图 6.2)，其核心是公式 $f^{-1}=\mu^{-1}+v^{-1}$(其中 f 为焦距，μ 为像距，ν 为物距)。当物距趋向于 ∞，像距就趋向于透镜的焦距，由于卫星距离地面 160km，也就是拍到核潜艇时的物距为 160km，160km 这一数据相对于照相机的像距来说可以视为物距趋向于 ∞，由此得到，此时成像时的像距近似等于焦距，为 6m。

根据物体的大小、像的大小与凸透镜成像中的物距、像距形成相似三角形的关系，综合上述数据：$f=\nu=6\text{m}$，像的大小为 4.975mm，$\mu=160\text{km}$，可得

$$\frac{\text{照片中潜艇的长度}}{\text{潜艇的真实长度}}=\frac{\text{像距}}{\text{物距}}$$

设潜艇的实际长度为 xm，则 $\dfrac{0.004\,975}{x}=\dfrac{6}{160\,000}$，求得 $x\approx 132.667\text{m}$。

由此可以看出，间谍卫星如此令常人感觉深不可测的高科技手段，其原理也来源于数学模型，即利用相似进行分析。

6.1.3 云雾和人工降雨的奥秘

雾是什么？要是你以为雾是水蒸气，那就错了。雾是水，是很小很小的水滴，是悬浮在空气中的水滴。雾是水滴，那为什么它不会掉下来？难道是地心引力对它

不起作用了？又或是不是因为水滴太小的缘故，小到不受地心的吸引力了呢？试从数学的角度加以解释。

云雾奥秘的破解　首先，地心引力对雾一样起作用。不过，同样也有空气对运动中的物体有阻力。当物体的形状和速度一定时，阻力和物体的表面积成正比。小水滴受到的地心引力，是与它的质量成正比；而质量，又与它的体积成正比。所以，水滴受的重力与它的体积成正比。可是，阻力却与它的表面积成正比。例如，水滴的直径缩小为原来的 1/10，那它的体积便成为原来的 1/1000，而表面积是 1/100。这就是说，当空气对小水滴的阻力变成原来的 1/100 时，重力却只有原来的 1/1000 了。相比之下，等于阻力增大了 10 倍。所以，当水滴小到一定程度，它所受到的阻力，便能接近它所受到的重力，使自己悬浮在空中，长久不落。

人工降雨奥秘的破解　高空中的云，就是随气流移动的小水滴和冰晶。小水滴和冰晶太小了，是掉不下来的。要是用飞机在云中喷上某些化学制品，能帮助小水滴和冰晶互相结合起来，越变越大。当小水滴和冰晶的直径增大到一定程度的时候 (如增大到 10 倍，重力就变为 1000 倍，而空气阻力只增加到 100 倍)，空气的阻力终于没有力量拖住它们，它们便从空中掉了下来，这就是人工降雨。

6.1.4　牙膏定价问题

例 1　在日常生活中我们知道，在商店买一种商品时，买大包装比小包装合算，这是由出厂价决定的。如某工厂生产某牙膏 60g 装的出厂价为每支 1.15 元，150g 装的牙膏出厂价为每支 2.5 元，现在该厂根据市场需求要生产 180g 装的这种牙膏，请你确定这种牙膏合理的出厂价格。

模型假设　(1) 牙膏的出厂价格 y 只由生产牙膏的成本 y_1 和包装成本 y_2 决定；

(2) 生产成本与牙膏 (不包括牙膏皮) 的质量成正比；

(3) 生产成本与牙膏壳的表面积成正比；

(4) 牙膏壳里的牙膏都是满装。

模型建立　设生产成本 y_1 与牙膏质量 w 的比例系数为 k_1，则 $y_1 = k_1 \cdot w$，包装成本 y_2 与牙膏壳的表面积 S_w 的比例系数为 k_2，则 $y_2 = k_2 \cdot S_w$.

于是 $y = y_1 + y_2 = k_1 \cdot w + k_2 \cdot S_w$ 即为 w 克装的牙膏出厂价格，显然 y 是一个与 w 有关的变量。本题即求当 $w = 180$ 时 y 的值。

模型求解　由于 60g 装的出厂价为每支 1.15 元，则有 $1.15 = k_1 \times 60 + k_2 \times S_{60}$，即

$$1.15 - k_1 \times 60 = k_2 \times S_{60} \tag{6.1}$$

由于 150g 装的出厂价为每支 2.50 元，则有 $2.50 = k_1 \times 150 + k_2 \times S_{150}$，即

$$2.50 - k_1 \times 150 = k_2 \times S_{150} \tag{6.2}$$

由于 180g 装的出厂价格为 $y = k_1 \times 180 + k_2 \times S_{180}$，即

$$y - k_1 \times 180 = k_2 \times S_{180} \tag{6.3}$$

注意到

$$\frac{S_1}{S_2} = \left(\frac{v_1}{v_2}\right)^{\frac{2}{3}} = \left(\frac{w_1}{w_2}\right)^{\frac{2}{3}}$$

又由式 (6.2) 除以式 (6.1) 可得

$$\frac{2.50 - k_1 \times 150}{1.15 - k_1 \times 60} = \frac{S_{150}}{S_{60}} = \left(\frac{150}{60}\right)^{\frac{2}{3}}$$

由此解得

$$k_1 \approx 9.668 \times 10^{-3}$$

再由式 (6.3) 除以式 (6.1) 可得

$$\frac{y - k_1 \times 180}{1.15 - k_1 \times 60} = \frac{S_{180}}{S_{60}} = \left(\frac{180}{60}\right)^{\frac{2}{3}} \tag{6.4}$$

最后，把 $k_1 \approx 9.668 \times 10^{-3}$ 代入式 (6.4)，求得 $y \approx 2.93$，即 180g 装的这种牙膏的合理出厂价格应为 2.93 元.

模型分析 (1) 牙膏的实际出厂价格除了生产牙膏成本和包装成本外，还应包括外包装盒等其他部分的成本，此模型只考虑前者这两部分主要成本，与实际情况有一定的差距。

(2) 此模型假设生产成本与牙膏成正比以及包装成本与牙膏壳的表面积成正比都是一种理想的情况，是为了简化模型，便于求解，它们之间的更准确的关系应通过调查分析得到。

(3) 在此模型合理成分的基础上，我们还可以考虑运输成本以及销售商品的利润等因素，进一步改进模型，从而确定这种牙膏的一个合理市场售价。

模型检验 将此模型计算所得结果 2.93 元与 180g 装的这种牙膏的实际出厂价格进行比较，根据实际情况，在一定误差范围内检验此模型是否合乎实际，若合乎实际，应用此结果。另外，还可以利用此模型确定 250g 装、300g 装等这种牙膏的出厂价。如果不合乎实际，应分析原因并对模型进行改进。

6.2 图上优化法

在生产生活中，人们常常用图或网络来刻画、解释和处理某些实际问题，常见的如车辆流通图、电路网络图、赛事安排图和工程进度管理图等。这种表示方式不仅使实际问题显得直观、简洁、明了，而且也为实际问题的研究提供了一种有效的方法。近几十年来，随着运筹学、信息论和计算机科学的发展，对图和网络的研究也越来越广泛深入，由此迅速地产生了一门新兴的数学分支 —— 图论。本节我们将简略地介绍一些与图有关的有趣的实际问题及其解决方法，主要包括与一笔画相关的应用、图上最优化问题和统筹方法。

6.2.1 七桥问题及其应用

1. 七桥问题

位于北欧的哥尼斯堡市 (现俄罗斯境内) 是一座景致迷人的历史文化名城。有一道以它的名字命名的中世纪的数学名题，称为哥尼斯堡七桥问题。问题是这样的：由于布勒格尔河的两条支流在哥尼斯堡城区汇合，中间形成一个孤岛，全城便被划分为岛 (A)、东 (B)、北 (C)、南 (D) 四区 (图 6.3)，四区之间共有七座桥连着。一个人能不能不重复地一次通过这七座桥？如果能，应当怎样走法？

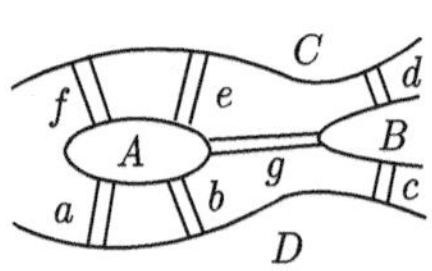

图 6.3

很多人作了尝试，但都没有解决这个问题。当时的大数学家欧拉仔细研究了这个问题。他肯定上述走法是不存在的。

欧拉是怎么解决这个问题的呢？他首先把哥尼斯堡的 4 个区分别用点 A，B，C，D 表示，用两点间的连线代表桥。这样便得到图 6.4。经过上述简化，问题变成了能不能不重复地一次通过图上所有的线回到原处。说得形象一些就是，能不能一笔把图画出来，而且每条线只画一次，不能重复。我们把能这样一笔画出的图简称为一笔画。

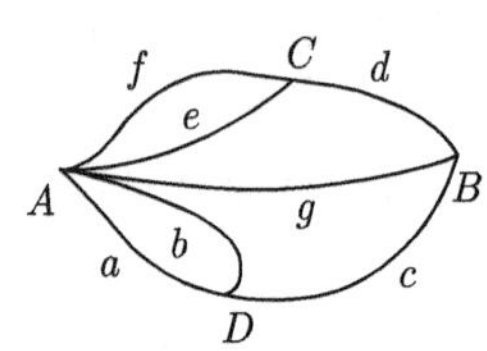

图 6.4

接下来欧拉研究了能够“一笔画”的图形应具有的性质。他注意到，这类图中的点倘若不是“一笔画”的起点和终点，那它作为“一笔画”的“中途点”应具有这样的特点：笔沿着某条边“进入”这一点后，必定要沿另一条边“出去”。于是，与“中途点”相连的线必定成对出现。也就是，与“中途点”相连的线的条数必是偶数。

我们把与点 v 相连接的线的条数称为该点的度数，记作 $d(v)$。当 $d(v)$ 为偶数时，点 v 称为偶点，否则称为奇点。按欧拉的分析，能一笔画的图的“中途点”的度数为偶点，而奇点只能作为“一笔画”图的起点或终点。概括起来就是：如果一个图形可以一笔画，那么其奇点个数必为 0(起点和终点重合) 或 2(起点和终点不重合)。由于图 6.4 中

$$d(A)=d(B)=d(D)=3, d(C)=5$$

4 个点都是奇点，所以不能一笔画。由此，欧拉肯定了上述走法是不存在的。

为进一步研究有关问题，我们简要地介绍一下图的基本概念及其性质。

我们经常遇到这样一些问题，它们仅包含两方面的内容：一是一些“对象”(如七桥问题中的“岛、河岸”)；二是这些对象之间的某种关系 (如岛与岛、岛与河岸间是否有桥连接，有几座桥连接)。为表示这些对象和它们之间的关系，可以用一个点代表一个对象，称这些点为顶点；如果两个对象之间有所讨论的关系，就在相应的两点之间连一条线 (有时也用实线与虚线加以区别)，这些线称为边。由若干个不同的顶点与连接其中某些顶点的边所组成的图形称为图。通常用 G 来表示图，图 G 中顶点的个数称为 G 的阶。

由于一条边连着两个顶点，因此每条边在顶点度数之和的计算中都被记入两次，所以，图的所有顶点的度数之和为边数的两倍。这就是图的基本性质。由此还可知，任意图 G，其奇点个数必为偶数。

在图 G 中，一个由不同的边组成的序列 $e_1, e_2, \cdots, e_m$，如果其中边 $e_i=(v_{i-1}, v_i)$，$i=1,2,\cdots,m$，则称这个序列是从 v_0 到 v_m 的链。如果这条链的两端 v_0 与 v_m 重合，则称这条链为圈。如果图中任意两个顶点都有一条链，这样的图称为连通图。否则称为非连通图。

回到七桥问题的研究，我们自然会进一步问，当一个图的奇点个数为 0 或 2 时，它可以一笔画吗？如果能，是否有一种一般可行的画法？答案是肯定的，这就是一笔画定理：

图 G 可以一笔画的充要条件为 G 是连通的，且其奇点个数为 0 或 2。

证明 必要性上面已证，下证充分性。首先来证：若图 G 是连通的，且其奇顶点为 0 个，则 G 可以一笔画。

事实上，从 G 中任一顶点 v_0 出发，经相邻的边 e_1 进入顶点 v_1，因为 $d(v_1)$ 是偶数，由 v_1 再经相邻的边 e_2 可进入顶点 v_2，如此继续下去，每条边仅取一次，经边若干步后必可回到 v_0，于是得到一个圈 $u_1: v_0v_1\cdots v_0$。

如果 u_1 恰好是图 G，则命题得证。否则在图 G 中去掉圈 u_1 后得子图 G_1，则 G_1 中每个顶点也都是偶顶点。因图 G 是连通的，所以在 G_1 中必定存在一个和 u_1 公共的顶点 v，使 G_1 中存在一个从顶点 v 出发到 v 的圈 u_2，重复上述过程，因为图 G 中只有有限条边，总有一个时候，得到的这些圈恰好是图 G。也就是说，图 G 是由具有公共顶点的一个圈一个圈组合而成的，所以，图 G 可以一笔画。

如果图 G 的奇顶点恰有 2 个，不妨设为 v', v''，在 v', v'' 间连一条边 e 得图 G'，于是 G' 中奇顶点为 0 个，故 G' 可以一笔画，从而去掉边 e 后，图 G 可以一笔画。证毕!

充分性的证明，实际上提供了一种“一笔画”的方法，即一笔画图形可以由具有公共顶点的一个圈一个圈一笔画组合而成，而且一个图能“一笔画”的方法往往会有多种。

令人困惑的哥尼斯堡七桥问题，其中道理竟然如此浅显! 欧拉在解决这个问题时，构造了一个简单且有效的几何模型，被认为是数学抽象的经典案例。在这个模型中，不需要考虑点线的长短大小，也不需要涉及量的计算，而只需研究点与点的关系，这种特殊的研究对象、研究方法和研究模型被公认为是图论学科的起源，现在已显示了它越来越广泛的应用价值。

2. 中国邮递员问题

例 2　如图 6.5(线表示路，线上的数字表示这条路的长度，圆圈表示路的转点) 所示，邮递员上班，要走遍他负责送信的每条路，然后回到邮局。问怎样走才能使所走的路程最短?

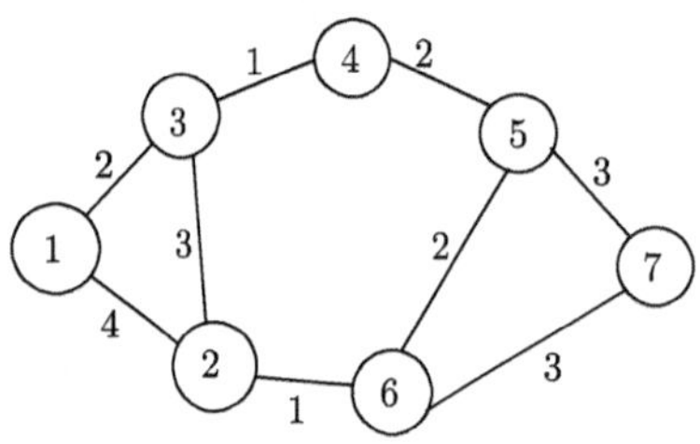

图 6.5

分析　显然，如果邮路可以一笔画，那么一笔画的过程就是所走的最短路线。如果图上有奇点，怎么办? 如图 6.5 中，①，④，⑦是偶点，②，③，⑤，⑥是奇点，首先在图上要再添一些路来消灭奇点。如果在②与③之间，⑤与⑥之间各添上一条路 (即在②—③，⑤—⑥上走两次)，奇点就没有了，于是可以一笔画了。但我们还要求所走的路程最短，因此问题又归结为：*如何选择添加的重复路，既消灭了奇点，又使添加的重复路总长度最短?*

这个问题已被我国数学家管梅谷教授解决了，所以邮路问题又称中国邮递员问题。他证明了：*只要每个圈上重复的路程不超过该圈长的一半，这就是路程最短的走法。*

解　在图 6.5 中，如果重复②—③，⑤—⑥两条路，可以消灭奇点，但在圈②—③—④—⑤—⑥—②上重复路程 $2+3=5$ 已超过该圈长的一半，所以这还不是路程最短的走法。但我们可以改为重复②—⑥，③—④，④—⑤，这样同样消灭了奇点，又使得每个圈上重复路程都不超过该圈长一半，如此修改，就得到一种路程最短的走法：

①→③→④→⑤→⑥→⑦→⑤→④→③→②→⑥→②→①

综合上述，得到解决邮路问题的步骤：首先把道路图上所有的奇点找出来，然后选择一些需要重复的路，消灭奇点，再在每个圈上检查重复路程是否超过整个圈长的一半，如有超过的情况，则在这个圈上，把原来不重复的路变为重复的路，而原来重复的则变为不重复的路。这样逐步调整，当所有圈上的重复路程都不超过该圈长的一半时，路程就达到最短了。最后将整个图形一笔画出。

邮路问题，不只是邮递员会碰到，在其他一些场合也会碰到，如马路上扫地，喷水的车子所走的路线，等等。

3. 周游世界问题

人们在旅游时常常希望设计这样一条路线，能够不重复地经过所有想要游览的旅游点，而且路程最短。1859 年，爱尔兰数学家哈密尔顿 (S. W. Hamilton，1805~1865) 设计了一种“周游世界游戏”，游戏的玩具是一个正十二面体 (图 6.6)，在它的 20 个顶点上分别标上世界上 20 个著名的城市，每两个顶点之间的棱表示这两个城市之间的可通行道路。游戏的规则是：*找出一条道路，使它从某个城市出发，经过所有其他城市一次后返回原出发城市*。

哈密尔顿周游世界问题与邮路问题有某些相似之处，都是在图中寻找一条首尾相接的道路，都要求所走的路程最短；不同的是后者所找的道路要所有的边至少走一次，而前者则要求经过所有的顶点恰好一次 (有的路可以不走)。我们把一个包含所有顶点的圈 (即要求回到出发点) 或者一条走遍所有顶点的路 (不要求回到出发点) 称为哈密尔顿圈 (路)，把这种点的行遍性问题称为哈密尔顿问题。

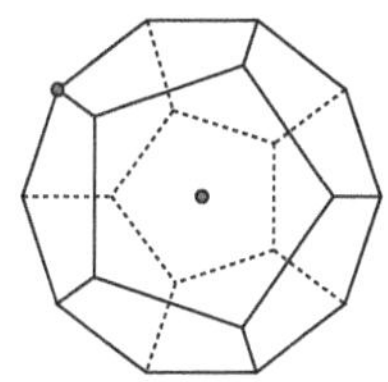

图 6.6

为方便起见，我们把这个十二面体投影到平面上，保持原点、线之间的连接关系 (图 6.7)。如果图 6.7 中存在哈密尔顿圈，那么由于这个圈上 20 个顶点的度都为 2，而所有顶点的度数之和为边数的两倍，由此所找的哈密尔顿圈的边数为 20。由于正十二面体共有 30 条边，因此只要抹去 10 条边，使图 6.7 中 20 个顶点的度数都变为 2，成为一条闭折线。这条闭折线通过原图中的每一个点，而且只过一次。因此它是一个如图 6.8 所示的 20 角形的周界，这周界是连串而不分裂的。由此就可以找到如图 6.9 的一个解，沿此边界即是原图的哈密尔顿圈。

当然，如果图上各边的权不尽相同，在寻找该图的哈密尔顿圈 (路) 时，还要考虑在满足条件的情况下，尽量去掉权大的边。

周游世界游戏人们已经轻易地找到了满足条件的走法，然而这个游戏却蕴含着一个历经一个半世纪没有被解决、并且已被公认是解决不了的问题，即一个图存在哈密尔顿圈 (路) 的充要条件是什么？

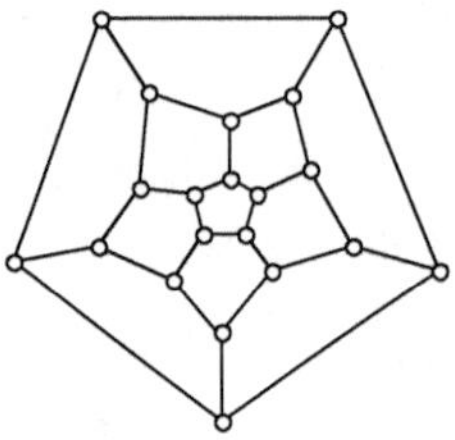

图 6.7

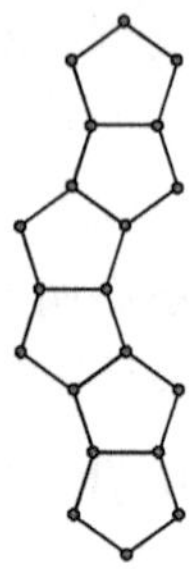

图 6.8

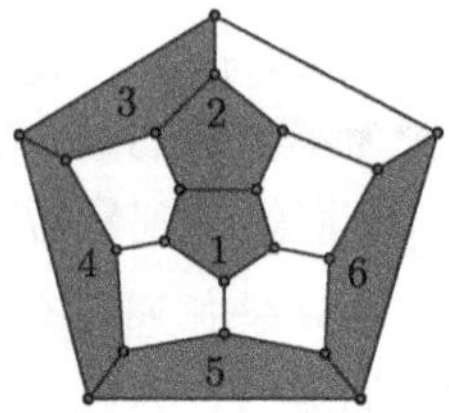

图 6.9

6.2.2　旅行售货员问题

旅行售货员问题 (traveing salesman problem，TSP) 是一个非常著名的世界难题，它是与哈密尔顿问题相关的最优化问题。问题的原型是：一个推销员，要到若干个城市去推销它的商品，然后回到出发点。如果已经知道每两个城市之间的旅行费用，应如何设计他的旅行路线，才能使他总的旅行费用最小？

首先，我们用 n 个点表示他所要到的各城市 (不妨也包括出发点)，用连接这些点对的边表示城市间的旅行路线 (如直达航班)。边的权就是该段旅行路线的代价、时间或费用等。假定任意两个城市之间都有直达路线，那么所得到的图就是一张有 n 个顶点的完全图 K_n(任意一对点间恰有一条边的图称为完全图)。易知，旅行售货员问题就是在一张赋权完全图上寻找权最小的哈密尔顿圈。

显然在完全图 K_n 上，点的任意排序都对应着一个哈密尔顿圈。容易证明，完全图 K_n 中不同的哈密尔顿圈共有 $(n-1)!/2$ 个。

考察问题所有的可能解，并通过比较选择问题最优解的算法，称为蛮力算法。蛮力算法总能产生问题的最优解。例如：上海某公司的旅行推销员将赴南京、温州、合肥三个城市推销商品，已知机票价格见表 6.1(单位：元)，求使机票总开支最省的旅行路线。

表 6.1

	上海	南京	温州	合肥
上海		410	581	445
南京			650	182
温州				764

有三种可选路线：上海 — 南京 — 温州 — 合肥 — 上海，上海 — 温州 — 南京 — 合肥 — 上海，上海 — 南京 — 合肥 — 温州 — 上海，其中最优的路线是上海 — 温州 — 南京 — 合肥 — 上海，机票总额 1858 元。

对于较小的 n，我们可以用蛮力算法找出其最优解。但是，当 n 比较大时，由

于 $n!$ 的增长速度非常快，用这种枚举方法求解的工作量将变得连最先进的电子计算机都无法在合理的时间内完成，如一台每秒运算一百万次的计算机，用蛮力算法解决一个 $n=50$ 的 TSP，由 $50!\approx 3\times 10^{64}$，可知仅比较数值的大小，计算机就需要 4.8×10^{48} 个世纪完成，即便使用运算速度最快的计算机，结果的改善也是微乎其微的。

为此许多专门研究组合最优化的专家都曾试图寻找 TSP 的有效算法，结果都未获成功。直到 20 世纪 60 年代后期，人们才发现 TSP 是一类被称为 NP- 完全类问题 (即人们不能期望找到求解一般 TSP 问题的多项式次数算法。) 的核心问题之一。这类问题都是不存在 (至少就人们当前的能力而言) 有效算法的。于是人们就转而研究一些方法，能在较短的时间内找到近似结果，这种结果虽然通常不是最佳方案，但相对来说还是比较好的。这种方法称为近似算法。

在 TSP 的近似算法中，最简单的方法称为“最近邻点法”：先从某一点 v_1 出发，在与 v_1 相邻的点中找到最近的点 v_2；再从 v_2 出发，从剩下的点中找到最近的邻点作为 v_3，$\cdots$，以此类推，直到走遍所有的点，最后回到出发点。

显然，当 n 较大时，最近邻点法的运算步骤大大地少于蛮力算法，因而能够在计算机上实现。“最近邻点法”的每一步都作最优选择，可以保证不犯明显的错误，并希望通过每一步的最优而导致整体最优。这种结果虽然通常不是最佳方案，但相对来说是比较好的，也称拟最优解。如上例，按“最近邻点法”考察本例，最优路线是：上海 — 南京 — 合肥 — 温州 — 上海，机票总额是 1937 元，可见“最近邻点法”往往不产生问题的最优解。

TSP 的另一种近似算法称为“最小插入法”。这种方法是先找一条权最小的边，记作 v_1v_2，再在剩下的点中选择 v_3，使 $W(v_1v_3)+W(v_2v_3)$ 尽可能小，这样形成一个由三点组成的圈 $v_1v_2v_3$；接着再在剩下的点中挑选 v_4，使

$$\min\{W(v_1v_4)+W(v_2v_4), W(v_2v_4)+W(v_3v_4), W(v_3v_4)+W(v_1v_4)\}$$

尽可能地小，并且把它插到相应的位置上，得到一个由四个点组成的圈，$\cdots$，如此等等，直到所有的点都被插进去而得到哈密尔顿圈。

“最小插入法”的计算工作量比“最近邻点法”所需的工作量要大得多。但是相对来说，其效果也要比“最近邻点法”好。

例 3 表 6.2 给出了世界六大城市 (伦敦 L，巴黎 P，北京 B，东京 T，纽约 N 和墨西哥城 M) 之间的航空距离 (单位：km)，试求最佳 TSP 路线。

解 假若从北京出发，采用“最近邻点法”，依次可以得到东京、伦敦、巴黎、纽约、墨西哥城，然后回到北京，总里程为 33 723km。

若改从巴黎出发，同样采用最近邻点法，则可得到巴黎 — 伦敦 — 纽约 — 墨西哥城 — 东京 — 北京，其总长度为 30 949km。由此可见，同样的方法不同的起点，可能导致不同的近似最优解。

表 6.2

	L	M	N	P	B	T
L	0	8 943	5 582	344	8 164	9 588
M	8 943	0	3 363	9 212	12 475	11 319
N	5 582	3 363	0	5 850	11 012	10 872
P	344	9 212	5 850	0	8 238	9 739
B	8 164	12 475	11 012	8 238	0	2 103
T	9 588	11 319	10 872	9 739	2 103	0

如果改用最小插入法，首先选择最小边巴黎 — 伦敦，然后选取纽约插入，成为 P—L—N—P 的圈。再以墨西哥城插入纽约 — 巴黎之间，形成 P—L—N—M—P 的圈。再依次将东京、北京插入得到与上面第二条路线相同的结果。

事实上，用枚举法可以证明，第二种方案恰是原问题真正的最优解。

在很多实际问题中，要求走遍所有指定的点但不要求回到出发点，这时通常可以从近似算法所得的哈密尔顿圈上删去权最大的边得到。

例 4 某区教育局组织的一场竞赛安排在区内的七所中学同时展开，时间自上午 8 : 30 到 11 : 30。该七所中学的相对位置和行车距离 (单位：km) 如图 6.10 所示。教育局组织教师到各校巡视。假定在各校停留时间不少于 20min，试问行车平均速度至少应为多大，才能保证巡视在竞赛结束前完成？并给出巡视方案。

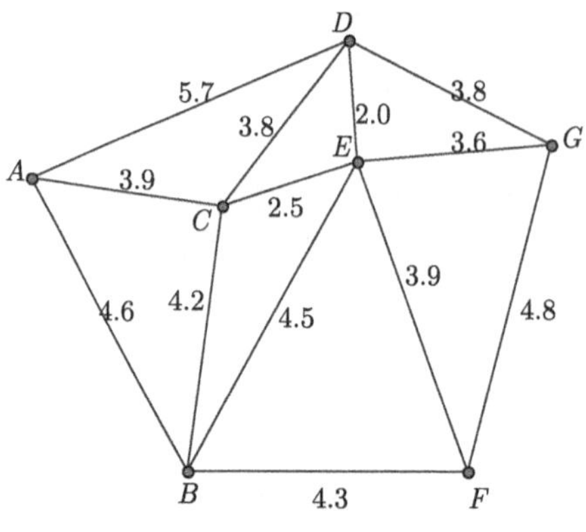

图 6.10

解 巡视路线可以看作求题图上的哈密尔顿路。从 A 校出发，用最近邻点法得到近似最优哈密尔顿圈 $A—C—E—D—G—F—B—A$，删去圈上的最长边 GF，得最优巡视路线的近似解 $F—B—A—C—E—D—G$，其总长度为 21.1km。

由竞赛时间为 3h，各校停留时间总和不小于 140min。因此，行车平均速度至少应为 21.1km/40min=31.65km/h。巡视方案应为：在 8 : 30 准时到达 F 校，然后依次巡视 B，A，C，E，D，G 各校，在各校停留 20min，行车平均速度 $v \geqslant 31.65$km/h，就可保证在 11 : 30 以前完成巡视 (自然，沿相反方向巡视也能达到同样目的)。

6.2.3 最小树模型

1. 最小生成树

图论应用中有一类很基本的有关最小连接的最优化问题，就是要在已知赋权图的边集之中找出一些边，既能把图上所有的点连接起来，又要使它们的边权之和达到最小，这就是求赋权图的最小生成树问题。

在数学上，把连通且无圈的图称为树，通常用树 T 表示。

由树的定义可以推出树 T 的一些基本性质：

(1) 在树中，任意两个顶点间必有一条且仅有一条通路。

(2) 树 T 是连通的，但 T 去掉任一条边后，所得图 G 不连通。换句话说，树是边数最少的连通图。

(3) 树 T 是无圈的，但添加任何一条边后，得到的图 G 便包含一个且仅包含一个圈。也就是说，树是边数最多的无圈图。

(4) 设 T 是有 n 个顶点的一棵树，那么 T 的边数为 $n-1$。

该性质可以对 n 用数学归纳法证明，而且它的下述逆命题也成立，即：*具有 $n-1$ 条边的 n 阶连通图必为一棵树*。这是因为，n 阶连通图至少有 $n-1$ 条边，如果图中有圈，那么边数必定会大于或等于 n，这与只有 $n-1$ 条边相矛盾。

基于树的上述性质，1956 年克鲁斯卡尔 (M. D. Kruskal) 提出了求已知赋权图中最小生成树的“贪婪算法”。这个算法的核心可以简单地用一句话来概括：*在不构成任何圈的前提下，依次挑选出权最小的边，直到挑选不出别的边为止。*

例 5 某石油公司计划为它拥有的 9 个存储站设计一个管道连接系统。如果两个存储站之间可以修管道，就用一条边连接起来，用一个数表示修这两站之间的管道所需的费用 (单位：千元)，这样这个公司所有的存储站和可能修管道的情况用图 6.11 表示出来。现要求所设计的管道网要把任何两个存储站都连接起来，且装修费用最少，问如何设计？

解 按“贪婪算法”可以这样解决：

第一步，把所有的边按其权数从小到大排列；

第二步，把权数最小的边选定为第一条边，即把 h(或 g, f) 确定为第一条边；

第三步，按选出的边与前面所选的边不构成圈的原则，依次选择下 1 条边，直至选出比顶点数少 1 条边为止。即按顺选出的 8 条边为：$h(90)$，$g(90)$，$f(90)$，$e(100)$，$a(100)$，$b(100)$，$d(100)$，$i(150)$。这 8 条边组成了最小生成树 (图 6.12)，其最小装修费用为

$$90 \times 3 + 100 \times 4 + 150 = 820$$

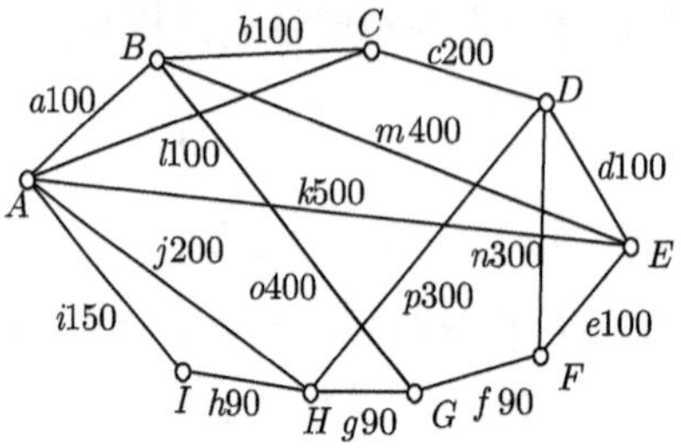

图 6.11

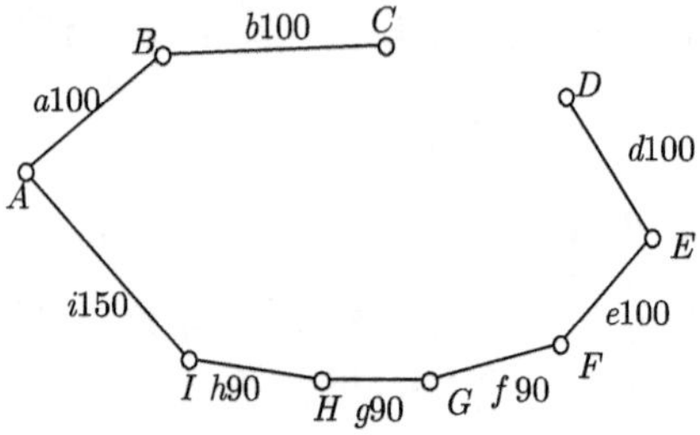

图 6.12

另外，由于树是连通的无圈图，因此也可以用“破圈法”求出其最小生成树。也就是说，在原图中逐个舍去圈中权数最大的边，将圈破掉，直到图中没有圈为止，留下的边组成的图即为原图的最小生成树。一般来说，当边数较小时，用破圈法为好；而当边数较多时，用贪婪算法往往更简便。

2. 斯泰纳最小树

“斯泰纳最小树问题”据说是由瑞士数学家斯泰纳 (Jakob Steiner，1796~1863) 首先提出的，因此后来以他的姓命名。它是指：设在平面上分布有彼此相隔一定距离的 $n(n \geqslant 3)$ 个点，形成点集 R。问如何用一些直线段把 R 中的点连接起来，并使得这些线段的长度之和最小？得到的解必然是一个“树”图形，称为“斯泰纳最小树”，简记为 SRT，其中可能出现的不属于 R 的连接点称为“斯泰纳点”。斯泰纳最小树在实际中的应用非常广泛。

先来看已知 3 点的斯泰纳最小树问题，它可以这样表述：在平面上，已知三点 A, B, C，问如何用一些直线段把 A, B, C 三点连接起来，使得这些连线段的长度之和最小？

如果不添加任何点把 A, B, C 三点连接起来，这其实就是求 $\triangle ABC$ 的最小生成树。

如果求一点 S，使它到 A, B, C 三点的距离之和最小。这其实是 3 个点的费马点问题。在“费马点问题”一节中，我们已经讨论过。其结论是：在 $\triangle ABC$ 中，$\angle BAC$ 为其最大角，S 是平面上的点。当 $\angle BAC < 120^\circ$ 时，若 S 满足 $\angle ASB = \angle BSC = \angle CSA = 120^\circ$，则它到 A, B, C 三点距离之和最小，此点 S 即为费马点；当 $\angle BAC \geqslant 120^\circ$ 时，所求的点 S 为点 A.

如果在 ΔABC 所在平面上再添加除 S 以外的点 S_1，无论采用怎样的方式将 A, B, C 三点连接起来，这样的点 S_1 都是多余的。因此，在已知 3 点的斯泰纳最小树中，斯泰纳点最多 1 个，这点即为该三角形的费马点。

再来考察已知 4 个点构成正方形的斯泰纳最小树问题：已知正方形 $ABCD$，其中心为 O，那么 A, B, C, D 4 点的斯泰纳最小树由线段 $AS_1, BS_1, S_1S_2, CS_2, DS_2$

组成，其中 S_1,S_2 分别为 $\triangle ABO$ 和 $\triangle CDO$ 的费马点。

证明 (1) 若连接图不添加点，则连接图即为 A,B,C,D 4 点的最小生成树，其连线总长度为 $3a$。

(2) 若连接图允许添加 1 个点，则添加的点为中心 O，其连线总长度为 $2\sqrt{2}a$。

(3) 若连接图允许添加两个点 M_1,N_1，如图 6.13，当保持 AM_1+BM_1 不变时，则 M_1 在一个以 A,B 为焦点的椭圆上移动。同样，保持 CN_1+DN_1 不变，N_1 也将在一个以 C，D 为焦点的椭圆上移动。所以，当 M_1，N_1 在线段 $AB(CD)$ 的中垂线上时，M_1N_1 取得最小，此时连线总长度更小。再由三角形费马点可知，M_1，N_1 为 $\triangle AOB$，$\triangle COD$ 的费马点 S_1,S_2 时，连线总长度最短 (图 6.14)。

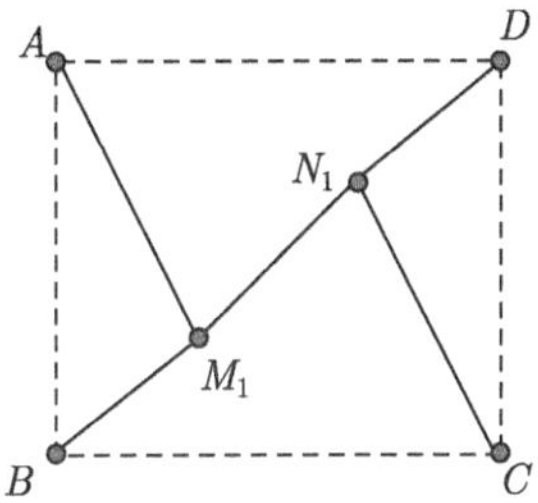

图 6.13

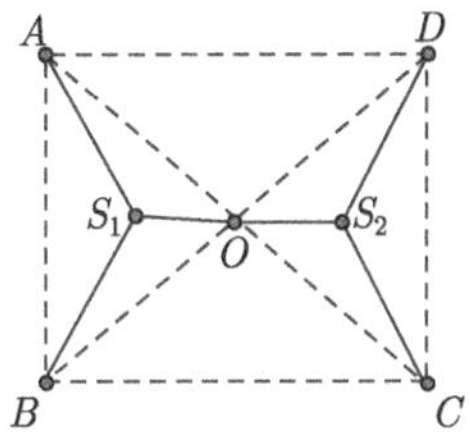

图 6.14

(4) 若允许添加 3 个点或更多，可验证连接图中必存在某些多余的连线段。因此，当连接图中添加 3 个或更多的点时，其连线总长度不可能是最短的。

综上所述，构成正方形的 4 个点 A,B,C,D 的斯泰纳最小树，其斯泰纳点恰有两个，分别是 $\triangle AOB$ 和 $\triangle COD$ 的费马点。

由三角形和正方形的斯泰纳最小树，有关斯泰纳最小树 SRT 有 4 条基本性质：

性质 1 若已知点集 R 有 n 个点，则 SRT 中斯泰纳点不超过 $n-2$ 个。

性质 2 SRT 上的斯泰纳点必在点集 R 的凸包中。

性质 3 SRT 上每个点至多连接 3 条边，而每个斯泰纳点恰好连接 3 条边。

性质 4 SRT 上连接同一点的任何两边的夹角不小于 $120°$；连接同一斯泰纳点的任何两边夹角恰为 $120°$。

一个斯泰纳最小树必须同时满足上述 4 条性质。我们经常通过检验一棵树是否全部满足这四条性质来设计一些特殊的斯泰纳最小树。如图 6.15 是一个点分布在若干个正三角形 (边长不全相等) 的顶点的树，满足上述的 4 条性质，因此它是斯泰纳最小树，其中图中的 S_1,S_2,S_3,S_4 为斯泰纳点。

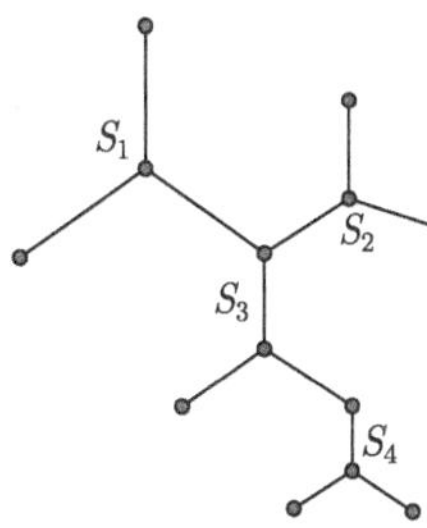

图 6.15

添加了斯泰纳点的斯泰纳最小树，往往会比不添加斯泰纳点的最小生成树的连线总长度更短些。即若以 $L_m(R)$ 和 $L_s(R)$ 分别表示点集 R 的最小生成树和斯泰纳最小树的连线总长度，则必有 $L_s(R) \leqslant L_m(R)$。例如，由已知三点 A, B, C 组成边长为 1 的正三角形，其斯泰纳最小树的连线总长度为 $\sqrt{3}$，而其最小生成树长度为 2，因此

$$L_s(R)/L_m(R) = \sqrt{3}/2 = 0.866\cdots$$

数学上把 $L_s(R)/L_m(R)$ 称为斯泰纳比率。1968 年，贝尔实验室的两位数学家吉尔伯特与波拉克证明了，当顶点数 $n = 3$ 时，总有斯泰纳比率不小于 $\sqrt{3}/2 \approx 0.866$。

于是，他们猜测：*对任意 $n \geqslant 3$，斯泰纳比率都不小于 $\sqrt{3}/2$*。这就是著名的吉尔伯特-波拉克猜想。自那以后，数学家们一直试图证明这一猜想，并最终于 1990 年，正在贝尔实验室访问的中国数学家堵丁柱与该实验室的台湾籍研究员黄光明合作，证明了这一猜想。

一般情况下，要使斯泰纳比率达到 $\sqrt{3}/2$，通常已知点要构成一系列的正三角形。但是，若不是上述情况，斯泰纳比率往往会超过 $\sqrt{3}/2$。例如，对于四点 A, B, C, D 组成边长为 1 正方形，其斯泰纳最小树连线总长度为 $1+\sqrt{3}$，而其最小生成树总长度为 3，其斯泰纳比率约为 $0.911\cdots$。如果一个连接图的连线总长度与其最小生成树的总长度之比恰为 $\sqrt{3}/2$，那么该连接图必为斯泰纳最小树。

另外，借助程序找到已知点数较多的斯泰纳最小树也是相当困难的。这是因为一方面要添加多少个斯泰纳点不知道，另一方面即使知道了要添加的点数，这些点与已知点的连接方式的可能情况又很多。因此，任给多个点的斯泰纳最小树的算法是非常困难的。其实，数学家已经证明了此类问题目前尚未找到有效的算法，即它是 NP 完全问题。

例 6 爱国华侨张先生准备在某市捐建一座圆形公园，公园里要建七个颇具特色的凉亭，即在圆形公园的六个角 (即正六边形的六个顶点 A, B, C, D, E, F 上和公园中心 O 各建一个美丽的凉亭。要求：在七个凉亭和公园中心间修道路，从每个亭子出来都能走到另外任何一个亭子，如何设计道路总长最短？

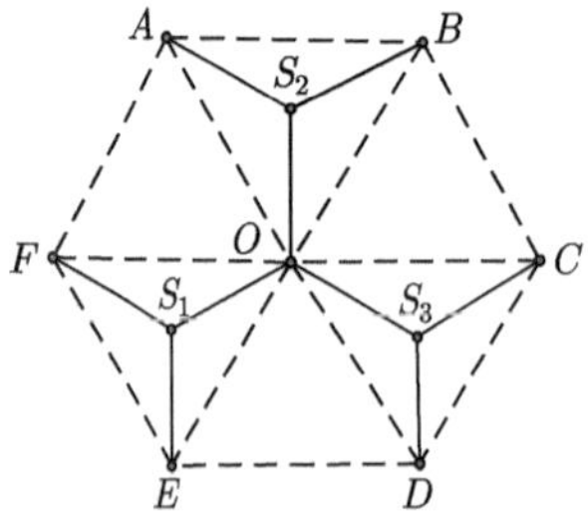

图 6.16

解 已知 7 个点 2 排各 3 个正三角形的网络图，其斯泰纳最小树连接图如图 6.16 所示，其中 S_1, S_2, S_3 为斯泰纳点。此时，该图的斯泰纳最小树连线总长度为 $3\sqrt{3}r$(r 是圆的半径)，而它的最小生成树总长度为 $6r$，增加 3 个斯泰纳点后其连线长度是其最小生成树长度的 $\sqrt{3}/2$，达到了 $L_s(R)/L_m(R)$ 的最小值。但是，如果例中公园中心 O 不建亭子，也不要求用道路将它与其他亭子相连

接，那么其连接图即为 A,B,C,D,E,F 六点的最小生成树，此时斯泰纳比率为 1。

6.2.4 最短路模型

有一些实际问题，如通讯网络中的路线设计、最优选址等，它最终可归结为寻找网络中自某一指定点到另一指定点间的最短路模型。

寻找赋权图上的最短路，戴斯特拉 (Dijkstra) 在 1959 年提出了“寻求图 $G=(v_1,v_2,\cdots,v_n)$ 中从一给定点 v_i 出发到 G 中任意一点的最短有向路及其长度”的一个算法。该算法基于如下结论：**假定 $P:v_1\to v_2\to\cdots\to v_i\to\cdots\to v_j\to\cdots\to v_k$ 是从 v_1 到 v_k 的最短路，则它的子路 $v_i\to\cdots\to v_j$ 一定是从点 v_i 到 v_j 的最短路。**否则从 v_1 出发沿路 P 走到 v_i，然后沿 v_i 到 v_j 的最短路走到 v_j，再沿路 P 从 v_j 到 v_k，这样得到一条新的从 v_1 出发到 v_k 的路，其长度小于从 v_1 到 v_k 的最短路，与最短路的假定矛盾。

戴斯特拉算法可以直接在图上操作，具体如下：给赋权图 G 的每个顶点一个数作为它的标号 (常称 P 标号)。标号是这样确定的：起点 v_1 的标号为 0。从与 v_1 邻接 (与同一条边关联的两个端点称为邻接) 的各点中找出关联的边最短的一点，以此边之长作为这一点的标号，并将相应的一边加粗，这是第一步。以后每做下一步时，都要在图的未标号点中找出与已标号点邻接的全部点，求出由起点经过标号点到达这些点的各条路的路长中最短的一条路的路长作为相应一个顶点的标号，并把联结该点与对应标号点的一边画粗。照此下去，对于顶点数为 n 的图 G，从起点开始的每一步都能确定一个点的标号，最多只需经过 $n-1$ 步，便可得到从起点到图上每一点的最短路。

例如，如图 6.17 所示，与 v_1 邻接的各点 v_2，v_3，v_4 中，关联边最短的一点是 v_3，标号为 2，加粗 v_1v_3；与 v_1，v_3 邻接的各点 v_2，v_4，v_7 中，与 v_1 间路长最短的是 v_2(也可以是 v_4)，标号为 5，加粗 v_1v_2；与 v_1，v_2，v_3 邻接的各点 v_4，v_7 中，与 v_1 间路长最短的是 v_4，标号为 5，加粗 v_3v_4，$\cdots$，如此继续下去直至最后定出终点 v_8 的标号。

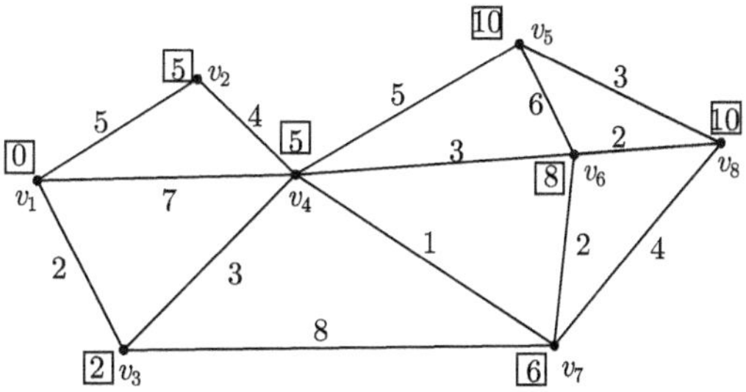

图 6.17

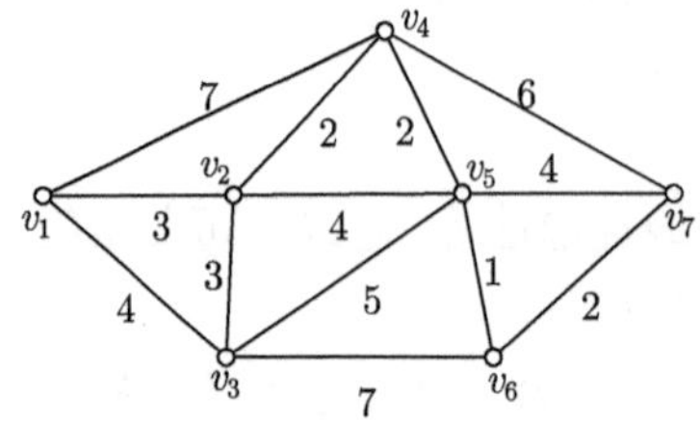

图 6.18

图中方框内的数字为该点的标号，粗线表示从 v_1 到其余各顶点的最短路。易见，最短路不一定是唯一的。

例 7　中心选址问题。

教育部门打算在某新建城区建一所学校，让附近七个居民区的学生就近入学。七个居民区之间的道路如图 6.18 所示，问学校应建在哪个居民区更合理 (图中距离单位为百米)?

解　用戴斯特拉算法求出各居民区 v_i 到 v_j 之间的最短距离 d_{ij}。见表 6.3。

表 6.3

从 v_i 到 v_j	v_1	v_2	v_3	v_4	v_5	v_6	v_7	$d(v_i)=\max\{d_{ij}\}$	距离之和
v_1	0	3	4	5	7	8	10	10	37
v_2	3	0	3	2	4	5	7	7	24
v_3	4	3	0	5	5	6	8	8	31
v_4	5	2	5	0	2	3	5	5(min)	22(min)
v_5	7	4	5	2	0	1	3	7	22(min)
v_6	8	5	6	3	1	0	2	8	25
v_7	10	7	8	5	3	2	0	10	35

从表 6.3 中可见应选择 v_4 作为建学校的地址。这样不但最远的居民区离学校距离只有五百米，而且所有居民区到学校的距离之和也最小。当然，仅从“所有居民区到学校的距离之和最小”这一标准来看，v_5 也可作为一种选择。

在实际中，同一图中各点的数量往往不尽相同。例如，在例 7 中，如果七个居民区的学生人数分别为 40，25，45，30，20，35 和 50 人，那么教育部门应将学校建在哪个居民区更合理? 此时可将例中已求出的 d_{ij} 乘上各点的人数，并求和进行比较，就可选出 v_5 作为建学校的地址。见表 6.4。

表 6.4

从 v_i 到 v_j	v_1	v_2	v_3	v_4	v_5	v_6	v_7	加权距离之和
v_1	0	75	180	150	140	280	500	1325
v_2	120	0	135	60	80	175	350	920
v_3	160	75	0	150	100	210	400	1095
v_4	200	50	225	0	40	105	250	870
v_5	280	100	225	60	0	35	150	850(min)
v_6	320	125	270	90	20	0	100	925
v_7	400	175	360	150	60	70	0	1215

6.2.5 统筹方法

对于大规模经济活动或大型现代化工程，如电站的修建、航天飞船的制造、大型体育场馆的建设等，从设计、施工到设备的最后安装、调试，包含成千上万条工序，牵涉到成千上万的企业和施工人员，要对这样的生产活动进行科学合理的组织和安排，就绝非仅凭经验可以解决问题的了。于是，统筹方法便应运而生。

这一方法产生于 20 世纪初，国外将它称为计划评审方法，或关键路线法等，我国于 1965 年由华罗庚倡导推广这一方法。因其中始终贯穿着统筹兼顾、合理安排这一基本思想，故华老将该方法取名为统筹方法。以下用例子来说明。

例 8 造某幢房子的工序、工期和工序衔接见表 6.5。

表 6.5

工序代号	工序名称	工期/天	紧前工序
A	了解设计要求	3	无
B	地基建设	5	A
C	建造主体结构	12	B
D	排设管道	5	C
E	埋置电缆电线	3	C
F	安装空调设备	7	E
G	建隔离墙	9	D，F
H	外墙装饰	15	C
I	内墙装饰	7	G
J	地面装饰	3	I
K	环境美化	4	H

如果一道工序接着一道工序地干，那么全工程需 73 天完成。问怎样安排，才能使工程最快完工？

注 表中所谓的“紧前工序”是指紧接着的前道工序。B 的紧前工序是 A，是指在了解设计要求 (工序 A) 以后，才能开始地基建设 (工序 B)；工序 A 的紧前工序“无”，是指了解设计要求不依赖于其他工序是否完成。

解 (1) 绘制统筹图。根据表 6.5 各工序间的结合及顺序关系，我们把工程中各工序的有关信息用一个边上标有方向的图直观地表示出来，一般称它为统筹图，它是一种有向网络，这种网络图是统筹方法的基础。如图 6.19 所示，图中圈表示工序代号，数字表示该工序的工期，从一个圈到另一个圈的箭头表达了前一工序是后一工序的紧前工序。如果一个工序没有任何紧前工序或紧后工序，分别用“开始”指向它或指向“结束”。

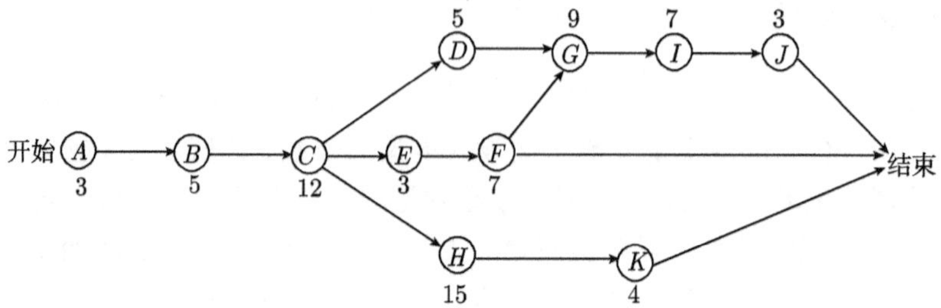

图 6.19

(2) **计算各条工序线路的工期数并确定关键工序**。从图 6.19 中不难看出，其中有些工序是可以同时进行的，如在工序 C 完成后，工序 D 和工序 E，工序 D 和工序 F 间无依赖关系。如果它们同时施工，那么在工序 F 完成时，工序 D 也已完成，这样就缩短了 5 天的工期。由此得到启示：如果要想工程尽快完工，就必须抓紧其中某些关键的工序施工，而其他非关键工序争取在关键工序的间隙中完成。怎么确定关键工序呢？从图中可以看到有几条从工程“开始”到“结束”始终前后衔接的工序链：

① 开始 $\to A \to B \to C \to D \to G \to I \to J \to$ 结束，需 44 天；

② 开始 $\to A \to B \to C \to E \to F \to G \to I \to J \to$ 结束，需 49 天；

③ 开始 $\to A \to B \to C \to H \to K \to$ 结束，需 39 天。

每个工序链的完成都是工程完成的必要条件，所以应该在其中找一条工期最长的作为关键路线。在这项建房工程中，工序链②的工期最长，因此它应作为关键路线，该路线上的每道工序都是关键工序，而不在路线上的工序都是非关键工序，即 A，B，C，E，F，G，I，J 为关键工序，D，H，K 为非关键工序。

(3) **确定各工序的时间安排表**。为了使工期尽可能短，关键路线的每道工序的开工日期都应定在其紧前工序的完成之时，这样各关键工序的开工、完工时间就确定了。设天数从 0 开始，那么各关键工序的开工时间和完工时间分别是：$A(0,3)$，$B(3,8)$，$C(8,20)$，$E(20,23)$，$F(23,30)$，$G(30,39)$，$I(39,46)$，$J(46,49)$。完工时间和开工时间之差就是该工序的工期。

确定非关键工序的开工时间的原则是不影响关键工序的施工。例如，非关键工序 D 是关键工序 G 的紧前工序，而 G 的开工日期已定为 30，因此 D 最迟必须在第 30 天完成，考虑到 D 的工期为 5 天，所以 D 的最迟开工日期为 25 天 (即第 26 天开始)；至于 D 的最早开工日期则是它的紧前工序 C 的完成之时 (即第 20 天)，相应的最早完工日期为第 25 天。总之，对于非关键工序，它们的开工日期有一定的松动余地，我们可按其紧前的关键工序的完工日期推算出它的最早开工日期和最早完工日期；再按其“紧后”的关键工序的开工日期算出它的最迟完工日期和最迟开工日期。于是，一份完整的各工序时间安排表就可以制作起来了。有了表，工程进度管理就做到心中有数了。

综上所述，作为合理安排多工种、多头绪、特长工期的复杂系统工程的组织施工的统筹方法，其基本步骤如下：

第一步，确定工序，估计工时，弄清各工序间的结合及顺序关系；

第二步，绘制工序流线图，即统筹图；

第三步，计算各条工序线路的工期数，找出关键路线，确定关键工序；

第四步，根据关键路线，确定各工序时间安排表，并时刻收集各工序进展情况，通过信息反馈调整工序安排，有条不紊地指挥整个工程。

统筹方法的这四步都是比较简单的。第一步属工程中的专业技术问题，第二步画统筹图是该法的关键，第三步作加法计算，第四步比较数的大小。正是它的简单性，使得它应用广泛，具有很强的生命力。

6.3 层次分析法

人们在日常生活和生产实际中常常碰到许多决策问题。比如假期旅游，是去风光旖旎的苏杭，还是去迷人的北戴河海滨，或者去山水甲天下的桂林；请朋友吃饭，要筹划是办家宴或去饭店，是吃中餐还是西餐或自助餐。如果以为这些日常小事不必作为决策问题认真考虑的话，那么当你面临报考学校、挑选专业，或者选择工作岗位，当一个厂长要决定上马什么项目，当一个经理要从若干应试者中选拔秘书等问题的时候，就要慎重考虑、反复比较，尽可能地作出满意的决策了。

人们在处理上面这些决策问题的时候，要考虑的因素往往比较多，在作比较、判断、评价、决策时，这些因素的重要性、影响力或者优先程度往往难以量化，这就给用一般的数学方法解决问题带来本质上的困难。于是，层次分析法应运而生。

层次分析法 (analytic hierarchy process，AHP) 是将决策中有关的元素分解成目标、准则、方案等层次，在此基础之上进行定性和定量分析的决策方法。该方法是美国运筹学家萨蒂 (T. L. Saaty) 于 20 世纪 70 年代初，在为美国国防部研究“根据各个工业部门对国家的贡献大小而进行电力分配”课题时，应用网络系统理论和多目标综合评价方法，提出的一种层次权重决策分析方法。

6.3.1 层次分析法的基本步骤

层次分析法的基本思路与人对一个复杂的决策问题的思维、判断过程大体上是一致的。

例 9 某公司要招聘一名干部，应聘者有 A，B，C 三人。请你根据诸如品德、才能、资历、年龄和群众关系等因素反复比较那 3 个候选人，并最终确定人选。

解　首先，你会确定这些准则在你的心目中各占多大比重。其次，你会就每一个准则将 3 个人进行对比，譬如 A 才能最好，C 次之；B 品德最好，A 次之；等等。最后，你要将这两个层次的比较判断进行综合，在 A，B，C 三人中确定哪个作为最佳人选。

上面的思维过程可以加工整理成以下几个步骤。

(1) 建立层次结构模型。将决策问题分解为 3 个层次，最上层为为目标层，即选拔干部，最下层为方案层，有 A，B，C 三人可供选择，中间层为准则层，有品德、才能、资历、年龄、群众关系 5 个准则，各层间的联系用连线表示。当准则过多时 (如多于 9 个) 应进一步分解出子准则层 (图 6.20)。

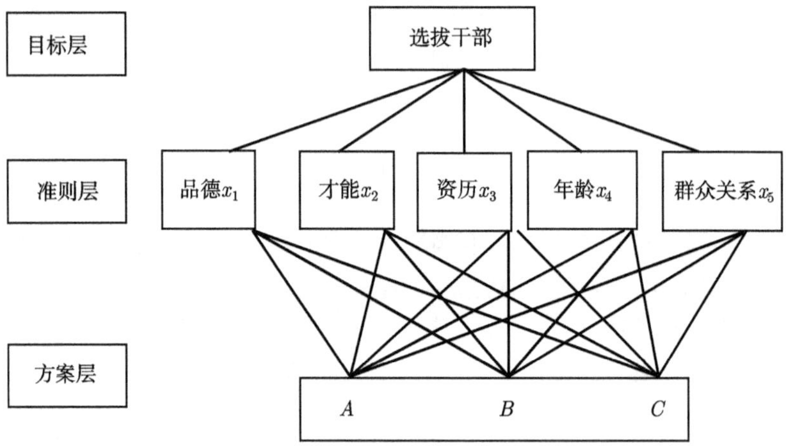

图 6.20

(2) 通过相互比较确定各准则对于目标的权重，及各方案对于每一准则的权重 (也可以是分数)。这些权重在人的思维过程中通常是定性的，而在层次分析法中则要给出得到权重的定量方法。萨蒂等人的做法，一是不把所有因素放在一起比较，而是两两相互对比，二是对比时采用相对尺度，以尽可能地减少性质不同的诸因素相互比较的困难，提高准确度。

萨蒂等人提出在两两比较时，用 $1\sim9$ 尺度将各因素的“重要性”量化，从而构造两两比较矩阵。也就是：要比较 n 个因素 x_1，x_2，$\cdots$，x_n 对目标 z 影响的大小，即要确定这个因素对目标的相对重要性，决策者要反复地回答问题，针对某个准则，因素 x_i 和 x_j 哪一个更重要，重要程度如何？并按 $1\sim9$ 的比例标度对重要性程度赋值，见表 6.6。

如例 9，招聘干部我们要考虑 5 个因素 (准则)：品德 x_1，才能 x_2，资历 x_3，年龄 x_4 和群众关系 x_5。现在要确定它们对上一层目标 (招聘干部) 的重要性，我们可以任取两个因素，比如品德 x_1 与才能 x_2，用正数 a_{12} 表示 x_1 相对 x_2 的重要性之比。a_{12} 的值可以在数字 $1,2,\cdots,9$ 及其倒数 1/2，1/3，⋯，1/9 中选取。这些数字的意义是：

表 6.6

x_i 比 x_j	相同	稍重要	重要	很重要	绝对重要
a_{ij}	1	3	5	7	9

在每两个等级之间还可以插入中间状态，即 a_{12} 还可取值 2，4，6，8。如果一个决策人认为对招聘干部来说，x_1(品德) 与 x_2(才能) 有差不多重要性，只是前者稍稍重要一点，他可以取 $a_{12}=2$，此时，他的选择意味着 x_2(才能) 相对 x_1(品德) 而言，其重要性悄悄不重要一点，因而他同时应该取 $a_{21}=1/2$。同样可得 a_{13} 和 a_{31}。将全部两两比较的结果写成矩阵的形式，这个矩阵称作两两比较矩阵。

两两比较矩阵 $\boldsymbol{A}$ 具有如下性质：(1) $a_{ij}>0$；(2) $a_{ij}=1/a_{ji}$；(3) $a_{ij}=1$，其中 $1\leqslant i,j\leqslant n$。例如，根据某个决策人 (或组织) 的比较，得到如下一个两两比较矩阵 $\boldsymbol{A}$：

$$\boldsymbol{A}=\begin{pmatrix} 1 & 2 & 7 & 5 & 5 \\ 1/2 & 1 & 4 & 3 & 3 \\ 1/7 & 1/4 & 1 & 1/2 & 1/3 \\ 1/5 & 1/3 & 2 & 1 & 1 \\ 1/5 & 1/3 & 3 & 1 & 1 \end{pmatrix}$$

由两两比较矩阵，就可以确定各准则对于目标的权重。对矩阵 $\boldsymbol{A}=(a_{ij})$，$1\leqslant i,j\leqslant n$。令 $u_k=$ 第 k 行所有元素之和/矩阵所有元素之和，称 $\boldsymbol{U}=(u_1,u_2,\cdots,u_n)^{\mathrm{T}}$ 为这 n 个因素 x_1，x_2，⋯，x_n 的权向量，它反映了 n 个准则对于目标的权重。对于本例中的矩阵 $\boldsymbol{A}$，其对应的权向量为 $\boldsymbol{U}=(0.457,0.263,0.051,0.103,0.126)^{\mathrm{T}}$。

同理，对于 A，B，C 三个应聘者分别就他们的品德、才能、资历、年龄和群众关系进行比较，得到两两比较矩阵。

$$\boldsymbol{B}_1=\begin{pmatrix} 1 & 1/3 & 1/8 \\ 3 & 1 & 1/3 \\ 8 & 3 & 1 \end{pmatrix},\quad \boldsymbol{B}_2=\begin{pmatrix} 1 & 2 & 5 \\ 1/2 & 1 & 2 \\ 1/5 & 1/2 & 1 \end{pmatrix},\quad \boldsymbol{B}_3=\begin{pmatrix} 1 & 1 & 3 \\ 1 & 1 & 3 \\ 1/3 & 1/3 & 1 \end{pmatrix}$$

$$\boldsymbol{B}_4=\begin{pmatrix} 1 & 3 & 4 \\ 1/3 & 1 & 1 \\ 1/4 & 1 & 1 \end{pmatrix},\quad \boldsymbol{B}_5=\begin{pmatrix} 1 & 1 & 1/4 \\ 1 & 1 & 1/4 \\ 4 & 4 & 1 \end{pmatrix}$$

通过这些比较矩阵，分别计算 A，B，C 相对 $x_i(i=1,2,3,4,5)$ 的权重 (即分项得分)。分别是：$(0.082,0.244,0.674)$；$(0.606,0.265,0.129)$；$(0.429,0.429,0.142)$；$(0.636,0.185,0.179)$；$(0.167,0.167,0.666)$。

(3) 将方案层对准则层的权重及准则层对目标层的权重进行综合，最终确定方案层对目标层的权重，从而确定各方案的优劣。本例中，A 的总分为

$$0.457\times0.082+0.263\times0.606+0.051\times0.429+0.104\times0.636+0.126\times0.167=0.306$$

同理可得 B，C 的得分分别为 0.243，0.452。

最后，通过比较得分作出决策：应聘者 C 是干部的第一人选，其次是 A，最后是 B。

6.3.2　一致性检验

层次分析法的关键是通过相互比较确定各准则对于目标的权重，及各方案对于每一准则的权重 (也可以直接打分)。为达到量化目的，需要用 $1-9$ 尺度构造一个或若干个两两比较矩阵，而这些矩阵是否可靠将是用层次分析法解决实际问题是否有效的重要标志。

如果决策人对 n 个决策因素的比较具有一致性，则两两比较矩阵中的元素 a_{ij} 之间应有下面的关系：

$$a_{ij}\cdot a_{jk}=a_{ik},\quad 1\leqslant i,j,k\leqslant n \tag{6.5}$$

这是因为在决策人的心目中，其实每个因素的重要性都有一个重要性的指标。设因素 x_i 的重要性指标为 w_i，则根据 a_{ij} 表示 x_i 与 x_j 的重要性之比，即 $a_{ij}=w_i/w_j$。于是，x_i 与 x_j 和 x_j 与 x_k 的重要性之比相乘应为 x_i 与 x_k 的重要性之比

$$a_{ij}\cdot a_{jk}=(w_i/w_j)\cdot(w_j/w_k)=w_i/w_k=a_{ik}$$

我们称满足条件 (6.5) 的两两比较矩阵 $\boldsymbol{A}$ 为一致矩阵。

由于人的思维活动不可避免地带有主观性和片面性，对 n 个因素作 $n(n-1)/2$ 次成对比较，全部一致的要求显然太苛刻了。因此，人们构造的两两比较矩阵常常不是一致矩阵。为此，必须对两两比较矩阵进行一致性检验。我们这里仅介绍一种初等的检验方法。

对于 n 个因素的两两比较矩阵 $\boldsymbol{A}$，它是一致矩阵的充要条件是它的最大特征值等于 n。如果矩阵 $\boldsymbol{A}$ 不是一致矩阵，那么它的最大特征值 λ 一定大于 n，而且 λ 比 n 大得越多，不一致程度就越严重 (证明略)。

令 $CI=[\lambda_{\max}(\boldsymbol{A})-n]/(n-1)$，其中 $\lambda_{\max}(\boldsymbol{A})$ 为矩阵 $\boldsymbol{A}$ 的最大特征根，将 CI 作为衡量一个两两比较矩阵 $\boldsymbol{A}$ 不一致程度的标准，称 CI 为一致性指标。

萨蒂等人提出用平均随机一致性指标 RI 检验两两比较矩阵 $\boldsymbol{A}$ 是否具有满意的一致性。平均随机一致性指标是这样得到的：对于固定的 n，随机构造两两比较矩阵 $\boldsymbol{A}'=(a_{ij})$，其中 $a_{ij}(1\leqslant i,j\leqslant n)$ 是从 1，2，$\cdots$，9，1/2，1/3，$\cdots$，1/9 中

随机抽取的。这样矩阵 $\boldsymbol{A}'$ 一般是不一致的，取充分大的子样得到矩阵 $\boldsymbol{A}'$ 的最大特征值的平均值 $\lambda'_{\max}$，定义 $RI=(\lambda'_{\max}-n)/(n-1)$。对于 $1-9$ 阶两两比较矩阵 $\boldsymbol{A}'$，萨蒂等人用大小为 $100-500$ 的子样，对于不同的 n 算出 RI 值 (这些子样 CI 的平均值)，见表 6.7。

表 6.7

n	1	2	3	4	5	6	7	8	9
RI	0	0	0.58	0.90	1.12	1.24	1.32	1.41	1.45

令 $CR=CI/RI$，称 CR 为随机一致性比率，当 $CR<0.1$ 时，认为两两比较矩阵具有满意的一致性，否则就必须重新调整矩阵 $\boldsymbol{A}$，直至达到满意的一致性为止。

为此，我们只要算出矩阵 $\boldsymbol{A}$ 的最大特征根 λ。以下是初等近似算法:

(1) 计算矩阵 $\boldsymbol{A}$ 的权向量 $\boldsymbol{U}=(u_1,u_2,\cdots,u_n)^{\mathrm{T}}$，其中 $u_k=$ 第 k 行所有元素之和/矩阵所有元素之和。

(2) 用公式 $\lambda=\dfrac{1}{n}\sum\limits_{i=1}^{n}\dfrac{(AU)_i}{u_i}$ 计算矩阵 $\boldsymbol{A}$ 的最大特征根 λ，其中 $(AU)_i$ 指矩阵 $\boldsymbol{AU}$ 的第 i 行。

例如，对于例中的矩阵

$$\boldsymbol{A}=\begin{pmatrix}1&2&7&5&5\\1/2&1&4&3&3\\1/7&1/4&1&1/2&1/3\\1/5&1/3&2&1&1\\1/5&1/3&3&1&1\end{pmatrix}$$

对应的权向量为

$$\boldsymbol{U}=(0.457,0.263,0.051,0.103,0.126)^{\mathrm{T}}.$$

由

$$\boldsymbol{AU}=\begin{pmatrix}1&2&7&5&5\\1/2&1&4&3&3\\1/7&1/4&1&1/2&1/3\\1/5&1/3&2&1&1\\1/5&1/3&3&1&1\end{pmatrix}\cdot\begin{pmatrix}0.457\\0.263\\0.051\\0.103\\0.126\end{pmatrix}=\begin{pmatrix}2.4850\\1.3825\\0.2755\\0.5101\\0.5611\end{pmatrix}$$

所以 $\lambda=\dfrac{1}{5}\left(\dfrac{2.4850}{0.457}+\dfrac{1.3825}{0.263}+\dfrac{0.2755}{0.051}+\dfrac{0.5101}{0.103}+\dfrac{0.5611}{0.126}\right)=5.1004$，由此可

知矩阵 $\boldsymbol{A}$ 不是一致矩阵。但

$$CI=(5.1004-5)/(5-1)=0.0251, CR=CI/RI=0.0251/1.12=0.0224<0.1$$

这样，矩阵 $\boldsymbol{A}$ 就通过了一致性检验。

总之，运用层次分析法，有以下 4 个步骤:

(1) 分析各因素间的关系，建立层次结构模型;

(2) 对同一层次的各元素关于上一层次中某一准则的重要性进行两两比较，构造两两比较矩阵;

(3) 由两两比较矩阵计算被比较元素对于该准则的相对权重，并进行一致性检验;

(4) 计算各层次对于系统的总排序权重，进行排序，并根据排序结果得到决策结论。

注　在层次分析法中，大多数人用 $1\sim9$ 尺度。这是为什么呢? 心理学家认为，在进行定性的成对比较时，人们头脑中通常只有 5 种明显的等级。进行成对比较的因素太多，将超出人的判断能力，如以 9 为限，用 $1\sim9$ 尺度表示它们之间的差别比较合适。

6.3.3　选择住宅问题

例 10　消费者购买商品房时，在确定购买何种价位的房屋后，一般应考虑以下问题: 房屋的地段、质量、房型面积、周边生活环境等。其中房屋的土建质量是个很专业的问题，一般消费者无法判断，需请业内专业人士帮忙验看。但在实际购房中，也可由开发商的资质、信用、业绩等因素体现出来。而周边生活环境则包括小区的绿化程度、物业管理的好坏、生活配套设施等。试用层次分析法，建立数学模型，解决消费者住宅选择问题。

解　建立住宅选择的层次结构模型。如图 6.21 所示。

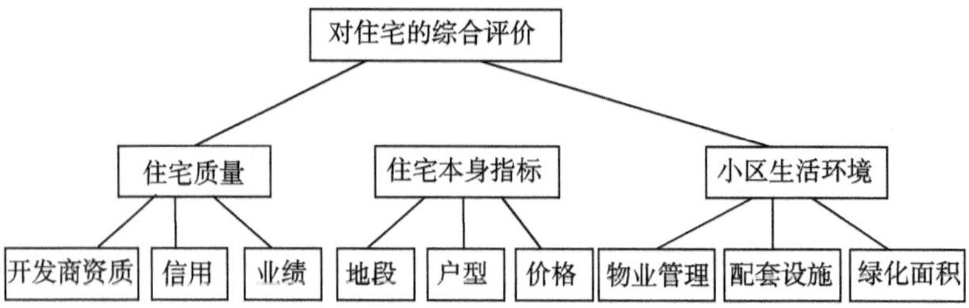

图 6.21

经广泛的调查发现，购房时人们首先关心的是房屋的户型和质量，其次考虑房屋所处的地段和居住环境等其他因素。还有，价格是一个参考，但在同等条件下，

价格低自然成为首选。由此得到以下成对比较结果。

首先，进行第二层条件的成对比较，两两比较矩阵见表 6.8。

表 6.8

	住宅的质量	住宅本身指标	小区生活环境
住宅的质量	1	1/4	3
住宅本身指标	4	1	5
小区生活环境	1/3	1/5	1

用一致性检验的初等方法计算可得，上述矩阵的最大特征值为 $\lambda_{\max} = 3.0858$，一致性指标 $CR = 0.074 < 0.1$，通过了一致性检验，结果有效。三个因素的权重向量为

$$\boldsymbol{w} = (0.2255, 0.6738, 0.1007)$$

然后，以第二层的条件为基础，对第三层的条件进行成对比较，得比较矩阵如下：

	资质	信用	业绩
资质	1	1/4	3
信用	4	1	6
业绩	1/3	1/6	1

$\lambda_{\max} = 3.0536$，$CR = 0.046 < 0.1$，$\boldsymbol{w}_1 = (0.2177, 0.6909, 0.0914)$。

	地段	户型	价格
地段	1	1/2	3
户型	2	1	4
价格	1/3	1/4	1

$\lambda_{\max} = 3.018$，$CR = 0.015 < 0.1$，$\boldsymbol{w}_2 = (0.32, 0.558, 0.122)$。

	物业管理	配套设施	绿化面积
物业管理	1	1/3	1
配套设施	3	1	4
绿化面积	1	1/4	1

$\lambda_{\max} = 3.009$，$CR = 0.02 < 0.1$，$\boldsymbol{w}_3 = (0.192, 0.634, 0.174)$。

由此可得第三层各因素对综合目的 (即住宅的综合评价) 的权重分别为

$$v_1 = 0.2177 \times 0.2255 = 0.0491, \quad v_2 = 0.6909 \times 0.2255 = 0.1558$$

$$v_3 = 0.0914 \times 0.2255 = 0.0206, \quad v_4 = 0.32 \times 0.6738 = 0.2156$$

$$v_5 = 0.558 \times 0.6738 = 0.3760, \quad v_6 = 0.112 \times 0.6738 = 0.0822$$

$$v_7 = 0.192 \times 0.1007 = 0.0193, \quad v_8 = 0.634 \times 0.1007 = 0.0638$$

$$v_9 = 0.174 \times 0.1007 = 0.0175$$

由以上数据看出，住宅的户型最重要。

若用 y 表示综合评价的得分，$x_i(i=1,2,\cdots,9)$ 分别表示第三层各因素的得分(同样的分值下)，则相应的综合评价公式为

$$y = \sum_{i=1}^{9} v_i x_i$$

如果准备购一套商品房，在现有的经济条件下，通过实地考察，确定了三种方案。

(1) 开发商 A：国家二级资质，公司成立不久，先后建成两处住宅小区。现房地处市中心地段，总用地面积 49 930m^2，有中心娱乐广场和花园，绿化率 25.8%，智能化物业管理。

(2) 开发商 B：国家一级资质，成立较早，先后开发大中型住宅小区 18 个。现房地处市郊，交通便利，占地面积 35 万 m^2，大规模园林绿化，有健身设施和运动广场，配套齐全。

(3) 开发商 C：国家一级资质，注册资金 5000 万元，定位于经济适应住房，先后累计开发面积 180 万 m^2，现房交通便利，占地面积 85 万 m^2，大规模园林绿化，配套设施齐全，现代化封闭式物业管理。

通过广泛咨询，采用十分制打分，三个方案得分见表 6.9。

表 6.9

	x_1	x_2	x_3	x_4	x_5	x_6	x_7	x_8	x_9
1	7	7	6	9	8	6.5	7	7	7
2	9	8	7	7	7	7	7	7.5	8
3	9	9	7.5	6.5	8	8	6.5	7	8

按综合评价公式分别求出得分为

$$y_1 = 7.448,\ y_2 = 7.3027,\ y_3 = 7.7776$$

所以，可选择第三个方案。

当然，针对不同消费者，在打分时因人而异，使得最终选择结果也不同，这也正体现了该模型的实用性。

6.4 单因素优选法

在生产和科学试验中，人们为了达到优质、高产、低消耗等目标，需要对有关因素的最佳组合 (简称最佳点) 进行选择。关于最佳点的选择问题，称为选优问题。有许多优选问题，其试验结果与因素的关系，要么很难用数学形式来表达，要么表达式很复杂，这样它就很难用一些纯数学方法来解决。为此，20 世纪 60 年代，我国著名数学家华罗庚亲自组织推广了优选法，它是一种合理地安排试验以求迅速找到最佳点的数学方法。本节主要介绍单因素优选法。

6.4.1 黄金分割法

1. 钼丝复活问题

我们从“钼丝复活”这一个具体问题谈起：某电子管厂从仓库中清出了积压多年的几百万米“废”钼丝，为了能让这些“废”钼丝重新用于生产，希望通过试验，找出准确的退火温度，使“废”钼丝复活。

根据经验，退火温度的试验范围是 $1400 \sim 1600°C$。如果不考虑其他因素，那么钼丝的质量指标 $f(t)$ 是退火温度 t 的函数，其中 $t \in [1400, 1600]$。由于函数 $f(t)$ 的具体表达式不知道，因此这个问题解决的关键在于，通过次数尽量少的调温试验，尽快找出满足一定精度的最佳退火温度。

尽管我们不知道函数 $f(t)$ 的具体表达式，但据经验可知，随着退火温度 t 从最低点 1400°C 逐步增大，$f(t)$ 的函数值也随之增大，当 t 到达最佳退火温度 t_0 时，接下去，随着 t 的增大，一直到最高点 1600°C，$f(t)$ 的函数值会随之减小。我们把在一个区间上先增后减的函数称为单峰函数 (若先减后增，则称为单谷函数)。

对于单峰函数，在试验设计时通常的想法是：在试验区间 $[1400, 1600]$ 上均匀取点试验，就可以求得满足一定精度的最佳退火温度。例如，若要求精度达到二十分之一，我们只要在 $t_1 = 1410$，$t_2 = 1420$，$t_3 = 1430$，$\cdots$，$t_{19} = 1590$ 各点进行试验，通过比较各点的试验结果，就可以找到最佳点。但这种“等分法”，在试验区间上均匀取点，对区间的各个部分都等同对待，而不考虑在以前各次试验中已经获得的关于函数 $f(t)$ 的信息，因此，往往需要很多次试验，才能达到一定的精度。那么，能否通过较少的试验次数找到满足同样精度的最佳退火温度呢？这就是优选法。

2. 来回调试法

对于单峰函数，在同侧，离最佳点越近的点越是好点 (指在两个试点中效果较好的点，反之称为坏点)，且最佳点与好点必在坏点的同侧。由此，可按如下想法安排试点：先在因素范围 $[a, b]$ 内任选两点各做一次试验，根据试验结果确定好点和坏点，在坏点处把 $[a,b]$ 分成两段，截掉不含好点的一段，留下含有好点的存优范围 $[a_1,b_1]$；再在 $[a_1,b_1]$ 内任选一点做一次试验，并与区间内的好点比较，确定新的好点和新的坏点，并在新的坏点处把 $[a_1,b_1]$ 分成两段，截掉不包含新好点的那段，留下新的存优范围 $[a_2,b_2]$，$\cdots$，重复上述步骤，可使存优范围逐步缩小。我们把这种优选法称为来回调试法。

来回调试法试点的选取是任意的，只要试点在前一次留下的范围内就行了。这种任意性会给寻找最佳点的效率带来影响。例如，假设因素区间为 $[0,1]$，取两个试点 0.2 和 0.1，那么对最佳点在 $(0,0.1)$ 中的单峰函数，两次试验便去掉了长度为 0.8 的区间，但对于最佳点在 $(0.2,1)$ 中的单峰函数，则只能去掉长度为 0.1 的区间，试验效率就不理想了。因此我们希望通过试点的合理选择，以尽快找到一般单峰函数的最佳点。

3. 黄金分割法的操作

由上述讨论可知，为提高来回调试法的优选效率，应注意试点的选择。我们以区间 $[0,1]$ 上的单峰函数 $y=f(x)$ 为例，说明如何选择试点，才能使优选法的效率尽可能更高点。

首先来看前两个试点 $x_1,x_2(0<x_2<x_1<1)$ 的选择。由于在试验之前无法预知 x_1,x_2 哪一个是好点，哪一个是坏点，为了克服试验的盲目性和侥幸心理，按“公平原则”，前两个试点 x_1,x_2 应关于区间 $[0,1]$ 的中点 0.5 对称，也就是 $x_1+x_2=1$。这样，无论 x_1,x_2 中哪一个试点是坏点，裁去坏点以外的部分，留下来的缩小的试验区间长度都是 x_1。

在缩小的试验区间 $[0,x_1]$ 或 $[x_2,1]$ 中，包含了上一轮试验的好点 x_2 或 x_1。为此，我们只需再选一个试点 x_3，把它与上一轮好点的试验结果相比较，裁去这一轮坏点以外的部分，就可以得到更小的试验区间。试点 x_3 的选择除了继续符合“公平原则”之外，还要符合“相似原则”，也就是“每次留下的试验区间占前一个试验区间的比例相同。”由此，试验就可以类似地延续下去。

由试点选择的“公平原则”可知，经过两轮试验，留下来的试验区间长度为 x_2；而由“相似原则”，每经过一轮试验，留下来的均为前一个区间的 x_1 倍，因此，两轮试验过后留下的试验区间长度为 ${x_1}^2$。所以 $x_2={x_1}^2$，而 $x_1+x_2=1$，解得

$$x_1=(-1+\sqrt{5})/2,\quad x_2=1-x_1=(3-\sqrt{5})/2$$

由此可知，这种优选法在试验区间所选的第一、第二个试点 x_1,x_2，就是 $[0,1]$ 区间上的两个黄金分割点。

对比第一、第二个试点 x_1,x_2 的试验结果，裁去坏点外边的部分，再选择第三个试点，依此下去，直至满意的精确度为止。一般的，在确定下一个试点 x_n 时，如

果存优区间的两端分别称“小”头和“大”头，区间内相应的好点为 x_m，那么有 $x_n=$ 小 + 大 $-x_m$，形象地称“加两头，减中间”。

在上述优选法中，为实际方便，我们取黄金分割数 $(-1+\sqrt{5})/2$ 的近似值 0.618。因此上述优选法称为黄金分割法或 0.618 法。

华罗庚在探索面向大众的数学普及道路时，经过长期的寻觅，找到了普及数学技术、被中国老百姓谓之“双法”的统筹方法和优选法。华罗庚在向大众普及黄金分割优选法时，完全撇开该法的严格数学理论证明，而把精力集中在教大众如何使用这个方法上。为了大众能形象地接受 0.618 法，华罗庚用折叠纸条的办法介绍 0.618 法，同时，他把 0.618 法用一句话解释概括为：一个原则一个数。两个公式要记住。前个公式用一遍，后个公式反复用。其中，一个原则，是指抓主要矛盾的原则；一个数，是指“0.618”；两个公式，第一个公式：(大 − 小)×0.618+ 小，确定第一个试点；第二个公式：大 + 小 − 中，确定第二个试点 (这里“中”是指前一个好点)。以此类推，直到找到满意的结果为止。华罗庚用折叠纸条和口诀的方法宣讲 0.618 法，能让广大群众形象地接受这个方法，听得懂、记得住、用得上。甚至在国际一流的学术论坛上，他的折纸条法也同样大大吸引了广大数学家，他在台上活灵活现地展示纸条，他们在台下聚精会神地听着，完全被这简单、活泼生动的教学法所折服。

最后，我们再回到钼丝复活问题，用黄金分割法来解决可以如下操作。

先在试验区间 $[1400, 1600]$ 的 0.618 处做第一个试验。第一点的温度 (精确到 10°C) 为 $(1600-1400)\times 0.618+1400 = 1520°\text{C}$；再在第一点的对称点处做第二个试验，即第二点的温度是 $1600+1400-1520 - 1480°\text{C}$。比较上面两次试验结果，如果 1480°C 是好点，就把坏点 1520°C 以上的温度去掉，然后在区间 $[1400°\text{C}, 1520°\text{C}]$ 找出下一个试点 $1520+1400-1480 = 1440°\text{C}$，在这点做第三次试验，再比较 1480°C 和 1440°C 两次试验结果，把坏点外边裁去。如此反复进行，温度范围越来越小，最后就能找到一个合适的温度进行生产。

4. 黄金分割法的精度

用优选法寻找最佳点时，虽然不能保证在有限次内准确找出最佳点，但随着试验次数的增加，最佳点被限定在越来越小的范围内，即存优范围越来越小。我们用存优范围与原始范围的比值来衡量一种试验方法的效率，这个比值称为精度，即 n 次试验后的精度为

$$\delta_n = \frac{n\text{ 次试验后的存优范围}}{\text{原始的因素范围}}$$

显然，在相同试验次数下，精度越高，方法越好。

用黄金分割法确定试点时，从第 2 次试验开始，每一次试验都把存优范围缩

小为原来的 0.618 倍。因此，n 次试验后的精度为 $\delta_n = 0.618^{n-1}$。

设达到精度 0.05 的要求需要 n 次试验，那么 $0.618^{n-1} \leqslant 0.05$，解得

$$n \geqslant \lg 0.05/\lg 0.618 + 1 \approx 7.22$$

即安排 8 次实验，就能保证精度达到 0.05。同理，安排 11 次试验，就能使精度达到 0.01。

一般地，给定精度 $\delta(0 < \delta < 1)$，为了达到这个精度，所要做的试验次数 n 满足

$$0.618^{n-1} \leqslant \delta$$

两边取常用对数，解得

$$n \geqslant \lg \delta/\lg 0.618 + 1$$

由此，我们可以看出黄金分割法的精度是呈指数递减的。

5. 黄金分割法与黄金分割数

在黄金分割法中，涉及一个非常重要的数 —— 黄金分割数。关于黄金分割，人们很早以前就进行了大量的研究。文艺复兴时期德国天文学家开普勒称其为“神圣分割”。他曾说过:“几何学有两大财富: 一个是毕达哥拉斯定理 (勾股定理)，另一个是按照中外比划分一个线段。第一大财富可称得上是黄金定理，而第二大财富则可称之为珍珠定理。”古希腊哲学家柏拉图将其命名为“黄金比”，此后这个名称沿用了下来。而 0.618 则被文艺复兴时期著名艺术家达 · 芬奇誉为“黄金数”，这也是黄金分割数的简称。

黄金分割数 (也称第一黄金比)$\omega = (-1+\sqrt{5})/2$ 具有再生性的特点。也就是，如果 C 是线段 AB 的黄金分割点，C_1 是线段 BA 的黄金分割点，那么 C_1 又是线段 AC 的黄金分割点；同样 C_2 是线段 CA 的黄金分割点，则 C_2 又是线段 AC_1 的黄金分割点等。

如果设 $AB=1$，则

$$AC = w, AC_1 = w^2, AC_2 = w^3, \cdots$$

这样，黄金分割点序列是无限的。

在黄金分割法中，只要第一试点取在试验区间的黄金分割点，就能保证无论怎样取舍，新范围内所含的已试验点始终在新范围的黄金分割点，试验即可无限次地进行下去。

黄金分割数是美的标志之一，而黄金分割法是应用非常广泛的优选法，由此给予我们深刻的启示: 数学的“美”和数学的“有用”往往是密不可分的。

6.4.2 分数法

1. 例说分数法

例 11 在配置某种清洗液时，需要加入某种材料。经验表明，加入量大于 130mL 肯定不好。用 150mL 的锥形量杯计量加入量，该量杯的量程分为 15 格，每格代表 10mL。要求用试验法找出这种材料的最优加入量。

分析 如果用 0.618 法，算出的试点不是 10mL 的整数倍。由于量杯每格 10mL，用它去量不是 10mL 整数倍的材料量，很难做到精确。因此这个问题不适合用 0.618 法。

为此，我们借助由斐波那契数列 $\{F_n\}$ 构成的一个新的数列 $\{F_n/F_{n+1}\}$:

$$1/2, 2/3, 3/5, 5/8, 8/13, \cdots, F_n/F_{n+1}, \cdots$$

可以证明，随着 n 的增大，F_n/F_{n+1} 越来越趋向于黄金分割数 ω。这样，分数 F_n/F_{n+1} 可以作为 ω 的近似值，而且 n 越大近似程度越高，并称 F_n/F_{n+1} 为 ω 的第 n 项渐近分数。

解 由于加入量大于 130mL 时肯定不好，因此试验范围就定为 $0 \sim 130$mL。如果用 $8/13 = F_5/F_6$ 来代替 0.618，那么第 1 个试验点 $x_1 = 0 + (130 - 0) \times 8/13 = 80$(mL)，第 2 个试点 x_2 用“加两头，减中间”的方法，得 $x_2 = 50$mL。比较两次试验结果，如果 x_1 是好点，则去掉 x_2 以下部分，存优范围为 $50 \sim 130$mL，继续用“加两头，减中间”的方法得第 3 个试点 $x_3 = 50 + 130 - 80 = 100$(mL)，依此下去，共经过 5 次试验，就可找到最优点。

优选法中，像上面这样用渐近分数近似代替 ω 确定试点的方法称为分数法。如果因素范围由一些不连续的、间隔不等的点组成，试点只能取某些特定值，这时只能采用分数法。

例 12 在调试某设备的线路中，要选一个电阻，但调试者手里只有阻值为 0.5Ω，1Ω，1.3Ω，2Ω，3Ω，5Ω，5.5Ω 这七种阻值不等的定值电阻。他应如何优选这个电阻？

解 如果用 0.618 法，则计算出来的电阻调试者手里可能没有。这时，可以先把这些电阻由小到大顺序排列，并用 (1)，(2)，$\cdots$，(7) 将它们标号。为了便于用分数法，可在两端增加虚点 (0)，(8)，使因素范围凑成为 8 格，用 5/8 来代替 0.618，第一个试点取序号 (5)，即取 3Ω；第 2 个试点按“加两头，减中间”的方法得 $(0) + (8) - (5) = (3)$，即取 1.3Ω。以下按分数法确定试点，4 次就可以找到最优点。

2. 分数法的最优性

在生活实际中，由于时间、人力、物力和财力的关系，往往使试验次数受到限制，这种情况下，采用分数法可以达到较好的效果。例如，设因素范围是 $[0,1]$，如果只能做 1 次试验，用 1/2 代替 0.618，选 1/2 为试点，可以达到 0.5 的精度，即这一点与最佳点的距离最多为 1/2；如果只能做 2 次试验，则用 2/3 代替 0.618，第 1 试点选在 2/3，第 2 试点选在 1/3 处，其精确度为 1/3；如果能做 3 次试验，则用 3/5 代替 0.618，其精度为 1/5，$\cdots$；做 k 次试验就用 F_k/F_{k+1} 代替 0.618，其精度为 $1/F_{k+1}$。

一般地，用分数法安排试点时，可以分两种情况考虑。

(1) 可能的试点总数正好是某一个 (F_n-1)。这时，前两个试点放在因素范围的 F_{n-1}/F_n 和 F_{n-2}/F_n 位置上，即先在第 F_{n-1} 和 F_{n-2} 点上做试验。比较两个试验结果，如果 F_{n-1} 是好点，则划去 F_{n-2} 点以下的因素范围；如果 F_{n-2} 是好点，则划去 F_{n-1} 点以上的因素范围。经过两次试验，存优范围中还剩下 $(F_{n-1}-1)$ 个试点。重新编号后，第 F_{n-2} 和 F_{n-3} 个分点，其中有一个是刚才留下的好点，另一个是下一步的试点。比较 F_{n-2}，F_{n-3} 的试验结果，和前面的做法一样，从坏点把因素范围切开，去掉短的一段。这时，新的存优范围就只有 $(F_{n-2}-1)$ 个试点了。重复上述步骤，直到因素范围内没有应该试验的点为止。

在 (F_n-1) 个可能的试点中，用分数法安排试验，最多只需做 $(n-1)$ 次试验就能找到其中的最佳点。这样，如果最多只能做 k 次试验，那么就可以把试验范围等分成 F_{k+1} 份，在 $(F_{k+1}-1)$ 个分点用分数法安排试验，这样可以使 k 次试验的结果达到最高精度。

(2) 所有可能的试点总数大于某一 (F_n-1)，而小于 $(F_{n+1}-1)$ 时，可采用如下方法解决。先分析能否减少试点数，把所有可能的试点减少为 (F_n-1)，从而转化为前一种情形。如果不能减少，则采取在试点范围之外，虚设几个试点，凑成 $(F_{n+1}-1)$ 个试点，从而转化成(1)的情形。对于这些虚设点，并不真正做试验，而是直接把它们作为坏点。很明显，这种虚设点，并不增加实际试验次数。

综上所述，分数法在有有限个试点的优选问题中被广泛使用，它是适合单因素单峰函数的优选法，与 0.618 法的本质是相同的，两者的区别只是用分数 F_{n-1}/F_n 和 F_{n-2}/F_n 代替 0.618 和 0.382 来确定试点，后续的步骤都是相同的。分数法中，一旦用 F_{n-1}/F_n 确定了第一个试点，后续试点可以用“加两头，减中间”的方法来确定。对于试点个数为某常数时，用分数法找出其中最佳点的试验次数最少，这就是分数法的最优性。

6.4.3 对分法

前面介绍的黄金分割法和分数法都是先做两个试验，再通过比较，找出最佳点所在的倾向性区间来不断缩小试验范围，最后找到最佳点。但是，并不是所有的问题都要通过两个试验进行比较，有时可以只做一个试验。例如，称量质量为

$20\sim60$g 某种样品时，第一次砝码的质量为 40g。如果砝码偏轻，则可判断样品的质量为 $40\sim60$g，于是第二次砝码的质量为 50g，如果砝码又偏轻，则可判断样品的质量为 $50\sim60$g，接下来砝码的质量为 55g，如此称下去，直到天平平衡为准。

这个称量过程中就使用了对分法，每个试验点的位置都在试验区间的中点，每做一次试验，试验区间长度就缩短一半。可见对分法分法简单，而且比黄金分割法更快地逼近最佳点。那么什么情况下可以用对分法呢？

如果每做一次试验，根据结果，可以决定下次试验的方向，就可以用对分法。可以决定下次试验方向，要满足两个条件：一是要有一个标准 (或具体指标)，对分法每次只有一个试验，如果没有一个标准，就无法鉴别试验结果的好坏，在上述例子中，天平是否平衡就是一个标准；二是要预知该因素对指标的影响规律，也就是说，能够从一个试验的结果直接分析出该因素的值是取大了、还是取小了，如果没有这一条件就不能确定舍去哪段，保留哪段，也就无从下手做下一次试验。

例 13　两人蒙起眼进行套螺帽比赛，每人手里有一个螺栓，桌上有大小不等的十个螺帽，比赛谁先套上正确的螺帽。要求你为这个比赛设计一种方法，确保能够最快地套上螺帽，并说明最多要试几次才能确保套上？

解　将螺帽由小到大排列，为说明方便，分别将它们记为 1 到 10 号。首先试验第 5 号 (居中的一个)，如果比螺栓大，则将 $5\sim10$ 排除，如果比螺栓小，则将 $1\sim5$ 排除，当然如果正好套上除外；在剩下的 4 个或 5 个中，再一分为二，试中间一个 …… 这样只要最多 4 次就能确保找到正确的螺帽。如果随机选取一个试验，最坏的情况要 10 次才能找到正确的螺帽。

总结　可以发现对分法和 0.618 法及分数法，在确定下一个试点时，比较的对象是不同的。后两种方法是两个试点上的试验结果的比较，而对分法是一个试点上的试验结果与已知标准 (或要求) 的比较。所以在满足目标函数为单峰的假设下，使用对分法还需要满足具有已知标准这个条件。相比于 0.618 法及分数法，对分法更简单，易操作，而且从效果上来看，对分法比 0.618 法及分数法好，每一次试验可以去掉一半的因素范围。

6.5　正交试验设计

在建立数学模型的时候，经常需要通过试验进行参数测试。尤其是当探索两个或两个以上数量特征之间关系的时候，更需要经过大量的实验或试验来验证。做实验或试验除了要有准备，如材料的准备、仪器的准备，步骤的设计等，还有一个重要的准备就是方法的设计，这就像作战一样，除了要准备兵力、粮草，还必须有战术，有时战术会起决定性的作用。

在多因素的情况下，我们强调抓住主要矛盾，对各个因素进行分析，找出主要因素，略去次要因素，化多为少。但在某些情况下，如新产品的试制和旧工艺的革新等研究中，由于资料和信息缺乏，或经验不足，对问题中各因素的主次一时难以分清，都要通过试验来解决。这时如果对每个因素的每个水平都相互搭配进行全面试验，试验次数将是惊人的。

试验设计就是一种考虑在多因素情况下安排试验的数学方法，它可以帮助人们通过较少的试验次数得到较好的因素组合，形成较好的设计方案。试验设计有很多方法，最常用的试验设计方法之一是用正交设计来安排试验，不但试验次数会大大减少，而且统计分析的计算也比较简单。本节将简要介绍正交试验设计的基本工具和基本思想。

6.5.1 正交设计表

正交试验设计简称正交设计，它是利用正交表科学地安排与分析多因素试验的方法。正交设计表是根据正交原理设计的、已规范化的表格，它是正交设计中安排试验和分析试验结果的基本工具。

表 6.10 称为 $L_9(3^4)$，其中 L 代表正交设计表，9 为表中的行数，这里代表试验的次数；3 称为水平数，表示每个变量有多少种选法；4 为表中的列数，也就是试验中变量的个数，这里称为因素。这个表可以用来做“9 次试验，试验中最多有 4 个变量，每个变量都有 3 种不同选择”的试验设计。在正交设计中，水平是指每一个变量选择的种数。一般正交设计表用 $L_n(c^r)$ 表示，其中的 n 称为试验数，c 为水平数，r 为因素。这里我们不介绍正交设计表构成的原理，一般的用户都可从专业书籍或者数学用表中找到需要的正交设计表。

表 6.10

试验 \ 水平 \ 变量	1	2	3	4
1	1	1	1	1
2	1	2	2	2
3	1	3	3	3
4	2	1	2	3
5	2	2	3	1
6	2	3	1	2
7	3	1	3	2
8	3	2	1	3
9	3	3	2	1

我们用 $L_9(3^4)$ 为例来看正交设计表的特征。首先，水平这部分的 4 列中，每列都含有三个 1，三个 2 和三个 3，即 1，2，3 这三个数出现的次数相等；其次，任

何两列都是对称的，即如果一对数 (a,b) 在第 i 列和第 j 列的某一行，那么第 i 列和第 j 列中必定有一行含有数对 (b,a)。这种对称与均匀的结构保证了试验对各参数的公平性。总之，正交设计表的设计原则是均衡分散搭配。

6.5.2 正交试验设计的基本思想

我们举一个实例来说明正文试验设计的基本思想。某化工产品的产量受到温度、反应时间和催化剂浓度三个因素的影响。在具体生产过程中，根据经验，温度、反应时间以及催化剂浓度分别可以是下面的情况：温度 $A_1=80°\text{C}$，$A_2=90°\text{C}$；反应时间 $B_1=1\text{h}$，$B_2=2\text{h}$；催化剂浓度 $C_1=5\%$，$C_2=6\%$。

现需在上面情况中找出最佳的因素组合方案，如何寻求最佳的因素组合方案呢？很自然地就是把所有可能的搭配全部进行试验，然后从中选择最佳的方案。这样做，原则上是可以的，但试验的次数会很多，实际中会有一定的困难。

为了减少试验次数，人们还通常这样进行试验：先把两个因素固定在某一水平上 (如选择 $A_1=80°\text{C}$，$B_2=2\text{h}$)，然后将第三个因素中 C_1，C_2 分别与之搭配进行试验。若与 C_1 的搭配结果好，则固定 C_1 并选择 A_1，再去分别与 B_1 和 B_2 搭配试验，选择其中好的结果，最后再与 A_1 和 A_2 搭配试验，得到最后结果，如此等等。这样做的问题在于最初选择的 C_1 是在两个因素 A_1 和 B_2 固定的情况下得到的，但后来又变化了 A_1 和 B_2，也就是说当它与其他的因素水平相配时，情况已发生了变换，所以结果未必是最好的。

这样就需寻找新的方法。正交试验设计是获得最佳搭配的可行方法之一，它是通过四个步骤完成的：

(1) 利用正交表来安排试验；

(2) 对试验的结果进行综合比较；

(3) 获得最佳搭配方案；

(4) 分析影响结果的因素的主次。

我们以上面的三因素问题为例，来说明正交试验设计方案的步骤。

(1) 填写正交试验设计表，然后进行试验，得表 6.11 中的结果。

表 6.11

	A/°C	B/h	C	产量
1	$A_1(80)$	$B_1(1)$	$C_1(5\%)$	17
2	$A_1(80)$	$B_2(2)$	$C_2(6\%)$	13
3	$A_2(90)$	$B_1(1)$	$C_2(6\%)$	19
4	$A_2(90)$	$B_2(2)$	$C_1(5\%)$	10

(2) 分析试验结果，其原则为综合比较，即在同因素中将相同水平的结果相加，找出每个因素中的最好水平。

在表 6.12 中，我们看到，A_1，B_1，C_2 分别在同因素中达到较好水平。

表 6.12

	A/°C	B/h	C	产量
1	$A_1(80)$	$B_1(1)$	$C_1(5\%)$	17
2	$A_1(80)$	$B_2(2)$	$C_2(6\%)$	13
3	$A_2(90)$	$B_1(1)$	$C_2(6\%)$	19
4	$A_2(90)$	$B_2(2)$	$C_1(5\%)$	10
I	30	36	27	
II	29	23	32	

(3) 得到最佳搭配。由 A_1，B_1，C_2 搭配的结果是最佳搭配，即所要寻找的最佳方案。

(4) 分析影响结果的因素的主次。将同因素中的两个水平的结果作差，一般来说差的大小是不同的，差的大小实际上反映了该因素的变化对产量影响的大小。差大说明该因素水平的变化对试验的结果影响大，差小说明该因素的变化对试验结果没太多影响。因此可以通过差的大小来确定因素对试验结果影响的主次，找出影响试验的主要因素。在本例中，如表 6.13 所示，因素的两个水平的结果作差后，我们看到因素 B 的差最大，因此反应时间是影响产量的主要因素。

表 6.13

	A/°C	B/h	C	产量
1	$A_1(80)$	$B_1(1)$	$C_1(5\%)$	17
2	$A_1(80)$	$B_2(2)$	$C_2(6\%)$	13
3	$A_2(90)$	$B_1(1)$	$C_2(6\%)$	19
4	$A_2(90)$	$B_2(2)$	$C_1(5\%)$	10
I	30	36	27	
II	29	23	32	
差	1	13	5	

总之，正交试验设计是考虑在多因素情况下安排试验的最常用的试验设计方法，它可以帮助人们通过较少的试验次数得到较好的因素组合，形成较好的试验方案。应用正交试验设计法安排试验，还可以把考察的因素进行排队，看哪些因素是主要的，哪些因素是次要的，从而抓住主要因素进一步试验，当主要因素只有一、两个时，可以利用单因素和双因素优选法迅速得到最佳点。

思考与练习 6

1. 食堂里有时卖油炸馒头，油炸馒头比普通馒头多用了油，所以要多收钱。1 两 1 个的油炸馒头多收 1 角钱，2 两 1 个的油炸馒头多收 2 角钱，这样的定价合理吗?

2. 小蜥蜴体长 1cm，体重 12g，问当小蜥蜴长到体长为 15cm，它的体重大约是多少 (精确到 1g)? 试用数学来分析你解答的合理性。

3. 我们常常会发现在商店里买同一种商品，大包装的比小包装的合算。如某种品牌的牙膏，质量 30g 的每支 2.50 元/支，质量 120g 的每支 8.50 元。如果不考虑运输成本，假设一支牙膏的价格 =(牙膏的生产成本+包装成本)(1 +固定比例的商业利润率)，而生产成本与商品的质量成正比，包装成本与商品包装的表面积成正比，商业的固定利润率为 20%。(1) 分析下面的结果有何不妥：设 220g 牙膏的合理价格为 x 元，于是有 $\dfrac{220-120}{x-8.50}=\dfrac{120-30}{8.50-2.50}$，解得 $x=15.17$(元)。

(2) 请你给出一种方式，计算一支 220g 的牙膏的合理价格。

(3) 给出该商品的单位质量的价格 C 与质量 M 的关系，说明当 M 增加时 C 会减少。

4. 如图 6.22 是一个展览馆的平面图。共包括 5 个厅，每个厅都有一扇门通向馆外草坪，每相邻房间各有一扇门相通，(1) 能否不重复地穿过每一扇门一次? (2) 如果不能，那么关闭哪一扇门，使能够不重复地穿过所有其他门各一次。

5. 某邮递员负责投递邮件的街道如图 6.23 所示，求最短投递路线。

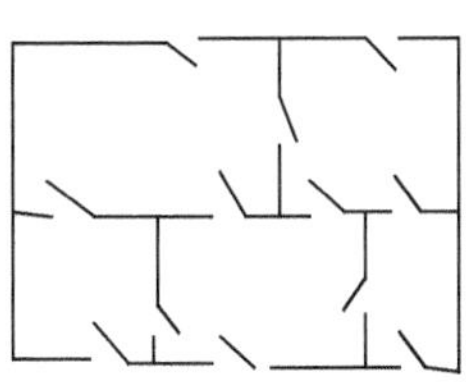

图 6.22

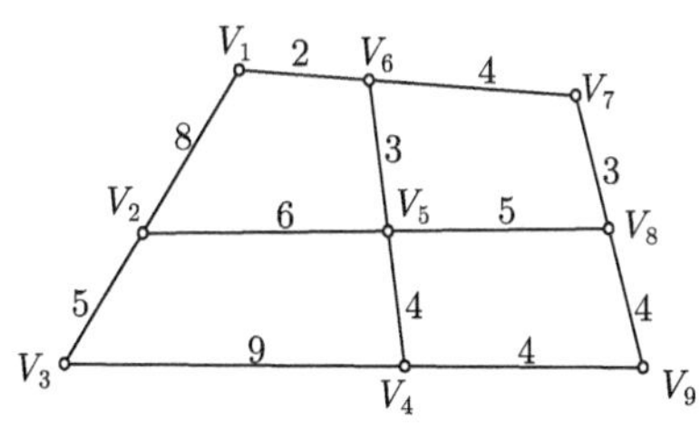

图 6.23

6. 如图 6.24 所示，设有若干个居民点，邮递员要把报刊送到每个居民点，并要求回到出发点，怎样走路程最短? 若不要求回到出发点，该怎样走路程最短呢?

7. 某出口加工区总公司与下属各子公司进行信息联网，已测得各子公司 A，B，C，D，E，F，G，H，I 之间与总公司 S 联网费用如图 6.25 所示 (单位：千元)。现拟设计一个联网优化方案，既要求各子公司之间以及总公司都能连通，又要使联网费用最省，问最少的费用是多少千元?

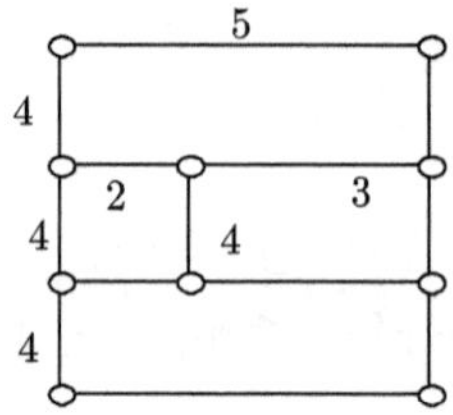

图 6.24

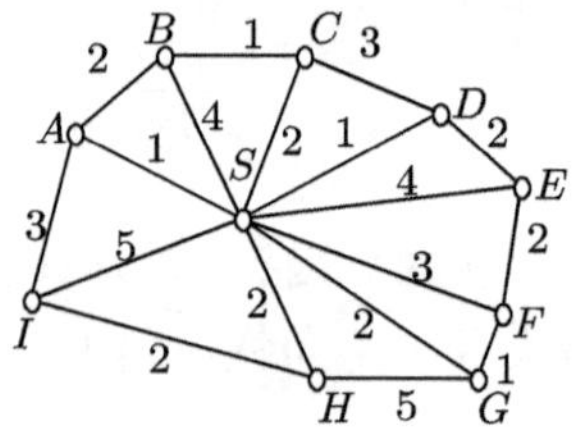

图 6.25

8. 图 6.26 是一个城市 (大写字母表示) 和道路及其长度 (小写字母及数字表示，单位：km) 的分布图，道路的长度附在道路字母后面。试确定城市 A 到 L 之间的最短道路。

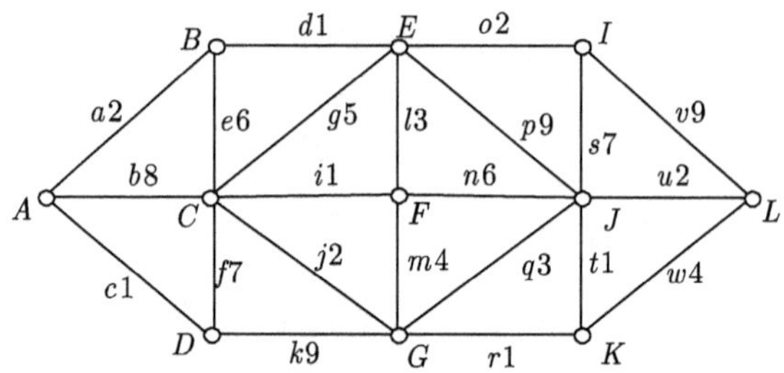

图 6.26

9. (1) 如图 6.27 所示，有 A，B，C，D，E，F 六个点，现给出了一个连接这六个点的方案，其中 O_1，O_2，O_3 均是费马点，试判断该连接方案是否为斯泰纳最小树？说出理由。若不是，你能给出一个最优方案吗？

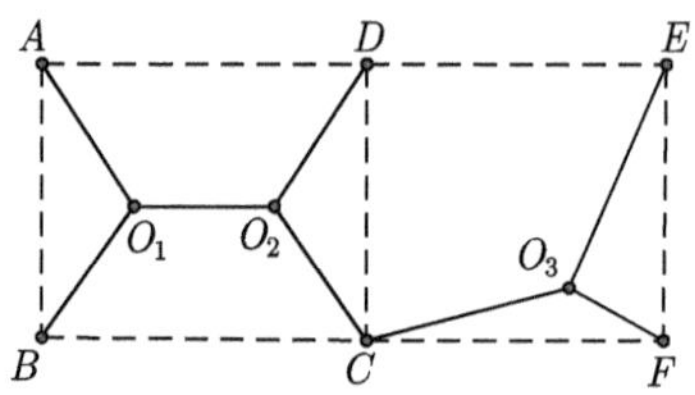

图 6.27

(2) 如图 6.28 所示，7 个点构成 5 个正三角形，试给出它的斯泰纳最小树。

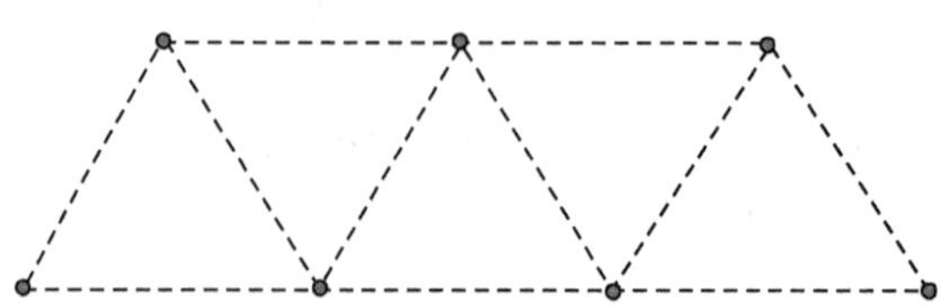

图 6.28

(3) 试给出已知四个点的斯泰纳最小树。

10. 有一批产品的加工要经过 10 道工序，分别记为 $A, B, C, D, E, F, G, H, I, J$。若加工工序 X 必须要在完成工序 Y 后才能开工，就称 Y 是 X 的紧前工序，现将各工序的加工次序及所需时间 (单位：h) 列表如下：

工序	A	B	C	D	E	F	G	H	I	J
时间	3	2	4	2	5	2	1	1	4	3
紧前工序	—	—	B	B	A, C	A, C	D	E	E, F, G	D

现有两台性能相同的机器可同时加工该批产品，假定每道工序只能安排在一台机器上，并且必须在整批产品完成前一工序后才开始下道工序的加工，问完成这批产品的最短加工时间是多少？并给出一种相应的加工时间表。

11. 家具厂的沙发框架装配流水线可以把锯、刨好的木料装配成沙发框架。主要有四道工序：打磨抛光，喷涂保护层，装配，帖厂名标签。按照工艺流程的要求，喷涂保护层不能安排在打磨抛光之前，而帖厂名标签必须在喷涂保护层之后进行。已知：贴标签需要 1min；抛光需要 5min，但装配之后再抛光则只需 3min，喷涂需要 8min，但装配之后再喷涂只需 6min；如果喷涂前装配需要 6min，否则只需 4min。试为这条流水线安排一个加工顺序，使总加工时间最短。

12. 某市中心有一家商场，由于街道狭窄，经常造成交通堵塞，市政府决定解决这个问题，经有关专家会商研究，制定出 3 个可行方案：A_1：在商场附近修建一座环形天桥；A_2：在商场附近修建地下人行通道；A_3：搬迁商场。

根据当地实际情况，专家组拟定了 4 个评议准则：u_1 通车能力，u_2 基建费用，u_3 方便群众，u_4 市容美观。市政府专家组经过决策比较，得到了 u_1，u_2，u_3，u_4 这四个方面的两两比较矩阵

$$\boldsymbol{A}=\begin{pmatrix}1 & 2 & 3 & 7\\ 1/2 & 1 & 2 & 4\\ 1/3 & \dfrac{1}{2} & 1 & 2\\ 1/7 & 1/4 & 1/2 & 1\end{pmatrix}$$

同时，对于方案 A_1，A_2，A_3，市政府专家组也分别就 u_1，u_2，u_3，u_4 四个准则进行比较，得到了以下 4 个两两比较矩阵：

$$\boldsymbol{B}_1=\begin{pmatrix}1 & 2 & 3\\ 1/2 & 1 & 2\\ 1/3 & 1/2 & 1\end{pmatrix};\quad \boldsymbol{B}_2=\begin{pmatrix}1 & 1 & 3\\ 1 & 1 & 3\\ 1/3 & 1/3 & 1\end{pmatrix}$$

$$
\boldsymbol{B}_3=\begin{pmatrix}1&1/3&1\\3&1&1/3\\1&3&1\end{pmatrix};\quad \boldsymbol{B}_4=\begin{pmatrix}1&1/4&1/3\\4&1&2\\3&1/2&1\end{pmatrix}
$$

(注：矩阵 $\boldsymbol{B}_1$，$\boldsymbol{B}_2$，$\boldsymbol{B}_3$，$\boldsymbol{B}_4$ 全部元素的和分别为 11.3，11.7，11.7，13.1)

试建立层次结构模型，对上述矩阵进行一致性检验，并通过已有的比较矩阵，对 3 个可行方案进行评估，从而为市政府提出改善市中心交通环境的决策建议 (精确到 0.01)。

13. 现有一学校某系的三位助教 (甲、乙、丙)，参加评选中级职称，评委由两位专家组成。影响评委的因素有教龄、教学效果和科研成果。专家一认为，教龄的重要性比科研成果稍微高一些，教学效果的重要性比教龄高一些。专家二认为，教龄与教学效果同样重要，但都比科研成果高一些。

两位专家对三位助教各因素的评估如下。教龄：专家一、二一致认为甲比乙、丙高一些，乙、丙一样。教学效果：专家一认为乙比甲突出，丙比甲明显高而比乙稍高；专家二认为乙比甲明显高一些，比丙稍高，丙比甲明显高一点。科研成果：专家一认为甲与丙一样，比乙稍高一些；专家二认为甲比乙稍高，比丙稍低一点，丙比乙明显高一些。请你给出一种排序。

14. (选自《义务教育数学课程标准 (2011 年版)》)有一张 8cm×8cm 的正方形的纸片，面积是 64 cm^2。把这张纸片按图 6.29 所示剪开，把剪出的 4 个小块按图 6.30 所示重新拼合，这样就得到了一个长为 13cm，宽为 5cm 的长方形，面积是 65 cm^2。这是可能的吗？

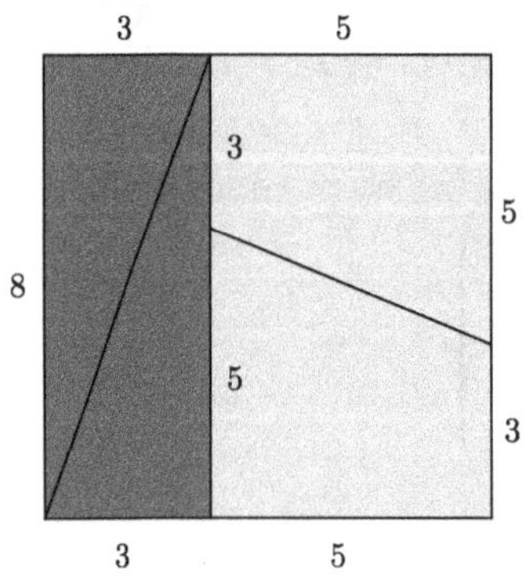

图 6.29

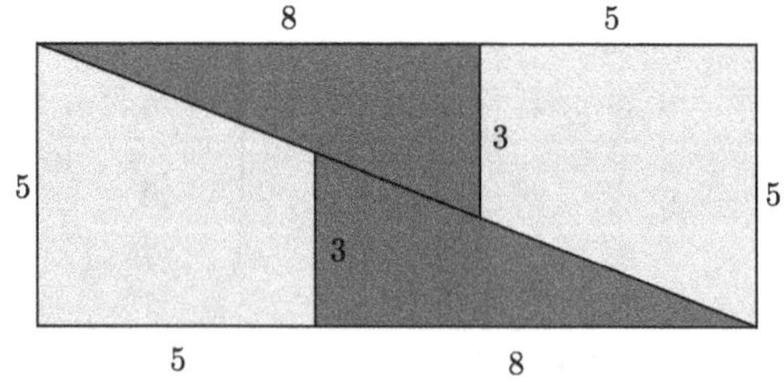

图 6.30

15. 下面是 3 个优选问题。

问题 1：做 2kg 大米的干饭，水量在 1kg 到 2kg 之间，如何用优选法找出最优的放水量？

问题 2：有一条 2km 长的输电线路出现了故障，在线路的一端 A 处有电，在另一端 B 处没有电，如何迅速查出故障所在位置？

问题 3：卡那霉素发酵液生物测定，一般都规定培养温度为 $37\pm1°C$，培养时间在 16h 以上。某制药厂为了缩短时间，决定优选培养温度，试验范围定为 $29\sim50°C$，精度要求 $\pm1°C$。如何用优选法安排实验把最优温度找出来？要找到最优温度至少安排几次试验？

回答下列问题：(1) 指出问题 1，问题 2，问题 3 应分别用哪种优选法？

(2) 指出上述第 3 个问题的操作过程及其精度。

16. (**验血问题**) 某次大战前夕，10 万大军将在三天后出征。军医发现军中有一位士兵带入了一种传染病菌。三天后发作将快速传染全军，使 10 万大军丧失战斗力，只有验血才能判断谁是患者。当时军医每天最多能检验血样 100 份，如果逐一验血，至少需要 1000 天，这将延误军机。请你设计一种检验方法，来帮助军医解决这个问题。如果全军有 a 个人，那么至少需要多少天才能检验出这个患者？

17. 如果一个 3 因素 3 水平的正交试验结果如下表：

试验号 \ 列号	A	B	C	4	试验结果
1	A_1	B_1	C_1	1	45
2	A_1	B_2	C_2	2	53
3	A_1	B_3	C_3	3	61
4	A_2	B_1	C_2	3	55
5	A_2	B_2	C_3	1	57
6	A_2	B_3	C_1	2	48
7	A_3	B_1	C_3	2	64
8	A_3	B_2	C_1	3	52
9	A_3	B_3	C_2	1	58
Ⅰ					
Ⅱ					
Ⅲ					
差					

完成上表，求使得试验结果最优的因素组合，并找出影响试验结果的最主要因素。

附录：部分思考与练习题答案

思考与练习 1

4. 能。因为铁丝与地面的间隙约 16cm。

5. 救离自己最近的人。

思考与练习 2

1. 最快约 7.519h。

2. 番茄、黄瓜、茄子的价格分别是 1.44 元、1.20 元、1.28 元。

3. 放牧 21 头牛，12 个星期可以把牧场上的草吃光。

4. (1) 用量之比与浓度之差成反比。(2) 最少需 35g。最多需 49g。(3) 15%的盐水 20g，40%的盐水 7.5g，水 2.5g。

5. 当电梯停在第 27 层时，不满意总分最小，最小值为 316min。

6. 提示：设 $A \to B$ 的时间为 $t$min，则 $B \to C$ 的时间为 $30 - t$min。这一过程中，锻炼的总疲劳度为 $f(t)$；则 $f(t) = \dfrac{800}{t}P + \dfrac{1000}{30-t}\lambda P$，$f(t)$ 是 t 的函数，找出一个 t 的值，使 $f(t)$ 的值最小，就是疲劳度最低的锻炼效果。

7. (1) 正三角形中心；(2) 中心对称图形；(3) 没有。借助连续函数介值性定理，可证：存在两垂直直线，把平面上任意连通有界区域面积等分成 4 块。

8. 会变好。

9. 小李更合算。

10. 10 年。

11. 按 Q 值法分配，语文组、数学组、英语组、自然组、体艺组、后勤组分别分到 4 个、4 个、3 个、4 个、2 个、1 个优质名额。

12. 截出长为 698mm 和 518mm 两种毛胚分别为 2 个与 5 个时，残料最少，即此时材料的利用率最高，为 99.65%。

13. 当 $x = 10$，$y = 8$ 时，最小总运费为 9800 元；当 $x = 0$，$y = 10$ 时，最大总运费为 14 200 元。

14. 当生产的产品为 3.3kg，直接排入河流的污水量每小时为 0.09m^3 时，该车间净收入取得最大值，最大值为 67.44 元。

15. 当选 A_i 点时，令 $x_i=1$，否则令 $x_i=0$ $(i=1，2，\cdots，7)$。则模型为

$$Z_{\max}=\sum_{j=1}^{7}c_jx_j$$

$$\text{s.t.}\sum_{j=1}^{7}b_jx_j\leqslant \mathrm{B};\quad x_1+x_2+x_3\leqslant 2;\quad x_4+x_5\geqslant 1;\quad x_6+x_7\geqslant 1$$

$$x_j=0,1(j=1,2,\cdots,7)$$

16. 到年底这个个体户有资金 62 400 元，还清银行贷款后纯收入为 51 600 元。

18. 由 $a_n+b_n=500$，$a_{n+1}=0.8a_n+0.3b_n$，得 $a_3=275$，$a_n=300-200\times 0.5^n$，$b_n=200+200\times 0.5^n$。可知选 A 种菜的人数逐渐增大接近 300 人，而选 B 种菜的人数越来越少逐渐接近 200 人。

19. 提示：用 a_n,b_n 分别表示 A,B 两镇营业点第 n 天的汽车数量，则

$$\begin{cases}a_{n+1}=0.9a_n+0.12b_n\\ b_{n+1}=0.1a_n+0.88b_n\end{cases}$$

再用迭代法把初值 $a_0=240,b_0=240$ 代入，分析 A,B 两镇营业点汽车数量的变化趋势。

20. (1) 由 $f_1=1,f_2=2,f_3=4$，又 $f_n=f_{n-1}+f_{n-2}+f_{n-3}$，得 $f_8=81$。

(2) 按照走 3 个台阶的步数分类，可得

$$f_{3n}=\mathrm{C}_{3n}^{0}+\mathrm{C}_{3n-2}^{1}+\mathrm{C}_{3n-4}^{2}+\cdots+\mathrm{C}_{3n-2k}^{k}+\cdots+\mathrm{C}_{3n-2n}^{n}$$

21. 不接连出现正面的数目为 144。

思考与练习 3

1. $h=\dfrac{a(\tan\alpha+\tan\beta)}{\tan\beta-\tan\alpha}=\dfrac{a\sin(\alpha+\beta)}{\sin(\beta-\alpha)}(\beta>\alpha)$。塔高 $h=490.1\mathrm{m}$。

2. (1) 参考“高程测量问题”；(2) 先测出两高楼的高度，再在地面上选一点 D，在 D 能看到 A,B 两点，测出视角 $\angle ADB$ 和点 D 看 A,B 的两个仰角，然后由楼高计算 DA,DB，再在 $\triangle DAB$ 中，利用余弦定理求出 AB。

4. 由等周定理得，最大面积的曲边三角形是一个 $60°$ 的扇形，其面积是 $6\pi\mathrm{cm}^2$。

5. (1) 用马口铁的现有宽度 b 折成半圆。

(2) 若水槽截面为等腰梯形，那么设计水槽的底与腰长均为 $b/3$，底角为 $120°$，才能使水槽中水的流量最大；若水槽的截面为五边形，则四边均为 $b/4$，夹角均为 $135°$。

6. 提示：将折线 BCA 沿角的两边做两次对称，构成一个周长为 $4l$ 的八边形。由等周定理，得 $BC=CA=l/2$，$\angle BCA=135^\circ$。

7. 先证：周长为定值 l 且面积最大的 n 边形 $A_1A_2A_3\cdots A_n$ 的任意相邻两边相等。再证：在各边之长为定值的一切 n 边形中，以能内接于圆的 n 边形面积最大。综合可得，周长为定值且面积最大的 n 边形，不但其各边相等，而且它必内接于圆，因此它是正 n 边形。

8. 选 C。

10. 体积最大的无盖长方体为“半个”正方体。

11. 由于共有旅客 21 人，因此公交车应选自左向右的第 11 个旅客所在的点 D。

12. 设椭圆的另一个焦点为 F'，则 $PA+PF=PA+2a-PF'$。因此

$$2a-AF'\leqslant PA+PF=2a+PA-PF'\leqslant 2a+AF'$$

当且仅当 A,F',P 共线时取等号。所以 $PA+PF$ 的最小值和最大值分别为 $2a-AF'$ 和 $2a+AF'$。

13. 自左向右共 150 个点，当在第 75 个点或 76 个点之间时，取得最小值。这时，函数的最小值为 $f(25)=4400$。

14. 边锋应在边 AB 距球门约 29.78m 处射门才能使射门角度最大。

15. 点 R 的坐标为 $(896/137, 272/137)$。

16. 五边形和六边形的数目分别为 12 个和 20 个。

17. 列出方程，求出所有可能解，给出可行的剖分草图。剖分方案是 $(3,12,12)$；$(4,8,8)$；$(4,6,12)$；$(6,6,6)$。

思考与练习 4

1. 14833。

2. (1) n^2-n+2；(2) n^2-n+2；(3) $n(n^2-3n+8)/3$。

3. (1) 最少用 5 只砝码，它们的重量分别是 1, 3, 9, 27, 81g；(2) 245g。

4. (1) 1000 万注；(2) 2000 万元；

(2) 1000 万元；5.2 亿元；

(3) 分别是 1, 9, 180, 1800, 18 000 和 179 010 注；

(4) 1.99%, 0.0019%；

(5) 如下表：

	特等奖/元	一等奖/元	二等奖/元
税前	3 821 940	141 553.33	7 077.67
税后	3 057 552	113 243.66	7 077.67

(6) 8 580 815.9 元，42.9%。

6. 共有 9 种不同的打包形式。最小表面积的打包选择要根据香烟盒的宽 b 和高 c 的 3 倍的大小分类讨论。

8. 要换。

10. (2) 模拟函数分别为 $y_1=f(x)=\dfrac{13}{2}x^2-\dfrac{103}{2}x+139$ 和 $y_2=g(x)=-\dfrac{7776}{4459}\cdot\left(-\dfrac{7}{6}\right)^x+\dfrac{523}{13}$。经比较 $f(2)$ 与 $g(2)$，知 $f(2)$ 更接近于实验结果，因此选用二次函数模型 $f(x)$。

(3) 旋钮刻度为 4 时，最省燃气。

11. 地球温室效应的指数函数模型是：$t=1.1437\mathrm{e}^{0.3073n}$，可预报地球气温 2060 年、2073 年、2078 年会比 1860 年的温度分别高 $5,6,7$°C。

13. 提示：可用指标 (1) 矩形距离；(2) 欧氏距离；(3) 体长与翅长的和；(4) 体长与翅长的差；(5) 体长与翅长的比；(6) 翅长与体长的比；(7) 垂直平分线法等。

以 (1) 矩形距离为例来说明。先分别计算 A 鸟与燕隼的平均体长和平均翅长、红隼的平均体长和平均翅长的矩形距离 a_1,a_2。$a_1=|32.65-31|+|25.2-27|=3.45$，$a_2=|32.65-35|+|25.2-25|=2.55$，得 $a_1>a_2$，可知 A 鸟是红隼。同理可知，B 鸟是燕隼。

(7) 垂直平分线法：将燕隼与红隼平均体长与翅长对应的点看成两个基准点 P、Q，这两个基准点的垂直平分线将属于隼类的鸟分为两类，规定靠近 P 点一侧的为燕隼，靠近 Q 点一侧的为红隼。垂直平分线方程为 $2x-y-40=0$，则燕隼类为 $2x-y-40<0$；红隼类为 $2x-y-40>0$；可判断 A 鸟是红隼，B 鸟是燕隼。

思考与练习 5

1. 所截得的正方形木块面积为 $225\mathrm{cm}^2$。

2. 三辆车最少需要 1485min，才能同时返回 A 站。

3. 提示：不妨规定容器从河中取水为正，把盛满水的容器中水倒入河中记为负。两容器相互间倒来倒去不记次数。设 x,y 分别为 9 升的容器和 4 升的容器盛或倒的次数，则 $9x+4y=6$，它的通解是 $x=2-4t,y=-3+9t,t=0,\pm1,\pm2,\cdots$。

4. 最少 5 次。

5. 乙组中棋子枚数最多的小朋友的棋子枚数最大为 29 枚，最小为 9 枚。

6. 有三种派车方案，派 13 辆大卡车和 4 辆小货车；派 8 辆大卡车和 12 辆小货车；派 3 辆大卡车和 20 辆小货车。

7. 43。

8. 共有 4 种方案，A，B，C，D 各为 $(0,4,6,0)$；$(2,3,4,1)$；$(4,2,2,2)$；$(6,1,0,3)$。

9. 实到人数 x 满足 $x \equiv 94(\text{mod}105)$，得实到人数为 26 554 人。

10. 用中国剩余定理，求得兵数 x 满足 $x \equiv 2111(\text{mod}2310)$，故兵数最少为 2111.

11. 设每箩原有米数为 x 合，则 x 被 19,17,12 除所得的余数分别为 1,14,1，由此解得 $x = 3193$。所以共失米 9563 合。甲、乙、丙各窃米 3192 合、3179 合、3192 合。

12. 10 020.

13. 提示：利用 $450/365.25 = 1800/1461$ 的第五个渐近分数 $154/125$ 来说明。

14. 大约 15 年。

15. 有两个可能的解密方法：(1) $P \equiv 11E + 15(\text{mod}28), 0 \leqslant P < 28$，(2) $P \equiv 25E + 1(\text{mod}28), 0 \leqslant P < 28$。再通过比较出现的频率，可知解密方法 (1) 正确。

16. (1) $d_A = 29$，$d_B = 59$；

(2) A 向 B 发送签证信息 x 的加密和认证过程如下：① A 将明文 $x = 6$ 先签名，得 $y \equiv x^{d_A} = 6^{29} \equiv 41(\text{mod}91)$，再加密得 $z \equiv y^{e_B} = 41^{11} \equiv 20(\text{mod}91)$，然后将 $z = 20$ 发送给 B。② B 收到 $z = 20$ 之后，先解密得 $y \equiv z^{d_B} = 20^{59} \equiv -50 \equiv 41(\text{mod}91)$，再进行认证得 $x \equiv y^{e_A} \equiv 41^5 \equiv 6(\text{mod}91)$。$B$ 看到了明文 $x = 6$，从而认证了 A 的身份。

思考与练习 6

1. 馒头的表面积越大，进行油炸时间用油越多，用油量与表面积成正比。设馒头的高度放大 k 倍，则馒头的表面积放大 k^2 倍，馒头的体积 (以及重量) 放大 k^3 倍。这里 $k^3 = 2$，得 $k = \sqrt[3]{2}$，$k^2 = \sqrt[3]{4} \approx 1.6$。可见当馒头的重量变为原来的 2 倍时，其表面积约变为原来的 1.6 倍，因此当 1 两 1 个的油炸馒头多收了 1 角钱时，2 两 1 个的油炸馒头应多收约 1.6 角钱，可见 2 角钱是收多了。

2. 40g。根据体形相似，蜥蜴的体重与体长的立方成正比。

3. (1) 问题在于，求解用的是线性模型，这与题目中“包装成本与商品包装的表面积成正比”不符合。

4. 提示：把 5 个展览厅当作 5 个点，厅外草坪作为第 6 个点。(1) 不能；(2) 能，比如关闭下排房间通往厅外草坪的某一扇门即可。

5. 最短投递路线为：$V_1V_2V_3V_4V_5V_2V_5V_4V_9V_8V_5V_6V_7V_8V_7V_6V_1$。

6. 若回到出发点，最短路程为 38 百米；若不回到出发点，最短路程为 32 百米。

7. 14。

8. A 到 L 之间的最短道路为 $ABEFCGKJL$，最短路长 13km。

9. (1) 该连接方案不是斯泰纳最小树，因为 $\angle O_2CO_3 < 120°$。最优方案如下图：

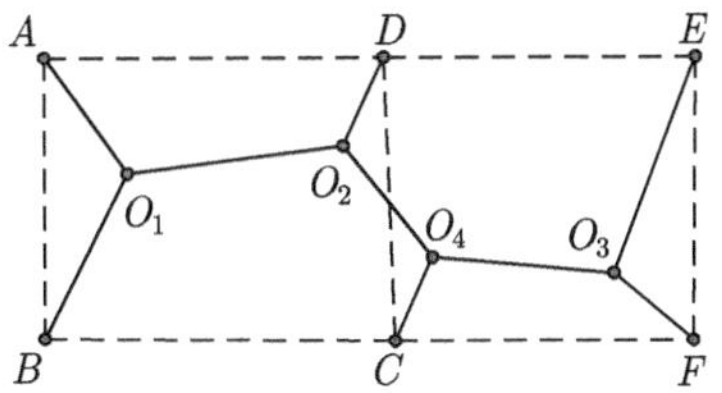

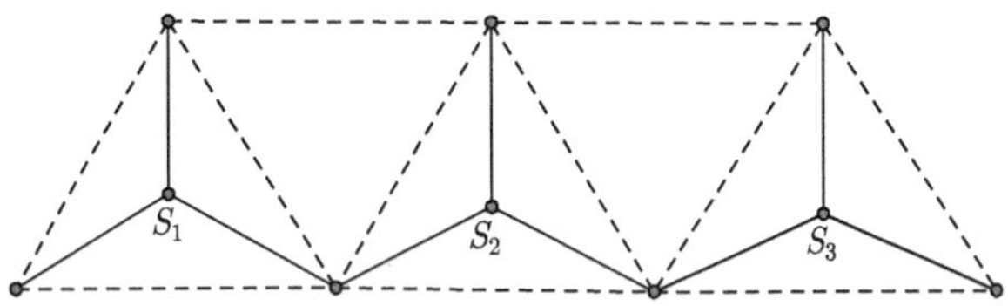

(2) 如上图，其中 S_1, S_2, S_3 为斯泰纳点。

10. 按工序关系，画出统筹图。关键路线 $B \to C \to E \to I$，最短工期为 15h。其中一台机器按关键路线安排加工任务，另一台机器按 $A \to D \to G \to F \to J \to H$ 顺序安排加工任务。

11. 按工艺流程的要求，S，P，N 三个工序，只能有顺序 $S \to P \to N$ 而 A 可以在这三者前后的任意位置上，于是就得到所有可能的生产流程，共 4 种：$A \to S \to P \to N$，需 16min；$S \to A \to P \to N$，需 18min；$S \to P \to A \to N$，需 18min；$S \to P \to M \to A$，需 18min。由此得出最优流程为 $A \to S \to P \to N$，共需时 16min。

12. (1) 按三层建立层次结构分析模型：目标层，准则层，方案层；

(2) 计算两两比较矩阵的权重：

矩阵 $\boldsymbol{A}$：(0.5，0.29，0.14，0.07)；

矩阵 $\boldsymbol{B}_1$：(0.53，0.31，0.16)；矩阵 $\boldsymbol{B}_2$：(0.43，0.43，0.14)

矩阵 $\boldsymbol{B}_3$：(0.20，0.37，0.43)；矩阵 $\boldsymbol{B}_4$：(0.12，0.54，0.34)

(3) 分别计算方案 A_1, A_2, A_3 的得分为 0.43,0.37,0.20。从而为市政府提出改善市中心交通环境的决策建议是：A_1 最优，A_2 其次，A_3 最次。

15. (1) 问题 1、问题 2、问题 3 应分别采用黄金分割法、对分法和分数法；

问题 1 和问题 2 的第一次试验点应分别安排在 1.618kg 和 1km。

(2) 用分数法进行优选，试验区间为 $[29, 50]$，等分为 21 段，分点为 $30, 31, \cdots, 48, 49$ 共 20 个，第一试点选在 42°C，第二试点选在 37°C，共需 6 次试验，就能找到最优温度。

16. 将 10 万人分成 100 组，每组 1000 人，滴血于一处，当天将此 100 份血样交验，必有且仅有一份血样含有病血；第二天，将这份病血中的 1000 人分成 100 组，每组 10 人，取样验血，同样必有一份且仅有一份血样有病血；第三天，将有病血这一组的 10 人逐一抽血化验，即可确定患者，再给他服药，即可保证全军准时出征。如果全军有 a 个人，那么至少需要 $\log_{100} a$ 天 (当 $\log_{100} a$ 为整数时) 或 $[\log_{100} a]+1$(当 $\log_{100} a$ 不为整数时) 天。国际上称这种特殊的检验方法为群验法 (group testing)。

17. 影响结果最显著的是因素 C，其次是因素 A，因素 B 的影响最小。最优组合为 (A_1, B_1, C_3)。

参考文献

[1] 中国大百科全书总编辑委员会《数学》编辑委员会. 中国大百科全书 · 数学. 北京, 上海: 中国大百科全书出版社, 1988.

[2] 张景中, 任宏硕. 漫话数学. 北京: 中国少年儿童出版社, 2003.

[3] 张广祥. 数学中的问题探究. 上海: 华东师范大学出版社, 2003.

[4] 张思明, 白永潇. 数学课题学习的实践与探索. 北京: 高等教育出版社, 2003.

[5] 沈文选, 杨清桃. 数学建模导引. 哈尔滨: 哈尔滨工业大学出版社, 2008.

[6] 教育部基础教育教材审定工作办公室编. 新课程实验教材精粹选评 · 高中数学卷. 北京: 人民教育出版社, 2011.

[7] 高隆昌. 数学及其认识. 北京: 高等教育出版社, 2001.

[8] 钱铭, 陈伟斌, 袁渊, 等. 学会抽象与建模. 大连: 大连理工出版社, 2009.

[9] 姜启源. 数学模型. 2 版. 北京: 高等教育出版社, 1998.

[10] 张远南. 概率和方程的故事. 北京: 中国少年儿童出版社, 2005.

[11] 袁震东, 赵小平, 吴长江. 高中数学 7· 数学建模. 3 版. 上海: 华东师范大学出版社, 2007.

[12] 史宁中, 陶剑, 秦德生, 等. 中学概率与微积分研究. 北京: 高等教育出版社, 2010.

[13] 顾沛. 数学文化. 北京: 高等教育出版社, 2008.

[14] 王元, 杨德庄. 华罗庚的数学生涯. 北京: 科学出版社, 2000.

[15] 王丹华, 杨海文, 刘咏梅. 初等数论. 北京: 北京航空航天大学出版社, 2008.

[16] 冯克勤. 数论与密码. 北京: 科学出版社, 2007.

[17] 刘绍学. 优选法与试验设计初步. 北京: 人民教育出版社, 2005.

[18] 韩正之. 通向完美的桥梁 —— 数学方法谈. 上海: 上海交通大学出版社, 2006.

[19] 李长明, 周焕山. 初等数学研究. 北京: 高等教育出版社, 1995.

[20] 张雄, 李得虎. 数学方法论与解题研究. 北京: 高等教育出版社, 2003.

[21] 仇金家. 中学数学课题学习指导. 北京: 中国人民大学出版社, 2010.

[22] 叶其孝. 中学数学建模. 长沙: 湖南教育出版社, 1998.

[23] 陈昌平. 高中数学选修读本. 上海: 上海科技教育出版社, 1998.

[24] 张奠宙, 戴再平. 中学数学问题集. 上海: 华东师范大学出版社, 1996.

[25] 袁震东, 蒋鲁敏, 束金龙. 数学建模简明教材. 上海: 华东师范大学出版社, 2002.

[26] 张顺燕. 数学的源与流. 北京: 高等教育出版社, 2000.

[27] 沈康身. 历史数学名题赏析. 上海: 上海教育出版社, 2002.

[28] 沈康身. 数学的魅力 (二). 上海: 上海辞书出版社, 2006.

[29] 杨世明, 王学芹. 数学发现的艺术. 青岛: 青岛海洋大学出版社, 1998.

[30] 中华人民共和国教育部. 普通高中数学课程标准 (实验). 北京: 人民教育出版社, 2003.

[31] 卜月华. 中学数学建模教与学. 南京: 东南大学出版社, 2002.

[32] 张维忠. 文化视野中的数学与数学教育. 北京: 人民教育出版社, 2005.

[33] 赵小平. 现代数学大观. 上海: 华东师范大学出版社, 2002.

[34] 戴再平, 陈士杰. 初中数学应用问题. 4 版. 上海: 华东师范大学出版社, 2004.

[35] 沈文选, 杨清桃. 数学应用展观. 哈尔滨：哈尔滨工业大学出版社, 2008.
[36] 黄忠裕, 赵焕光. 相识数学逻辑. 北京：科学出版社, 2010.
[37] 黄忠裕. 初等数学建模. 成都：四川大学出版社, 2004.
[38] 黄忠裕. 中学数学思想方法专题选讲. 成都：四川大学出版社, 2006.